生物信息学实战操作

彭仁海　刘　震　韦洋洋　王　涛　李兆国　著

科学出版社
北　京

内 容 简 介

本书分为8章，分别为绪论，生物信息学数据库、资源及常用工具，序列比对，基因组测序组装与转座子分析，分子进化与比较基因组研究，多组学关联分析，蛋白质结构与功能预测，计算机辅助药物设计基础。本书首先介绍了生物信息学的研究内容、发展历史、应用领域和相关学习平台，然后对生物学信息资源、常用工具和数据库等进行了介绍（基础性），接着根据生物信息学在最新科研前沿中的应用和最新进展（新颖性），以实际操作为契机进行了不同领域应用的示范，辅以窗口图片和操作视频（操作性），最后以计算机辅助药物设计（趣味性）结束。全书体系完整、结构明晰、重点突出。每章后面附有相关的文献，以供读者延伸阅读。

本书图文并茂、穿插视频，适合作为高等院校生物学及相关专业本科生的教材，也可作为相关专业研究生、科研人员和技术人员的参考书。

图书在版编目（CIP）数据

生物信息学实战操作 / 彭仁海等著. —北京：科学出版社，2022.8
ISBN 978-7-03-072082-5

Ⅰ. ①生… Ⅱ. ①彭… Ⅲ. ①生物信息论-高等学校-教材
Ⅳ. ①Q811.4

中国版本图书馆CIP数据核字（2022）第060778号

责任编辑：席 慧 张静秋 / 责任校对：郝甜甜
责任印制：赵 博 / 封面设计：蓝正设计

科学出版社出版
北京东黄城根北街16号
邮政编码：100717
http://www.sciencep.com

北京市金木堂数码科技有限公司印刷
科学出版社发行 各地新华书店经销
*
2022年8月第 一 版 开本：787×1092 1/16
2025年1月第三次印刷 印张：13 3/4
字数：350 000

定价：59.80元

（如有印装质量问题，我社负责调换）

序

生物信息学是现代生物学的前沿学科之一，也是生命科学的基础学科。通过挖掘海量的生物学数据内部所蕴藏的规律来揭示生命的奥秘，这是生物信息学的重要目标。

彭仁海教授团队根据多年的教学和科研一线实践经验，汇聚集体智慧，撰写了《生物信息学实战操作》一书。全书涵盖了生物信息学的历史沿革、数据资源和常用工具，生物信息学在序列比对、基因组测序组装与转座子分析、分子进化与比较基因组研究、多组学联合分析、蛋白质结构比对与功能预测、计算机辅助药物设计等方面的应用。该书基于当前生物信息学学科发展和学习者的实际需求，既有对基础知识的介绍，又有生物信息学在当前科研前沿中的应用和进展，更有以窗口图片和操作视频（扫二维码可见）形式呈现的实战操作，注重学生实际动手操作能力的培养和训练。书中的案例和分析结合当前的前沿研究和该团队的实战经验，具有广泛的应用性。

该书图文并茂、穿插视频，适合作为高等院校生物学及相关专业本科生的教材，也可作为相关专业研究生、科研人员和技术人员的参考书，相信大家均能从中受益。

中国工程院院士

2022 年 6 月 17 日

前　言

生物信息学是综合现代生物学和计算机科学而形成的一门新兴交叉学科，对深入研究生物体和生物信息的遗传、发育及进化具有重要意义。伴随着生物学数据的快速增加，生物信息学已在生命科学中占有重要地位，生物信息学数据的分析已经成为揭示生命奥秘的必由之路。

我们编写本书的初衷是市面上很少有书籍将生物信息学相关基础知识、资源数据库及软件工具的介绍与实际操作相结合，而本书配备相应的图片和操作视频，将理论和应用相结合，便于学生阅读和解决日常学习、研究工作中遇到的问题。此外，本书多个章节均包含实际分析工作中所使用的详细代码及参数，更利于学生动手实践，可提高学生的专业能力。

本书由我们团队长期开展生物信息学教学和科研的一线老师合作完成，汇集了我们多年的专业积累和教学经验，也有一些大胆的尝试和创新。本书采用集体讨论、分别执笔的方式进行写作，由彭仁海教授对全书进行统筹规划。其中，彭仁海编写第一章，李兆国编写第三章，韦洋洋编写第二章和第五章，王涛编写第六章，刘震编写第四章、第七章和第八章。

本书的出版得到河南省研究生教育改革与质量提升工程项目（YJS2022JD47）、中原科技创新领军人才（214200510029）、河南省高校科技创新团队支持计划（20IRTSTHN021）、中原学者工作站（ZYGZZ2021050）、安阳市重点研发与推广项目（2022C01NY001）等的资助。

限于时间和精力，本书难免有不足之处，敬请读者批评指正。

著　者

2022年2月

目　录

第1章
绪　论

生物信息学（bioinformatics）是近年来在生命科学领域新兴起的一门交叉学科，它综合生物学、计算机科学、数学、物理等多学科的理论知识，以及数据库、软件、计算机算法等多种工具，以揭示大量数据背后所蕴含的生物学意义。

20世纪50年代，随着生物科学及技术的发展，生物信息学思想产生了萌芽。20世纪末期，随着人类基因组计划的实施，面对指数增长的基因组相关测序及分析实验数据和计算机科学的高速发展，生物信息学逐渐兴起。而后，个人计算机的普及和大量的生物信息资源数据库加速了这一新兴学科的蓬勃发展。目前，生物信息学的研究内容几乎涵盖了生命科学的所有领域，它的发展给生命科学研究带来重大的变革，其研究成果对相关学科及研究领域的发展起推动作用，同时也将带来巨大的社会效益和经济效益。

1.1　生物信息学的研究内容

1.1.1　生物信息学涉及的生物学研究领域

序列比对是生物信息学的基本组成和重要基础。DNA或蛋白质序列包含了大量的生物学信息，比较不同序列对生物学研究有重要价值。此外，很多生物信息学算法也是以序列比对为基础，如相似序列检索、进化分析和同源建模等。序列比对的基本思想是将核酸序列和蛋白质一级结构上的序列都看成由基本字符组成的字符串，检测序列之间的相似度及一致度，发现生物序列中的功能、结构和进化的信息（图1.1）。双序列比对是将两条DNA或蛋白质序列进行比较，用于确定两者之间的最大匹配率，寻找相似性关系。常用的算法包括BLAST算法、FASTA算法等。多序列比对是将三条或三条以上具有系统进化关系的DNA或蛋白质序列进行比对，利用算法得到不同序列之间的结构相似区域以推测其功能。序列比对的理论基础是进化学说，如果两个序列之间具有足够的相似性，就推测二者可能有共同的进化祖先，经过序列内残基的替换、残基或序列片段的缺失及序列重组等遗传变异过程分别演化而来。在序列比对中，可以明显看到序列中某些氨基酸残基比其他位置上的残基更保守，这些信息揭示了这些保守位点上的残基对蛋白质的结构和功能是至关重要的。当然，并不是所有保守的残基都一定是结构功能重要的，可能它们只是由于历史的原因被保留下来，而不是由于进化压力而保留下来。因此，如果两个序列有显著的保守性，要确定二者具有共同的进化历史，还需要更多实验和信息的支持。通过大量实验和序列比对的分析，一般认为蛋白质的结构和功能比序列具有更大的保守性，因此粗略地说，如果序列之间的相似性超过30%，它们就很可能是同源的。

```
--------MGDVEKGKKIFIMKCSQCHTVEKGGKHKTGPNLHGLFGRKTG
--------MGDVEKGKKIFVQKCAQCHTVEKGGKHKTGPNLHGLFGRKTG
MG----VPAGDVEKGKKLFVQRCAQCHTVEAGGKHKVGPNLHGLIGRKTG
MASFDEAPPGNAKAGEKIFRTKCAQCHTVEAGAGHKQGPNLNGLFGRQSG
MASFSEAPPGNPKAGEKIFKTKCAQCHTVDKGAGHKQGPNLNGLFGRQSG
         *: : *:*:*  :*:*****: *. ** ****:**:**::*
```

图1.1 序列比对

基因组是生物体所包含的遗传物质的总和，而通过生物信息学、遗传学等多学科理论知识及相关工具研究物种基因组来对基因加以利用的科学，称为基因组学。其实质是分析和解读物种核酸序列中所表达的结构与功能的生物学信息。因此，生物信息学是基因组学研究中必不可少的工具。生物信息学在基因组研究中所起的作用：一是基因组序列的组装，基因组正确组装是基因测序的首要问题，也是基因组测序的瓶颈，虽然已经有很多基因组组装的算法，但目前并没有形成统一的标准；二是基因组的注释，包括编码基因的注释、重复序列的注释及功能注释等；三是基于基因组序列数据的进化研究。

随着基因组学的快速发展，越来越多物种的基因组信息已公开，基因所编码的蛋白质序列得到了人们的广泛关注。相比于恒定的基因组，有机体不同组织或细胞中由基因表达所产生的蛋白质组是动态变化的，具有明显的组织、细胞特异性。因此，了解机体不同组织细胞在各种状态下产生的蛋白质的类型和数量，揭示所有基因或蛋白质的功能及其作用模式，是蛋白质组学的重要研究目标及主要研究内容。蛋白质组的研究不仅能为生命活动规律提供物质基础，也能为疾病机制的阐明及治疗提供理论依据和解决途径。与此同时，与生物信息学数据库、软件及工具的结合，不仅大大加快了蛋白质组学的发展，还有利于系统生物学的整体研究，为研究生物系统提供新的策略。

蛋白质的结构与功能研究是蛋白质组学中重要的一部分，因此蛋白质的结构预测也是生物信息学研究的重要内容。蛋白质分子是由22种不同的氨基酸通过共价键连接而成的线性多肽链，然而天然的球状蛋白质分子在水溶液中并不是一条走向无规则的松散肽链，每一种蛋白质在天然条件下都有自己特定的空间结构。前人的理论及实验研究表明，不同的氨基酸残基具有在不同的局部环境中形成特定二级结构的倾向性，因此对蛋白质二级结构的预测是了解其空间结构的首要一步。目前，蛋白质三级结构预测最主流的方法是同源建模法，同源建模是将与目标序列具有同源关系的已知的序列结构为模板，用生物信息学的方法通过计算机模拟和计算，根据一级序列预测其三维空间结构。

随着人类基因组计划的完成及各种组学研究的实施，疾病相关的潜在作用靶点被大量发现，通过高速发展的生物信息学相关技术，基于生物大分子结构的药物设计变得可行，为药物设计方法提供了新的思路。计算机辅助药物设计主要包括活性位点分析、数据库搜寻、全新药物设计。生物信息学可用于药物靶标基因的发现和验证。有许多数据库可用来获得不同组织在正常或疾病状态下基因表达的差异，通过搜索这些数据库，可以得到候选基因作为药物靶标，特异性地针对某一种疾病。为了抑制某些酶或蛋白质的活性，在已知其蛋白质三级结构的基础上，可以利用分子对接算法，在计算机上设计抑制剂分子，作为候选药物。这一领域的研究目的是发现新的基因药物，有着巨大的经济效益。

基于不同物种基因组中DNA或蛋白质序列的异同来研究生物进化现象，称为分子进化，而早期研究物种进化的方法常依赖于物种外在的性状。分子进化利用不同物种同源基因的差异来研究生物的进化，其前提是假定相似种族在基因上具有相似性。通过比较可以在分子层面上发现哪些是不同种族中共同的、哪些是不同的。由于蛋白质的结构相对更加保守，因此通过蛋白质空间结构的异同来进行物种进化相关研究，能够得到更多有用信息。此外，越来越多物种的全基因组序列的公布，有利于在基因组层面上研究生物进化过程，为进化机制的深入研究提供依据。

随着生物学实验技术的发展和数据积累，从全局水平研究和分析生物学系统，揭示其发展规律已经成为后基因组时代的一个研究热点。系统生物学将生物系统内所有组成成分（基因、mRNA、蛋白质、生物小分子等）及其在特定条件下的相互作用关系整合在一起进行研究，侧重于生物单元在整体水平上的复杂作用网络。系统生物学首先对选定的生物系统的所有组分进行观察及分析，尽可能地了解其相关信息并描绘出该生物系统的结构，包括基因相互作用网络和代谢途径，以及细胞内和细胞间的作用机制，以此构造出一个初步的系统模型。再将所研究对象的内部组成成分（如基因突变）或外部生长条件进行改变，观测某些特定情况下系统组分及结构所发生的相应变化，包括基因组、蛋白质组、代谢组等，并将每个层次获得的信息进行整合。最后通过实验数据与模型预测结果的比较，对模型进行修订，通过后续的模型假设，设计相关系统变量实验进行确定，最终得到一个能够反映生物系统真实性的理想模型。

1.1.2 生物信息学涉及的计算机研究领域

生物信息学使用计算分析方法解决生物学问题。生物信息学作为一门交叉学科，需要依赖计算机算法、数据库技术对生物实验所得数据进行收集、加工和整理。计算机算法为生物信息学的各种研究方向都提供了如下所示多种可能性和解决方案。

（1）*遗传算法*　1975年美国J. Holland教授提出的遗传算法，是一类借鉴生物界的进化规律（适者生存、优胜劣汰）演化而来的随机化搜索方法，其基本原理是模拟达尔文生物进化论的自然选择和遗传学机制的生物进化过程的计算模型，通过模拟自然进化过程搜索最优解的方法。其主要特点：一是直接对结构对象进行操作，不存在求导和函数连续性的限定；二是采用概率化的寻优方法，能自动获取和指导优化的搜索空间，自适应地调整搜索方向，不需要确定的规则，具有内在的隐式并行性和更好的全局寻优能力；三是遗传算法从代表问题可能潜在的解集的一个种群开始，而一个种群则由经过基因编码的一定数目的个体组成。染色体作为遗传物质的主要载体，即多个基因的集合，其内部表现（即基因型）是某种基因组合，它决定了个体形状的外部表现。因此，在一开始就需要实现从表现型到基因型的映射即编码工作。为了避免仿照基因编码的复杂工作，往往进行简化，如二进制编码，物种初代种群产生之后，按照适者生存和优胜劣汰的原理，逐代演化产生越来越好的近似解，在每一代，根据问题域中个体的适应度大小选择个体，并借助于自然遗传学的遗传算子进行组合交叉和变异，产生代表新的解集的种群。这个过程将导致种群像自然进化一样的后生代种群比前代更加适应于环境，末代种群中的最优个体经过解码，可以作为问题近似最优解。目前，遗传算法已被人们广泛应用于组合优化、机器学习、信号处理、自适应控制和人工生命等领域。

（2）最大简约算法　最大简约算法是进化生物学研究中重要的分析方法，其原则对于处理复杂的生物演化过程有重要意义。最大简约算法根据离散型性状［包括形态学性状和分子序列（DNA、蛋白质等）］的变异程度，构建生物的系统发育树，并分析生物物种之间的演化关系。对一组数据的分析可能得到多棵同等简约树，即这些系统树具有同样的演化步数，在后续的分析中应构建这些同等简约树的一致树。加权简约性分析在某种程度上可以提高最大简约法的效力，并可能更真实地反映生物的自然演化过程。由于趋同演化现象的存在，最大简约法有时会使得原本具有不同进化过程的生物被归为一支，因此，最大简约法大多应用于相近物种之间演化关系的分析。

（3）聚类算法　聚类算法又称群分析，它是研究（样品或指标）分类问题的一种统计分析方法，同时也是数据挖掘的一个重要算法，它是以相似性为基础，同一个聚类中的模式之间比不在同一聚类中的模式之间具有更多的相似性。聚类算法起源于分类学，在古老的分类学中，人们主要依靠经验和专业知识来实现分类，很少利用数学工具进行定量的分类。随着人类科学技术的发展，对分类的要求越来越高，以致有时仅凭经验和专业知识难以确切地进行分类，于是人们逐渐把数学工具应用到分类学中，形成了数值分类学，之后又将多元分析的技术引入数值分类学形成了聚类算法。聚类算法内容非常丰富，有系统聚类法、有序样品聚类法、动态聚类法、模糊聚类法、图论聚类法、聚类预报法等。例如，图论聚类法解决的第一步是建立与问题相适应的图，图的节点对应于被分析数据的最小单元，图的边（或弧）对应于最小处理单元数据之间的相似性度量。因此，每一个最小处理单元数据之间都会有一个度量表达，这就确保了数据的局部特性比较易于处理。图论聚类法是以样本数据的局域连接特征作为聚类的主要信息源，因而其主要优点是易于处理局部数据的特性。又如，把模糊数学方法引入聚类分析即产生了模糊聚类法。模糊聚类法大致可分为两种：一是基于模糊关系上的模糊聚类法，也称为系统聚类分析法；另一种称为非系统聚类法，它是先把样品粗略地分一下，然后按其最优原则进行分类，经过多次迭代直到分类比较合理为止，这种方法也称为逐步聚类法。我们通常讲的模糊聚类分析是指将模糊数学的原理应用到系统聚类分析的方法。模糊聚类分析的第一步是确定聚类单元全集U，第二步是确定聚类准则和聚类因子，第三步是根据聚类准则及因子进行数据的调查与整理，最后将统计数据进行无量纲处理，称为正规化。

（4）数据库的建设与管理　数据库建设是系统建设的关键。在建库时，要充分考虑数据有效共享的需求，同时也要保证数据访问的合法性和安全性。数据库采用统一的坐标系统和高程基准，矢量数据采用大地坐标的数据在数值上是连续的，避免高斯投影跨带问题，从而保证数据库地理对象的完整性，为数据库的查询检索、分析应用提供方便。数据库管理是一种计算机辅助管理数据的方法，它是通过研究数据库的结构、存储、设计、管理及应用的基本理论和实现方法，来实现对数据库中的数据进行处理、分析和理解的技术。涉及的内容主要有：一是通过对数据的统一组织和管理，按照指定的结构建立相应的数据库和数据仓库；二是利用数据库管理系统和数据挖掘系统设计出能够对数据库中的数据进行添加、修改、删除、处理、分析、理解、报表和打印等多种功能的数据管理和数据挖掘应用系统，并利用应用管理系统最终实现对数据的处理、分析和理解。

生物数据库的建设是数据存储和共享的基础。随着高通量测序技术的不断发展，基因组、转录组和表观组等被快速测定，使生物学实验数据的规模指数级增长。网络数据库和软件的迅速发展使大规模的数据存储、注释、处理和传输成为可能。目前，生物信息学数据库服务已经实现了高度的计算机化和网络化。在生物信息学研究中，不仅要利用好已有数据库中的数据，同时还需要组建新的数据库。

1.2 生物信息学的发展历史

生物信息学的核心任务是对生物学中的信息进行分析进而获得有生物学意义的知识，而绝大多数的生物学信息都是以DNA序列、蛋白质序列及蛋白质结构的形式展现出来的。通过比较的方法分析生物大分子中包含的信息则是生物信息学最基础的研究方法。生物信息学是伴随着生物学与信息科学的发展而逐步发展起来的，可以将其发展大致分为三个阶段：萌芽、成长和飞速发展。

1.2.1 生物信息学的萌芽（1950～1979年）

1953年Watson和Crick提出DNA双螺旋结构模型，使人们认识到DNA序列中包含着遗传信息。1955年，Sanger获得了牛胰岛素的蛋白质序列，生物大分子携带信息成为分子生物学的重要理论，大量生物分子序列成为丰富的信息源。在认识到DNA序列和蛋白质序列中包含遗传信息之后，自然就需要对这些序列进行比较分析。1962年，研究者提出了分子进化理论，开始通过比较生物大分子的序列来研究物种之间的亲缘关系，开创了分子进化（molecular evolution）研究领域。随后，通过序列比较确定序列的功能及序列分类关系成为序列分析的主要工作。1971年，美国Brookhaven国家重点实验室创建了蛋白质结构数据库（Protein Data Bank，PDB），为基于蛋白质结构的药物设计奠定了基础。

这一时期，计算机技术也有了很大的发展。1954年IBM公司制造了第一台使用晶体管的计算机，使利用计算机分析生物学问题成为可能。1957年，第一个编程语言FORTRAN编译器在IBM704计算机上实现，为生物信息学相关算法的实现提供了条件。1964年，美国IBM公司研制成功第一个采用集成电路的通用电子计算机系列IBM360系统。Unix操作系统在20世纪60年代构思完成并实现，并在1970年首次发布，Unix操作系统因容易获取与可移植性高而被学术机构广泛采用、复制和修改。

Needleman和Wunsch于1970年提出的序列比对算法是对生物信息学发展最重要的贡献。1975年，世界上第一台带有1kb存储器的微型计算机诞生。1977年，以Sanger的链终止法和Maxam-Gilbert的化学降解法为代表的第一代测序技术诞生，从此，可以更方便地获得更多DNA序列。计算机在同一时期的发展，使人们利用计算机分析这些生物大分子中包含的信息成为可能。

1.2.2 生物信息学的成长（1980～1990年）

1981年Smith和Waterman提出了著名的公共子序列识别算法，同年，Doolittle提出关于序列模式（motif）的概念。1982年，Genebank数据库创建。1985年，微软公司正式推出了Windows1.0操作系统。1986年，Swiss-Prot蛋白质序列数据库创建，同年，Pearson和Lipman发表了著名的序列比较算法FASTA；美国国立卫生研究院成立国立生物技术信息中心NCBI（National Center for Biotechnology Information）；欧洲分子生物学网络（European Molecular Biology Network，EMBnet）成立，专门发布各种生物数据库；Larry Wall宣布他编写了一个Perl软件工具。1990年，快速相似序列搜索算法BLAST问世，这一工具直到现在还在广泛使用，同年，国际人类基因组计划启动。

1.2.3 生物信息学的飞速发展（1991年至今）

20世纪90年代以后，科学家们开始大规模的基因组研究。1993年，Sanger中心成立，该中心专门从事基因组研究。1995年，第一个细菌基因组被完全测序。1996年，酵母基因组被完全测序。1999年，果蝇的基因组被完全测序。1999年年底，国际人类基因组计划联合研究小组宣布人类第一次获得一对完整人染色体——第22对染色体的遗传序列。2000年6月24日，人类基因组计划协作组的6个国家研究机构在同一时间宣布已完成人类基因组的工作框架图。生物信息学在人类基因组计划的推动下迅猛发展，也开创了生物信息学的组学研究领域。目前已完成全基因组测序的物种有几千种，主要分为：模式物种、农作物和经济作物、有药用价值的物种。模式物种有拟南芥、果蝇、斑马鱼、小鼠等；农作物和经济作物有水稻、棉花、小麦、玉米、大豆、甘蓝、白菜、高粱等；有药用价值的物种包括真菌类（如灵芝、茯苓等）和药用植物（如丹参、长春花等）。

罗氏454测序系统由454生命科学公司于2005年推出，开创了第二代测序技术的先河。该技术是基于边合成边测序（sequencing by synthesis，SBS）的原理进行测序。新一代测序技术进一步加速了人们探索未知生命现象的进程，而生物信息学在这一新的时代背景下焕发出新的活力。从此，各种高通量技术引起生物数据的指数增长，人们开始了对基因组功能的系统解读。转录组、蛋白质组、代谢组、表观遗传学及基因表达调控方面都积累了大量的数据，将这些数据整合到一起进行分析可以解决很多生物学研究领域的瓶颈问题，由此，产生了系统生物学的研究方向，即对系统内不同性质的构成要素（基因、mRNA、蛋白质、生物小分子等）进行整体性的关联分析，重点是研究生物分子之间的相互作用关系，从整体上认识生物分子的功能。相信通过系统生物学的整体性研究思路及生物信息学数据库、工具的技术支持，可为研究者解析生命的复杂性现象提供新视野。

1.3 生物信息学研究机构

随着生物信息学的发展，一些重要的生物信息学机构、公司和网点先后成立，为生物信息学提供了便利的交流与共享平台。

1.3.1 美国国立生物技术信息中心

美国国立生物技术信息中心（National Center for Biotechnology Information，NCBI）由美国国立卫生研究院（NIH）创办，其初衷是为研究者们提供一个数据存储及信息处理的系统。NCBI还可以提供众多功能强大的数据检索与分析工具，主要包括Entrez检索系统、PubMed文献数据库、Genome基因组数据库、Taxonomy物种分类数据库、BLAST相似序列检索工具、Electronic PCR、CD-search等，这些数据都可以在NCBI的主页上找到相应链接，并可以通过FTP工具免费下载（图1.2）。

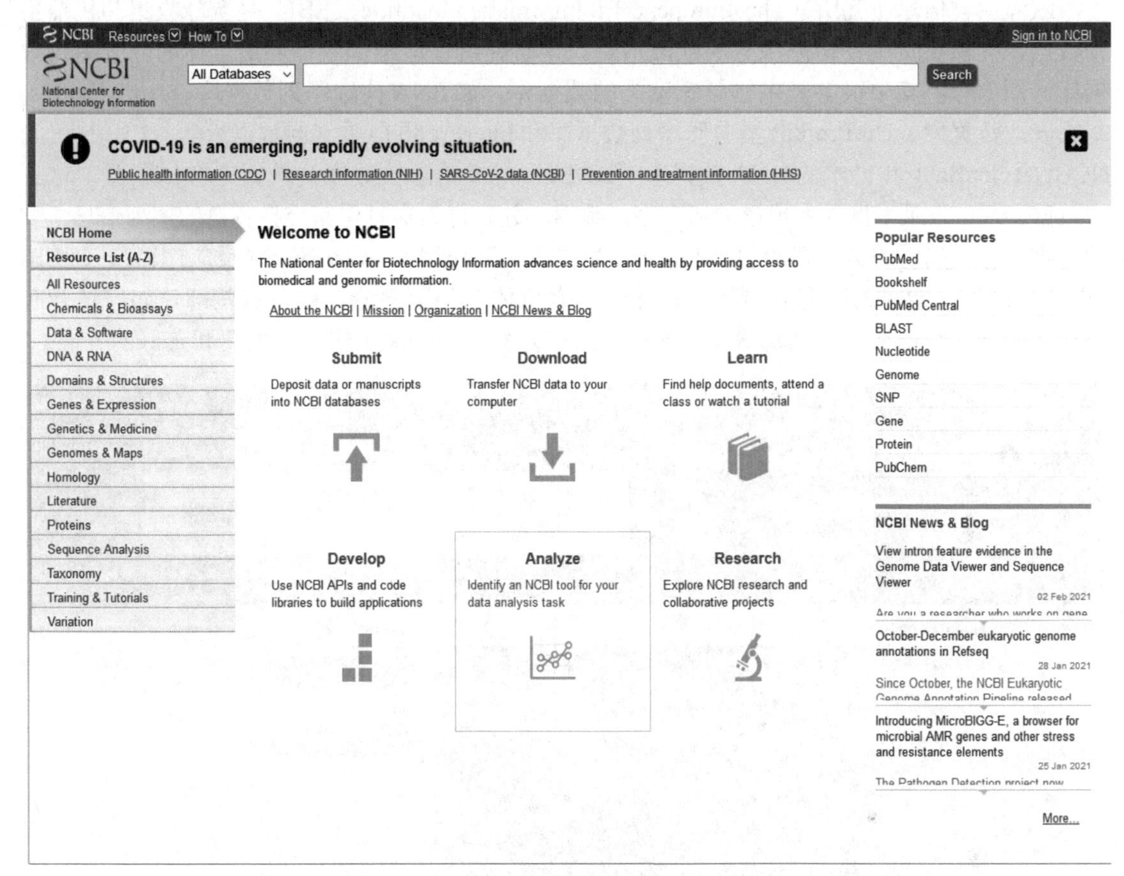

图1.2 NCBI首页

（1）PubMed文献数据库（https://pubmed.ncbi.nlm.nih.gov/） 是NCBI于2000年开发的检索生命科学领域文献的资源数据库，迄今为止已经收录了超过3000万条文献。其免费提供题目和文献，并且部分文献具有可获取全文的链接。主要特点：①可以获取截至当天的最新文献，甚至包括那些还未出版的文献；②具有强大的词汇自动转换功能，能够对意义相同或相近的词语自动匹配，以进行全面搜索；③可以链接到文献的相关网站及全文链接。

（2）Genome基因组数据库（https://www.ncbi.nlm.nih.gov/genome/） 作为NCBI下的一个子模块，其包括来自1000多种生物的全基因组的序列和比对数据，并且可以直接下载至本地。

（3）BLAST（https://blast.ncbi.nlm.nih.gov/Blast.cgi） 是NCBI中用来将核酸或蛋白质序列与各种数据库进行相似序列检索的工具。其在生物学中通常用于：①确定特定的核酸或蛋白质序列具有哪些同源序列；②确定特定物种中是否具有目标蛋白质和基因；③发现新基因；④研究生物进化过程中蛋白质或基因出现哪些变种。

（4）CD-search（https://www.ncbi.nlm.nih.gov/Structure/cdd/wrpsb.cgi） 是NCBI中用于预测基因保守结构域的工具。具有相同或相近功能的基因往往具有相同的保守结构域，因此CD-search对于研究基因的功能具有重要作用。

1.3.2 欧洲生物信息研究所

欧洲生物信息研究所（The European Bioinformatics Institute，EBI）是全球收集和传播生物数据、提供免费生物信息服务的欧洲节点。该研究所管理维护着世界最全面的分子生物数据库（图1.3），其中很多是生物学家熟悉的数据库，如ENA核酸序列数据库、ArrayExpress基因表达数据库、UniProtKB蛋白质序列数据库和InterPro蛋白质家族数据库等。EBI与美国NCBI的GenBank和日本的DNA数据库（DDBJ）组成国际核酸序列数据库合作联盟，这三大数据库各自收录了世界上报道的所有序列数据，并且每天实时更新交换各自的序列信息。欧洲生物信息研究所的数据资源包括IntAct（蛋白质相互作用）、Reactome（反应途径）、ChEBI（小分子）等，能帮助研究人员了解构建一个有机体的分子部分，以及这些部件如何结合起来建立系统。数据获取工具SRS（序列检索系统）为用户提供了快速、便捷和友好的界面。

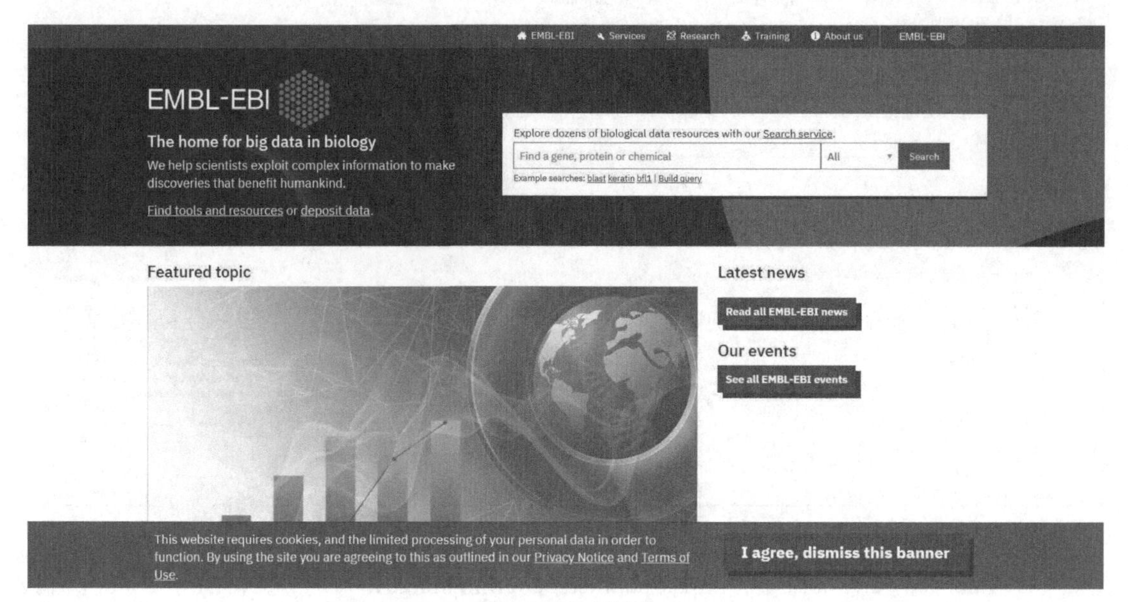

图1.3　EBI首页

1.3.3 日本的DNA数据库

日本的DNA数据库（DNA Data Bank of Japan，DDBJ）中心是日本国家核酸序列数据合作联盟组织（图1.4），保存生物信息并提供公共的存档、检索和分析服务，2013年10月起，DDBJ中心与日本科学技术振兴机构（NBDC）的国家生物科学数据库合作管理日本基因型与表型档案（JGA）。日本基因型与表型档案室能安全地存储及收集经本人同意且仅为特定的研究而应用的个人的基因型与表型数据，DDBJ中心为其提供数据库系统。NBDC拥有为共享来源人类数据制定的指导方针和政策，并复查研究人员提交的数据和使用要求。除了JGA项目，DDBJ中心还与日本生命科学中心合作发展了语义网技术以供数据整合和共享。

1.3.4 Expasy

Expasy（https://www.expasy.org/）收集了超过160个生物信息学软件工具和数据库，囊括基因组学、蛋白质组学和结构生物学，以及进化和系统发育、系统生物学和医学化学，并与关联的资源库自动保持更新。Expasy首页界面十分简洁，整体划分成三部分：上方的搜索框、左侧的筛选框及中间部分详细列出的资源。其中左侧的筛选框中包括了六大类：基因与基因组、蛋白质和蛋白质组、进化与系统发育、结构生物学、系统生物学及文本挖掘和机器学习。这些筛选设置为研究人员查找所需要的资源提供了良好的入口（图1.5）。

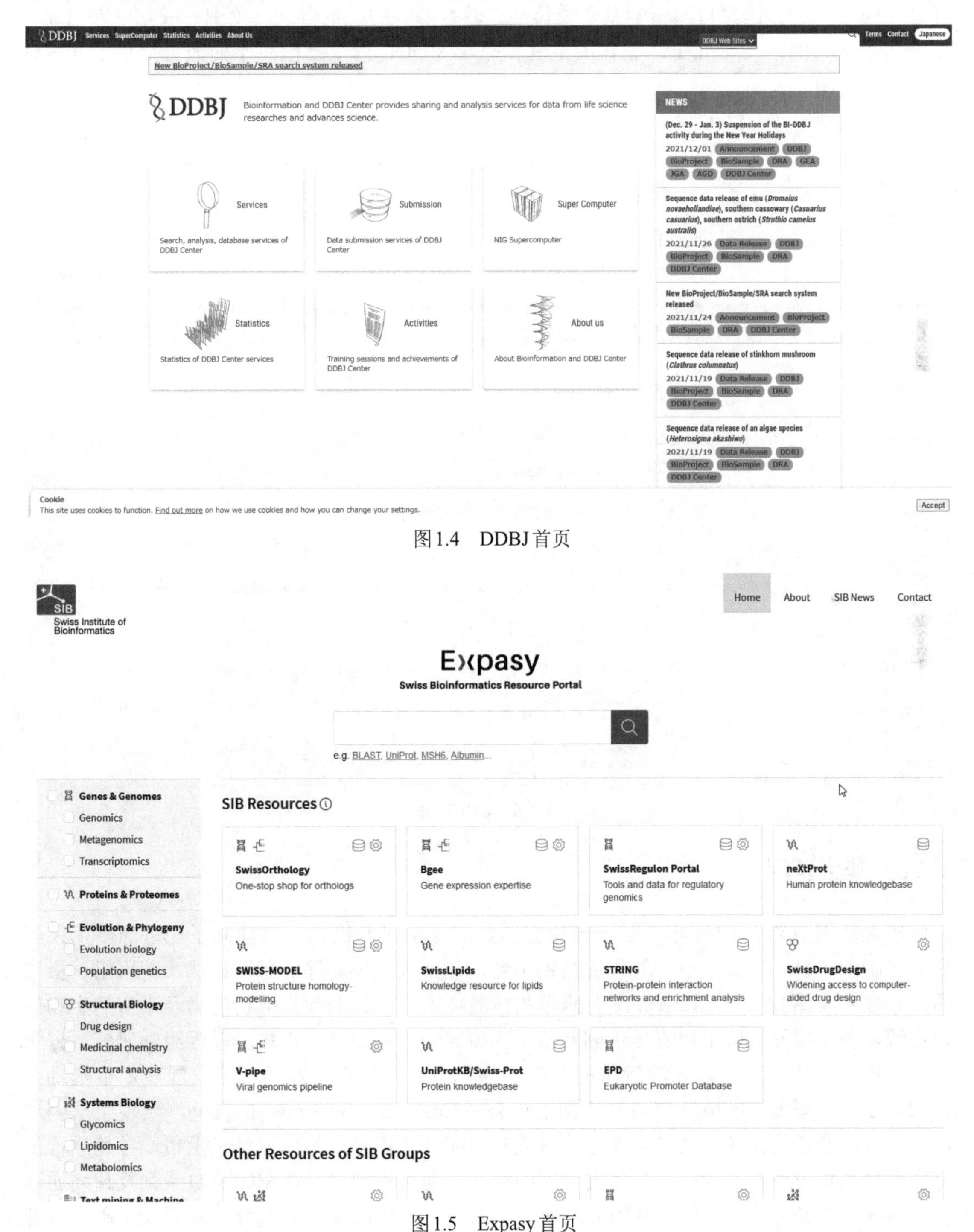

图1.4　DDBJ首页

图1.5　Expasy首页

1.3.5 北京大学生物信息中心

北京大学生物信息中心（Center for Bioinformatics，CBI）成立于1997年，是我国第一家生物信息中心（图1.6），也是国内第一家生物信息学专业博士点。该中心拥有国际一流水平的教学科研团队，长期获得国家重点基础研究发展计划（973计划）、国家高技术研究发展计划（863计划）、国家自然科学基金委员会、教育部等的稳定资助。该中心成立以来已成功培养大批优秀的博士研究生，制作的生物信息学MOOC为生物信息学的教育提供了非常优秀的学习资源。

图1.6　CBI首页

1.3.6 华大基因

华大基因成立于1999年，是全球领先的基因组学研发机构，其建立了先进的高端仪器研发和制造平台、大数据中心及相关技术平台，包括大规模测序、基因检测、基因组、蛋白质组等技术（图1.7）。依托着先进的测序和检测技术、高效的数据分析能力及丰富的生物信息资源，为全球的科研工作者提供创新型生物研究的科技服务，以推动基因组学研究、分子育种、医疗健康、环境能源等领域的发展，为我国生命科学产业的战略发展奠定了基础。2013年3月，华大基因成功完成对美国上市公司Complete Genomics的收购，实现了基因测序上下游产业链的闭环。2017年7月，华大基因在深圳证券交易所完成了上市，并相继推出有完全自主知识产权、具有国际先进水平的桌面型高通量测序系统MGISEQ系列及超高通量测序系统。2020年1月，华大基因成功研制了新冠病毒核酸检测试剂盒，随后在全国陆续开设了多个“火眼”实验室以满足国内抗击疫情的核酸检测需求。

图1.7 华大基因首页

1.4 生物信息学的应用

1.4.1 序列比对

序列比对在阐明一组相关序列的重要生物学模式方面起着十分重要的作用，自从计算机出现，就有许多研究者致力于多序列比对算法。人类基因组计划使多序列比对研究再次成为研究热点。序列比对运用数学模型及相关算法计算序列之间最大匹配的碱基或氨基酸残基数，了解序列之间的同源或相似性关系，以进一步研究它们的功能及生物学特征。生物遗传密码是由4个字符所代表的核苷酸连接起来的线状长链，序列作为最上游或最底层数据，发现其中的规律具有重要意义。

1.4.2 基因组测序组装与重复系列分析

DNA序列蕴含了生物的绝大部分遗传信息，DNA测序技术对生物学的发展至关重要。从早期的Sanger测序技术发展至今，可分为第一代测序、第二代测序、第三代测序、第四代测序几个时期，详见本书第4章。

组成基因组的DNA序列，根据其重复的频度可分为三类：①基因组只有一个复制序列的单一DNA；②中等程度的重复序列（moderately repetitive sequence），是有300～500个核苷酸对的大致相同的序列；③高度重复序列（highly repetitive sequence），由较短的序列经10^5～10^7次直线连接而成，其中含随体DNA等，卫星DNA、小卫星DNA和微卫星DNA按照重复次数属于高度重复序列，按照分布特点属于串联重复序列。近期研究表明，基因组中的重复序列并不是垃圾，其影响生命的进化、遗传、变异，同时对基因表达、转录调控、染色体的构建及生理代谢都起着不可或缺的作用。因此开展基因组重复序列分析，对揭示它们的功能及演化规律具有重要的意义。

1.4.3 分子进化和比较基因组研究

分子进化树又名系统发育树，是生物信息学中描述不同物种之间相互关系的一种方法。DNA序列中记录着生物进化历史的全部信息，每一个核苷酸都有它的历史渊源、来龙去脉。分子进化研究的目的就是要通过破译这种信息去揭示基因进化及生物系统发育的内在规律。分子生物学改变了生物学几乎所有领域的面貌，序列数据已成为实证及理论进化研究最重要的组成部分，在分子进化研究中发挥着不可替代的作用，形成了一系列独特的方法和普遍遵循的原则。正是这些方法和原则使分子进化研究得以实现它的两个基本任务：重建基因或物种的进化历史，以及阐明基因或物种的进化机制。

比较基因组学通过对系统发育中的代表性物种之间的基因和基因家族的比较分析，构建系统发育图谱来揭示基因、基因家族的起源和功能及其在进化过程中复杂化和多样化的机制。比较基因组学研究有助于进一步解析物种进化关系，探索基因起源机制，从物种进化的角度探究基因与其功能的关系。

1.4.4 蛋白质结构比对和功能预测

蛋白质的结构决定其功能，因此了解蛋白质的三维结构对于研究蛋白质功能和相互作用关系，以及下游的蛋白质分子设计及药物开发都具有十分重要的作用。目前，研究蛋白质结构的方法有核磁共振（NMR）法、X射线衍射法及低温冷冻电镜技术等，这些方法为人们了解和认识蛋白质结构提供了极大的帮助。然而，相关的实验都因费用高、操作困难、周期长而导致蛋白质结构解析困难，极大限制了蛋白质结构相关研究的发展。伴随大数据时代的基因组、蛋白质组、代谢组及生物信息学学科的快速发展，利用计算机算法对蛋白质结构进行预测，通过结果确认其结构域或功能单元，为解决生物学问题提供了有效的途径，是生物信息学研究的典型应用之一。

1.4.5 多组学关联分析

20世纪80年代，随着基因组、蛋白质组等组学的快速发展，生物数据量迅速增加。而今，随着功能基因组学的相关注释信息的不断增加，生物信息学在基因组学、蛋白质组学、表观组学和转录组学等多组学中广泛应用。例如，在基因组学中，对基因组测序数据进行分析处理，可将大量的实验数据转变为可处理的数字信息，在对测序数据进行质量评估后进行可视化，便于研究人员观察评估；大规模的基因功能表达谱分析可以进行筛选功能基因的预测和分析；在基因组中发现和鉴定的新基因和新的单核苷酸多态性位点，有利于更好地了解和研究相关的生理功能与疾病；非编码区信息分析有利于全面揭示功能基因片段的编码特征、调节方式和表达规律，对全面了解高等真核生物基因组功能具有重要意义。蛋白质组学中蛋白质结构及理化性质预测、功能及活性分析和分子相互作用及其作用途径的研究，有利于对已知的或新的基因产物进行全面高效的功能分析。表观组学中通过DNA和组蛋白的化学修饰，研究基因在不改变遗传物质的情况下所发生的可遗传变异，挖掘生物学特征以便更好地理解复杂多样的生物过程。转录组学中利用高通量测序技术对组织或细胞中所有RNA反转录而成的cDNA文库进行测序，通过统计相关读段（read）数计算不同RNA的表达量，发现新的转录本或与基因组参考序列进行比对，把转录本映射回基因组，确定转录本位置、剪切情况等更为全面的遗传信息，进行生物学、医学及临床研究和药物研发。综合多组学数据，可促进我们对生物过程和分子机制的深刻理解，为基础生物学系列研究提供新思路。

1.4.6 计算机辅助药物设计

传统的药物设计方法耗时耗力，具有一定的随机性和盲目性，缺乏应有的合理性。随着计算机科学及生物信息学的飞速发展，计算机辅助药物设计（computer-aided drug design，CADD）在医药研发领域取得了瞩目成果。目前，CADD可以对成千上万个分子进行快速筛选，不仅降低了药物研发的成本，而且大大缩短了药物上市的时间，在药物研发过程中发挥着重要的作用。CADD通过计算机模拟、计算和预测药物与受体生物大分子之间的关系，设计和优化先导化合物，首先通过X射线衍射等技术获得受体大分子结合部位的结构，利用计算机软件分析结合部位的疏水场、静电场、氢键作用等信息，再运用数据库搜寻或者全新药物分子设计技术，得到与受体作用位点相匹配的药物分子，最后合成并测试这些药物分子的生物活性。随着多组学技术的迅猛发展，以及大量与人类疾病相关基因的发现，药物作用的靶标分子急剧增加，CADD也取得了很大进展。

1.5 生物信息学发展面临的机遇与挑战

随着生物科学和测序技术的发展，生命科学进入了大数据时代。高通量测序技术一次可以对几百万条DNA进行序列测定，单次测序所产生的数据量往往达到GB的级别，而在系统生物学研究过程中，从基因组、转录组、小RNA测序到表观组、代谢组及其他个性化测序，往往需要TB甚至PB量级的空间。在多组学联合分析过程中，研究者需要同时对基因组、转录组、表观组或代谢组进行比较分析，还需结合国际公共数据库中发布的转录组、表达及功能注释等相关的不同类型数据，常常一个研究课题的相关生物信息数据就高达几百GB甚至几TB。海量的数据实现资源共享，为深入探讨生命的奥秘提供了坚实的基础，也为生物信息学学科的快速发展提供了前所未有的机遇。

生物信息学拥有了丰富的数据资源，同时也面临着新的挑战。数据只是信息的源泉，却并不等于信息，需综合应用生物学、计算机科学和数学的各种理论及工具，深入挖掘这些海量生物学信息中所蕴藏的生物学意义，将累积的数据转变为信息和知识，从而全面认识生命的本质，揭示海量而复杂的数据所赋有的生物学奥秘，解释生命的遗传语言，阐明生命的规律。生物信息学的分析需要服务器或者集群，需要搭建Linux服务器，需要配置生物信息学分析软件及个性化分析流程。目前，服务器管理及分析人员缺乏等问题严重，大部分项目只能将数据分析外包给专门的生物信息学公司来做，导致分析成本比测序成本都高。另外，虽然多年来基因组测序及分析工具在不断优化创新，但仍然存在一定的错误率，在多组学测序比较分析下增加了数据结果标准化的难度。值得一提的是，近年来迅速发展的单细胞测序技术不仅能揭示单个细胞的基因活动状态，还能反映不同细胞类型的异质性，以便研究者更好地进行生物医学相关研究。可以预见的是，未来单细胞测序技术将逐步应用到基因组、蛋白质组及表观组，必将为生物医学领域带来全新的发展。

参考文献

陈维敬，仲维清. 2012. 蛋白质结晶的新进展与药物设计. 药学实践杂志，30（2）：81-85，136.
段谟杰. 2009. 蛋白质结构预测与结构比对方法的研究. 武汉：华中科技大学博士学位论文.
段莹，潘昊. 2009. 遗传算法的形式化语言表示. 计算机与数字工程，37（9）：176-179.
冯思玲. 2009. 生物信息学技术研究. 信息技术，33（5）：20-22.
高胜寒，禹海英，吴双阳，等. 2018. 复杂基因组测序技术研究进展. 遗传，40（11）：944-963.
顾博川，刘菲，胡春潮，等. 2021. 数据库技术与人工智能的融合. 电子技术与软件工程，4：162-163.
关志丽. 2011. 无线传感器网络节点故障修复机制. 北京：北京邮电大学硕士学位论文.
管泽雨，邱嘉迪，刘文硕，等. 2020. 蛋白质残基相互作用网络在线服务及可视化分析. 华中师范大学学报（自然科学版），54（2）：237-243.
郭海燕，程国虎，李拥军，等. 2016. 高通量测序技术及其在生物学中的应用. 当代畜牧，12：61-65.
郭娟. 2012. 基于语义的视频检索技术研究. 重庆：重庆大学硕士学位论文.
胡国平. 2012. 虚拟筛选方法评价和靶向HIV-1整合酶与人类LEDGF/p75蛋白相互作用界面的抑制剂发现研究. 上海：华东理工大学博士学位论文.
李洁，姚晓华. 2019. 多组学关联分析作物耐逆境胁迫研究进展. 广东农业科学，46（8）：22-28.
李林，吴家睿，李伯良. 1999. 蛋白质组学的产生及其重要意义. 生命科学，2：49-50.
李伟，印莉萍. 2000. 基因组学相关概念及其研究进展. 生物学通报，11：1-3.
刘轲，陈曦，蔡如意，等. 2018. 计算机辅助药物设计的研究进展. 转化医学电子杂志，5（9）：31-33.
刘宇，韩锐恒，于爽. 2012. 两参数月水量平衡模型在尼尔基水库月径流量预测中的应用. 东北水利水电，30（6）：53-55.
刘震，张国强，卢全伟，等. 2016. 转座子的分类与生物信息学分析. 农技服务，33（8）：29.
马骏骏，王旭初，聂小军. 2021. 生物信息学在蛋白质组学研究中的应用进展. 生物信息学，19（2）：85-91.
马袁君，程震龙，孙野青. 2008. 生物信息学及其在蛋白质组学中的应用. 生物信息学，1：38-39，48.
彭仁海，刘震，刘玉玲. 2017. 生物信息学实践. 北京：中国农业科学技术出版社.
祁云霞，刘永斌，荣威恒. 2011. 转录组研究新技术：RNA-Seq及其应用. 遗传，33（11）：1191-1202.
曲永超. 2009. 基于遗传算法的商标图案设计. 济南：山东师范大学硕士学位论文.
宋杰. 2012. 吲哚类GRPR抑制剂的设计、合成及抗痒活性研究. 合肥：合肥工业大学硕士学位论文.
宋云龙，陆倍倍，张万年. 2002. 基于结构的计算机辅助药物设计方法学与应用研究. 药学进展，6：359-364.
王芳芳，马志强，王素华. 2006. 基于遗传算法的序列比对方法. 吉林大学学报（信息科学版），4：423-429.
王俊，郭丽，吴建盛，等. 2017. 大数据背景下的生物信息学研究现状. 南京邮电大学学报（自然科学版），37（4）：62-67.
王魏杰. 2004. 生命科学领域的前沿科学：生物信息学. 河北理工学院学报，1：126-128.
吴家睿. 2002. 后基因组时代的思考—系统生物学面面观. 科学，54（6）：22-24，2.
吴哲，石井. 2013. 计算机数据库系统在信息管理中的应用分析. 数字技术与应用，4：144.
徐小俊，雷秀娟，郭玲. 2011. 基于SWGPSO算法的多序列比对. 计算机工程，37（6）：184-186.
杨官品，郭栗. 2017. 基因组的测序技术及其发展趋势. 中国海洋大学学报（自然科学版），47（1）：48-57.

杨帅. 2016. 面向组学大数据的生物信息学研究. 北京：中国人民解放军军事医学科学院博士学位论文.

袁进成，孟亚轩，孙颖琦，等. 2021. 基于全基因关联分析的代谢组学在植物中的应用. 中国农业科技导报，23（9）：12-18.

张森，李辉，顾志刚. 2005. 功能基因组学研究的有力工具—比较基因组学. 东北农业大学学报，5：124-128.

赵东，陈益振，郑修一. 2011. 基于遗传算法思想的日用品网购管家系统. 福建电脑，27（1）：13-15.

赵苏苏，赖仁胜. 2011. 生物信息学相关数据库的应用. 医学信息学杂志，32（12）：40-44.

赵友杰，曹涌，熊飞. 2018. 基于林业大数据的生物信息云平台的构建研究. 电脑知识与技术，14（1）：23-25.

朱杰. 2005. 生物信息学的研究现状及其发展问题的探讨. 生物信息学，4：185-188.

Aliferis C F，Alekseyenko A V，Aphinyanaphongs Y，et al. 2011. Trends and developments in bioinformatics in 2010：prospects and perspectives. Yearb Med Inform，1（6）：146-155.

Chen C，Hou J，Tanner J J，et al. 2020. Bioinformatics methods for mass spectrometry-based proteomics data analysis. Int J Mol Sci，21（8）：2873.

Chen M，Hofestädt R，Taubert J. 2019. Integrative bioinformatics：history and future. J Integr Bioinform，16（3）：2001-2019.

Gauthier J，Vincent A T，Charette S J，et al. 2019. A brief history of bioinformatics. Brief Bioinform，20（6）：1981-1996.

Kanehisa M，Bork P. 2003. Bioinformatics in the post-sequence era. Nat Genet，33（3）：305-310.

Kore P，Mutha M，Antre R，et al. 2012. Computer-aided drug design：an innovative tool for modeling. Open Journal of Medicinal Chemistry，2（4）：139-148.

Liao H Y，Yin M L，Cheng Y，et al. 2004. A parallel implementation of the Smith-Waterman algorithm for massive sequences searching. Conf Proc IEEE Eng Med Biol Soc，4（4）：2817-2820.

Luscombe N M，Greenbaum D，Gerstein M，et al. 2001. What is bioinformatics? A proposed definition and overview of the field. Methods Inf Med，40（4）：346-358.

Needleman S B，Wunsch C D. 1970. A general method applicable to the search for similarities in the amino acid sequence of two proteins. J Mol Biol，48（3）：443-453.

Ouzounis C A，Valencia A. 2003. Early bioinformatics：the birth of a discipline—a personal view. Bioinformatics，19（17）：2176-2190.

Rentzsch P，Witten D，Cooper G M，et al. 2019. CADD：predicting the deleteriousness of variants throughout the human genome. Nucleic Acids Res，47（1）：886-894.

Rhee S Y，Dickerson J，Xu D，et al. 2006. Bioinformatics and its applications in plant biology. Annu Rev Plant Biol，57（1）：335-360.

Schneider M V，Orchard S. 2011. Omics technologies，data and bioinformatics principles. Methods Mol Biol，719：3-30.

Senior A W，Evans R，Jumper J，et al. 2020. Improved protein structure prediction using potentials from deep learning. Nature，577（7792）：706-710.

Subramanian I，Verma S，Kumar S，et al. 2020. Multi-omics data integration，interpretation，and its application. Bioinform Biol Insights，14：1-24.

Tao L，Wang B H，Zong Y F，et al. 2017. Database and bioinformatics studies of probiotics. J Agric Food Chem，65（35）：7599-7606.

Watson J D，Crick F H. 1953. Molecular structure of nucleic acids：a structure for deoxyribose nucleic acid. Nature，171（4356）：737-738.

第2章
生物信息学数据库、资源及常用工具

本章彩图

数据库是生物信息学的重要研究内容之一。随着高通量测序技术的发展，海量的生物大分子数据产生。除了数量上的增长之外，数据库的复杂程度也在不断增加，单一数据库的发展往往伴随着大量的注释和与其他数据库加以链接的相关内容，并衍生出大量的工具、软件及参考文献，如核酸序列数据库可以与文献数据库、蛋白质序列数据库和物种数据库等直接交联，复杂程度与日俱增。目前，生物信息学已经有了海量的数据资源，掌握这些资源对生物信息学的分析至关重要，例如，DATABASE（http://database.oxfordjournals.org/）是一个介绍生物信息学数据库的期刊，DaTo（http://bis.zju.edu.cn/DaTo/）则是专门收录生物信息学数据的数据库，这些资源对了解生物信息数据库非常有利。当然，了解和掌握生物信息学常用工具，是开展生物信息学数据分析的基础。

2.1 数据库的分类

2.1.1 依据数据库存储内容进行划分

生物信息学数据库几乎覆盖了生命科学的各个领域，如核酸序列数据库、蛋白质序列数据库、蛋白质结构数据库、基因表达数据库、基因组数据库、文献数据库及其他专用数据库等。不同类型的数据通常使用专门的数据库进行存储。

（1）*蛋白质结构数据库*（Protein Data Bank，PDB） PDB是美国纽约Brookhaven国家实验室于1971年创建的，收录了大量通过实验（X射线晶体衍射、核磁共振）测定的生物大分子的三维结构，记录有原子坐标、配基的化学结构和晶体结构的描述等。PDB的访问号由一个数字和三个字母组成（如2ADQ）。PDB由生物信息学研究合作组织（The Research Collaboratory for Structural Bioinformatics，RCSB）管理，目前主要成员为罗格斯大学（Rutgers University）、圣地亚哥超级计算中心（San Diego Supercomputer Center，SDSC）和国家标准化研究所（National Institute of Standards and Technology，NIST）。可以通过网络直接向PDB递交数据。PDB以文本文件的方式存储数据，每个分子各用一个独立的文件。在PDB中可以查找核糖体、药物靶标、致癌基因、甚至整个病毒的结构，此外，还给出分辨率、结构因子、温度系数、蛋白质主链数目、配体分子式、金属离子、二级结构信息、二硫键位置等与结构有关的数据（图2.1）。

图2.1　PDB首页

（2）京都基因和基因组百科全书（Kyoto Encyclopedia of Genes and Genomes，KEGG，http://www.kegg.jp/）　KEGG由日本京都大学生物信息学中心建立，是国际上著名的代谢途径数据库，以“理解生物系统的高级功能和实用程序资源库”著称。KEGG的PATHWAY数据库整合当前在分子互动网络的知识，GENES/SSDB/KO数据库提供关于在基因组计划中发现的基因和蛋白质的相关知识，COMPOUND/GLYCAN/REACTION数据库提供生化复合物及反应方面的知识。KEGG拥有多个子数据库，其中包括基因组、生化反应、生化物质、疾病与药物及最常用的PATHWAY通路信息。相比于传统的数据库，KEGG的显著特点是其拥有强大的图形功能，研究者可通过生动的图形信息来研究特定基因所参与的代谢途径，以及该代谢途径与其他途径之间的联系（图2.2）。

（3）蛋白质家族数据库Pfam（http://pfam.xfam.org/）　蛋白质一般有一个或多个功能区，这些区通常被称为结构域，因此鉴别蛋白质的结构域对理解蛋白质的功能有重要意义。Pfam通过多序列比对和隐马尔可夫模型的形式来表示具有相似结构域的蛋白质家族，寻找相似功能蛋白的时候经常会用到这个数据库的数据（图2.3）。Pfam包括两个质量级别的家族数据库：Pfam-A和Pfam-B。Pfam-A来自基础序列数据库Pfamseq，是根据最新的UniProtKB数据建立的，质量较高；Pfam-B作为Pfam-A的补充，是一个未注释的低质量数据库，一般由 ADDA数据中的非冗余cluster自动生成，虽然质量较低，但对于鉴定Pfam-A无法覆盖的功能保守区域非常有用。通过Pfam数据库，我们可以得到特定蛋白质家族基本的构造、功能、家族相关结构域情况、在不同物种中的进化情况，以及与其他蛋白质相互作用的关系等。

KEGG | Databases | Mapper | Auto annotation | Kanehisa Lab

KEGG Search Help

» Japanese

KEGG Home
Release notes
Current statistics

KEGG Database
KEGG overview
Searching KEGG
KEGG mapping
Color codes

KEGG Objects
Pathway maps
Brite hierarchies
KEGG DB links

KEGG Software
KEGG API
KGML

KEGG FTP
Subscription
Background info

GenomeNet

DBGET/LinkDB

Feedback
Copyright request

Kanehisa Labs

KEGG: Kyoto Encyclopedia of Genes and Genomes

KEGG is a database resource for understanding high-level functions and utilities of the biological system, such as the cell, the organism and the ecosystem, from molecular-level information, especially large-scale molecular datasets generated by genome sequencing and other high-throughput experimental technologies. See Release notes (October 1, 2021) for new and updated features.

New article KEGG mapping tools for uncovering hidden features in biological data

Main entry point to the KEGG web service

KEGG2 KEGG Table of Contents [Update notes | Release history]

Data-oriented entry points

KEGG PATHWAY	KEGG pathway maps
KEGG BRITE	BRITE hierarchies and tables
KEGG MODULE	KEGG modules
KEGG ORTHOLOGY	KO functional orthologs [Annotation]
KEGG GENES	Genes and proteins [SeqData]
KEGG GENOME	Genomes [KEGG Virus | Taxonomy]
KEGG COMPOUND	Small molecules
KEGG GLYCAN	Glycans
KEGG REACTION	Biochemical reactions [RModule]
KEGG ENZYME	Enzyme nomenclature
KEGG NETWORK	Disease-related network variations
KEGG DISEASE	Human diseases
KEGG DRUG	Drugs [New drug approvals]
KEGG MEDICUS	Health information resource [Drug labels search]

Pathway
Brite
Brite table
Module
Network
KO (Function)
Organism
Virus
Compound
Disease (ICD)
Drug (ATC)
Drug (Target)
Antimicrobials

Organism-specific entry points

KEGG Organisms Enter org code(s) Go hsa hsa eco

Analysis tools

KEGG Mapper	KEGG PATHWAY/BRITE/MODULE mapping tools
BlastKOALA	BLAST-based KO annotation and KEGG mapping
GhostKOALA	GHOSTX-based KO annotation and KEGG mapping
KofamKOALA	HMM profile-based KO annotation and KEGG mapping
BLAST/FASTA	Sequence similarity search
SIMCOMP	Chemical structure similarity search

图2.2 KEGG首页

HOME | SEARCH | BROWSE | FTP | HELP | ABOUT

Pfam 34.0 (March 2021, 19179 entries)

The Pfam database is a large collection of protein families, each represented by **multiple sequence alignments** and **hidden Markov models (HMMs)**. More...

QUICK LINKS	YOU CAN FIND DATA IN PFAM IN VARIOUS WAYS...
SEQUENCE SEARCH	Analyze your protein sequence for Pfam matches
VIEW A PFAM ENTRY	View Pfam annotation and alignments
VIEW A CLAN	See groups of related entries
VIEW A SEQUENCE	Look at the domain organisation of a protein sequence
VIEW A STRUCTURE	Find the domains on a PDB structure
KEYWORD SEARCH	Query Pfam by keywords
JUMP TO	enter any accession or ID Go Example Enter any type of accession or ID to jump to the page for a Pfam entry or clan, UniProt sequence, PDB structure, etc. Or view the help pages for more information

图2.3 Pfam首页

2.1.2 依据数据来源进行划分

依据数据来源，生物信息学数据库可以分为一级数据库和二级数据库。基因组数据库来自基因组作图，序列数据库来自序列测定，结构数据库来自X射线衍射和核磁共振等结构测定，这些数据库是分子生物学的基本数据资源，通常称为基本数据库或初始数据库，也称一级数据库。根据生命科学不同研究领域的实际需要，在基因组图谱、核酸和蛋白质序列、蛋白质结构及文献等一级数据库、实验数据、理论分析的基础上，进行分析、整理、归纳、注释，构建具有特殊生物学意义和专门用途的数据库，称为二级数据库。Genebank的数据来源于测序结果，PDB的数据来源于X射线晶体衍射，这些数据库属于一级数据库；KEGG将属于同一代谢途径的生物分子整合到一起，数据是经过人工处理的，属于二级数据库。一般说来，一级数据库的数据量大，更新速度快，用户面广，通常需要高性能的计算机服务器、大容量的磁盘空间和专门的数据库管理系统支撑。二级数据库的容量则小得多，更新速度也不像一级数据库那样快，也可以不用大型商业数据库软件支持，这类针对不同问题开发的二次数据库的最大特点是使用方便，特别适用于计算机使用经验不太丰富的生物学家。

2.2　常用数据库介绍

2.2.1　NCBI

NCBI（National Center for Biotechnology Information）是美国国立生物技术信息中心，成立于1988 年，与美国国家图书馆同属于美国国立卫生研究院（NIH）。该中心主要负责美国生物信息源的开发和传播，进行生物信息处理和软件的开发，此外还开展生物遗传学方面的研究工作。NCBI有一个多学科的研究小组，包括分子生物学家、生物化学家、计算机科学家、数学家、实验物理学家和结构生物学家，集中于计算分子生物学的基础和应用的研究，他们一起用数学和计算的方法研究分子水平上的基本的生命科学问题。NCBI集成了39个生物医学数据库，涉及DNA和蛋白质序列、结构、文献、基因、基因组、遗传变异和基因表达等方面，对生物医学的发展有着巨大的推动作用。常用的NCBI数据库如下所示。

（1）PubMed　PubMed提供生物医学方面论文的搜寻服务和摘要内容，由美国国立医学图书馆提供，PubMed 的数据并不包括期刊论文的全文，但提供指向全文的链接，从而方便用户获取相关文献（图2.4）。

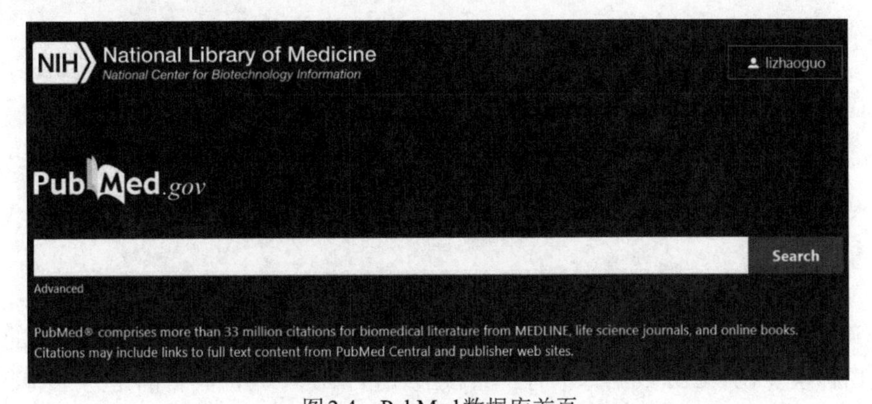

PubMed
用法

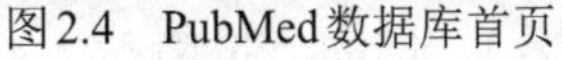
图2.4　PubMed数据库首页

（2）Nucleotide　Nucleotide由GenBank、DDBJ和EMBL三部分数据组成。这三个组

织每天交换各自数据库中的新增序列记录，实现数据共享。此外，Nucleotide也通过与基因组序列数据库合作来获取数据（图2.5）。

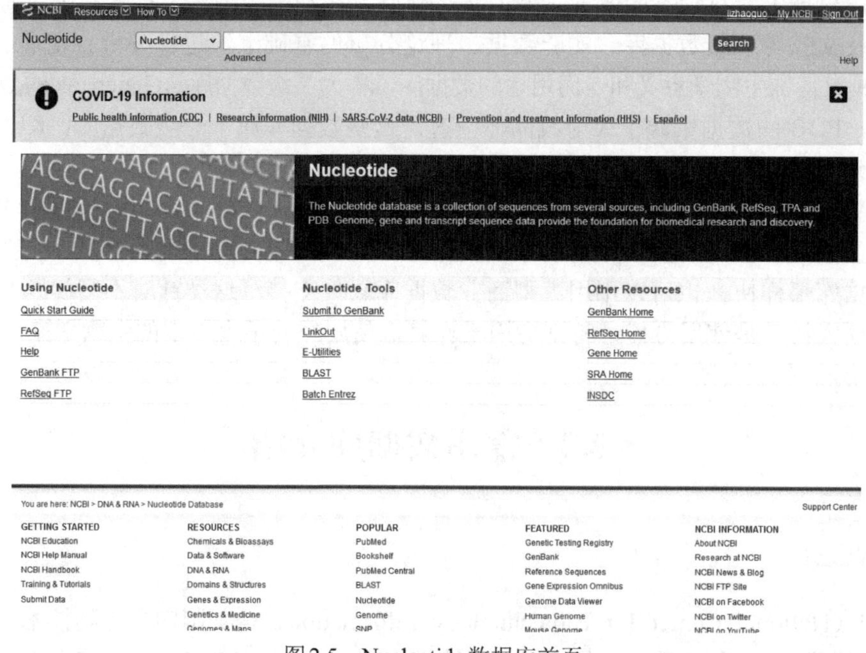

图2.5 Nucleotide数据库首页

（3）Genome基因组数据库　　Genome作为NCBI下的一个子模块，包括来自1000多种生物的全基因组的序列和比对数据，并且可以直接下载至本地（图2.6）。

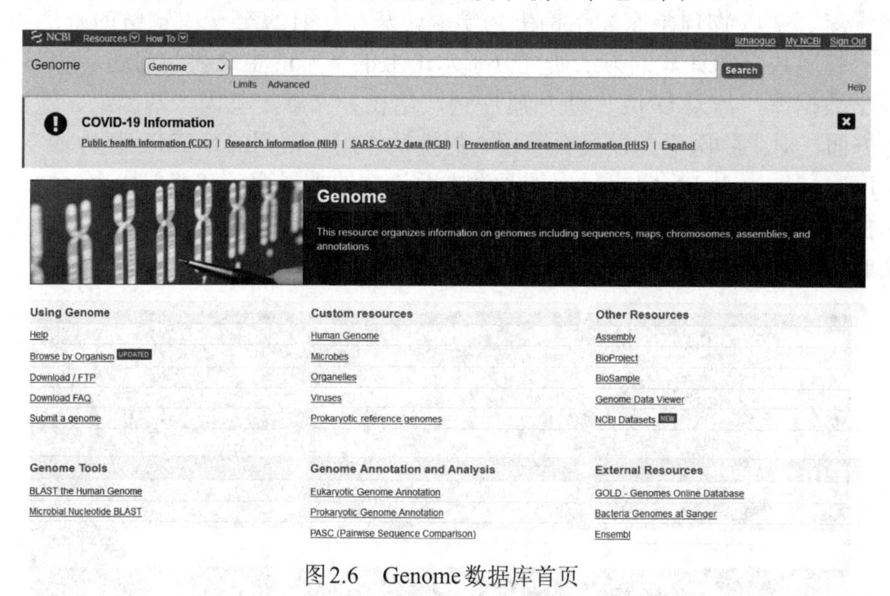

Genome用法

图2.6 Genome数据库首页

（4）Taxonomy　　Taxonomy是一个物种分类数据库，包括7万余个物种的名字和种系，这些物种至少在NCBI数据库中有一条核酸或蛋白质序列，其目的是为序列数据库建立一个一致的种系发生分类学（图2.7）。例如，拟南芥（*Arabidopsis thaliana*）的分类信息如图2.8所示。

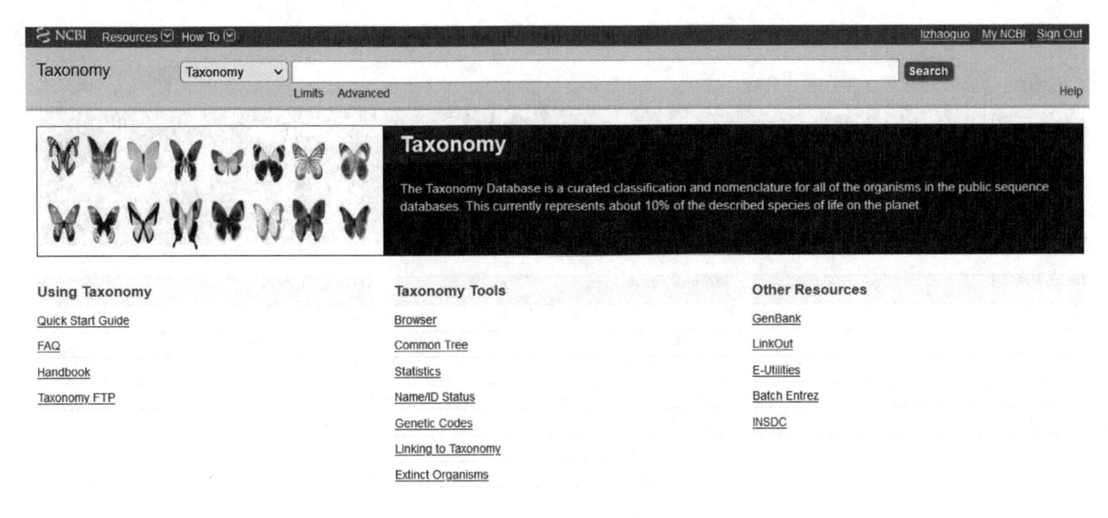

图2.7　Taxonomy数据库首页

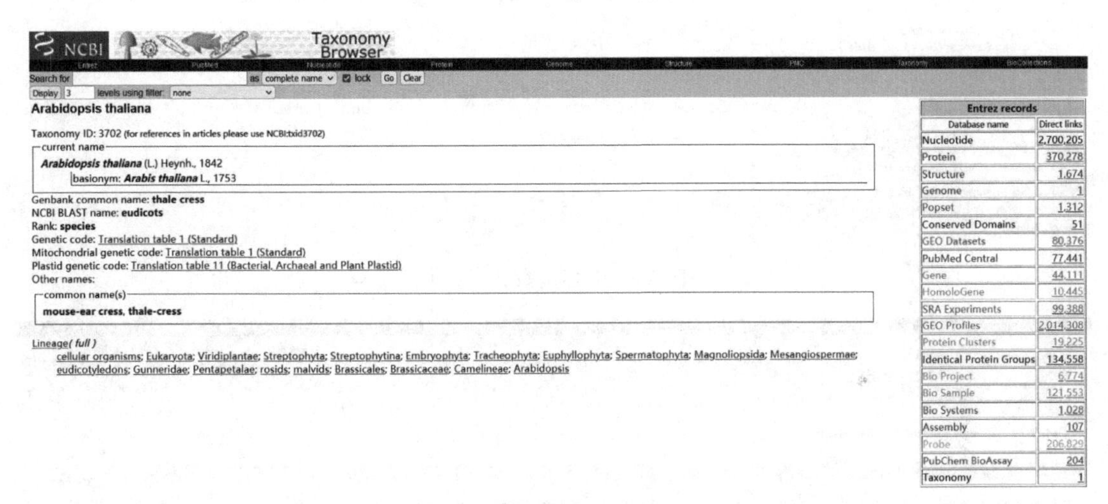

图2.8　拟南芥分类信息

（5）RefSeq（The Reference Sequence Database）　RefSeq具有生物意义上的非冗余基因、转录本和蛋白质序列，是经过NCBI和其他组织校正的参考序列数据库，使用人类基因命名委员会定义的术语，并且包括了官方的基因符号和可选的符号。RefSeq记录三种可以获得的记录的状态：预测的、临时的和检查过的。预测的RefSeq记录来自那些未知功能的cDNA序列，它们有一个预测的蛋白质编码区；临时的RefSeq记录还没有被检查过，它们是由自动的程序产生的；检查过的记录代表了目前关于一个基因和它的转录子的知识的汇编，它们很多都来自GenBank记录、人类基因组命名委员会和在线人类孟德尔遗传数据库（OMIM）。RefSeq标准为人类基因组的功能注解提供基础。RefSeq序列是NCBI筛选过的非冗余数据库，一般可信度比较高（图2.9）。

（6）Structure　Structure数据库不仅包含来自PDB的X射线晶体学和三维结构的实验数据，还能通过NCBI的Taxonomy将结构数据交叉链接到书目信息、序列数据库，随后利用3D结构在线查看器iCn3D（https://www.ncbi.nlm.nih.gov/Structure/icn3d/full.html）和本地应用程序Cn3D，可以很容易地从分子生物学数据库Entrez中获得分子的分子结构间相互作用的图像（图2.10）。

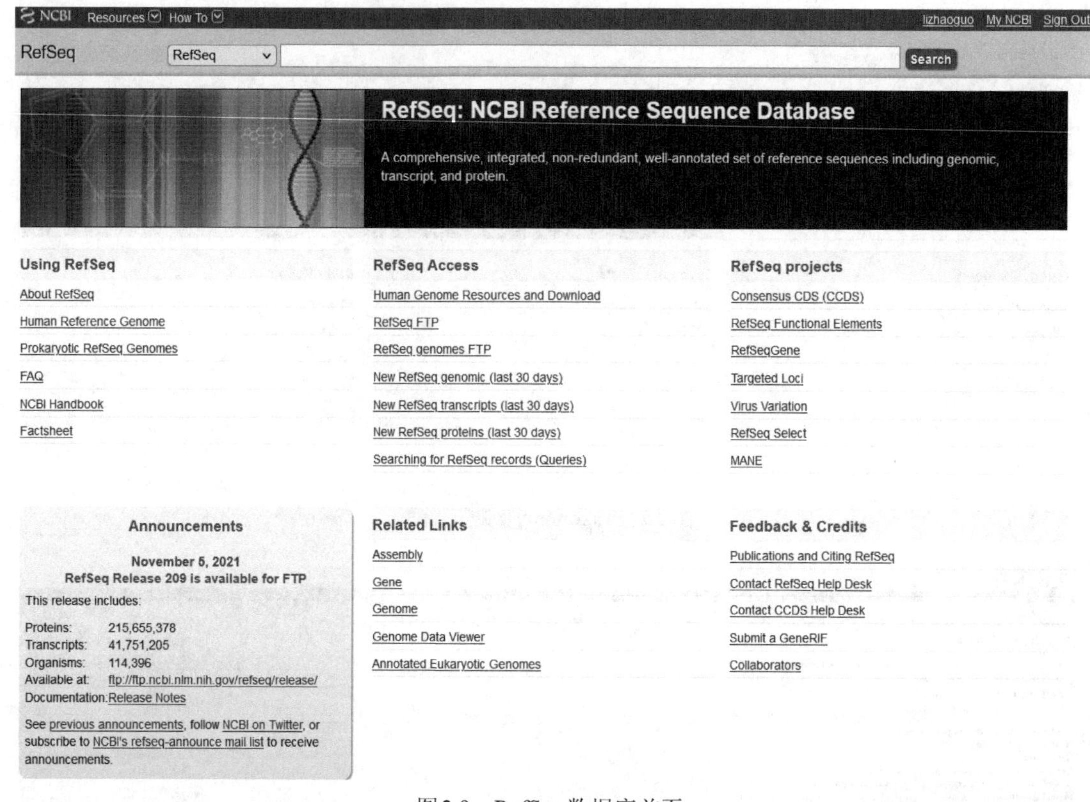

图2.9 RefSeq数据库首页

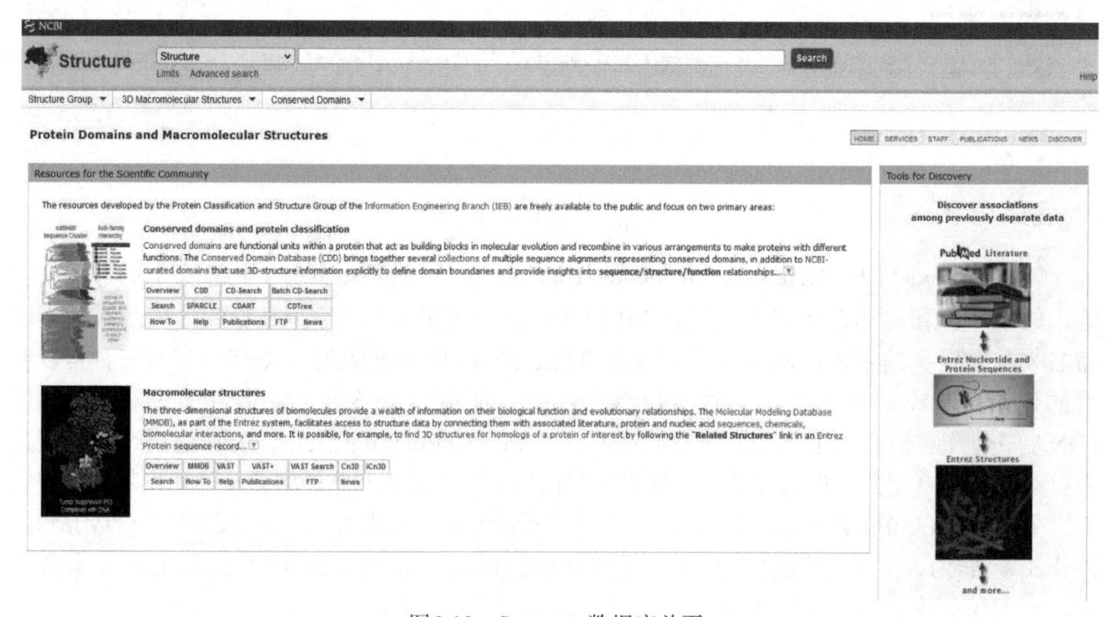

图2.10 Structure数据库首页

（7）HomoloGene　HomoloGene数据库是一个依靠已发布的真核物种完整基因组并旨在其中查找物种间对应的同源基因的系统，数据库现有21个物种，共44 233组同源基因。搜索感兴趣的基因后，在输出结果中可以看到其在各个物种中的信息及家族保守结构域，另外数据库还提供了序列比对工具，允许研究者跨物种对目的基因进行比对（图2.11）。

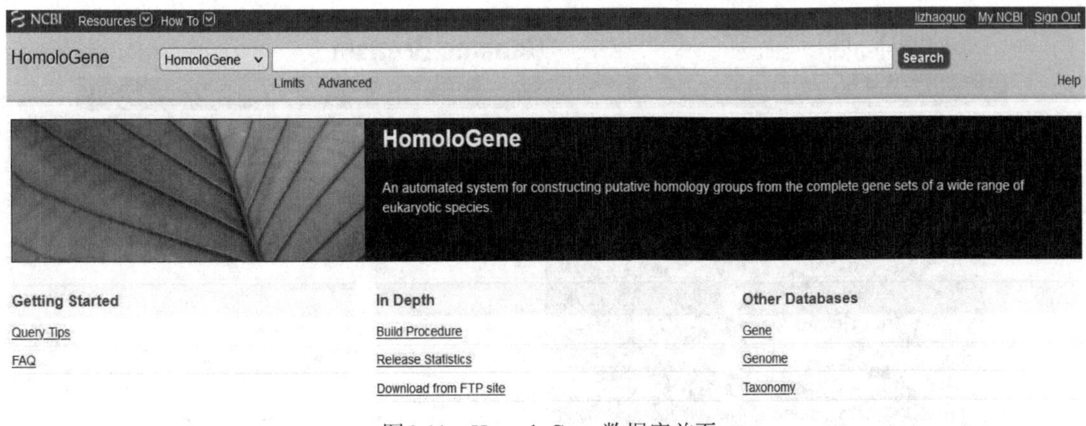

图2.11　HomoloGene数据库首页

2.2.2　Ensembl

Ensembl是一项生物信息学研究计划，旨在开发一种能够对真核生物基因组进行自动诠释（automatic annotation）并加以维护的软件。Ensembl支持比较基因组学、进化、序列变异和转录调控的研究，可以注释基因、计算多重比对、预测调节功能并收集疾病数据。其常用工具包括BLAST、BLAT、BioMart和Variant Effect Predictor（VEP）（图2.12）。

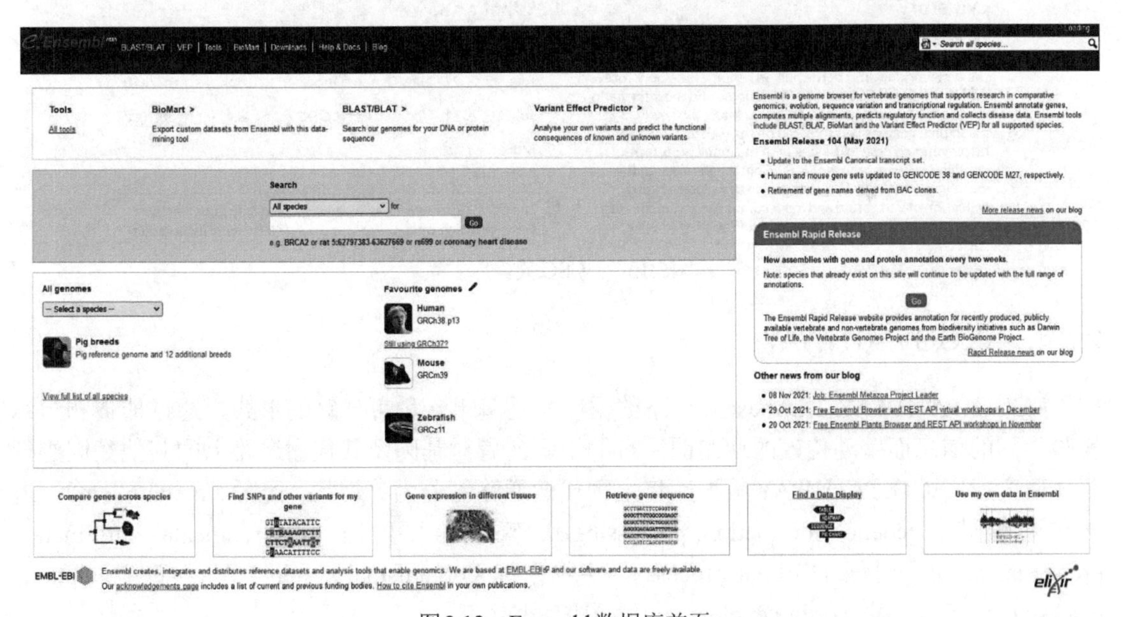

图2.12　Ensembl数据库首页

2.2.3　UCSC

UCSC（University of California Santa Cruz）作为生物领域里常用的数据库之一，整合了各大数据库的基因注释、基因表达、调控、变异等各种基因组数据信息，不仅可以可视化浏览和挖掘数据，还能下载用于生信分析的FASTA、GTF或BED文件和比较作图，为物种基因组的研究提供丰富的手段（图2.13）。

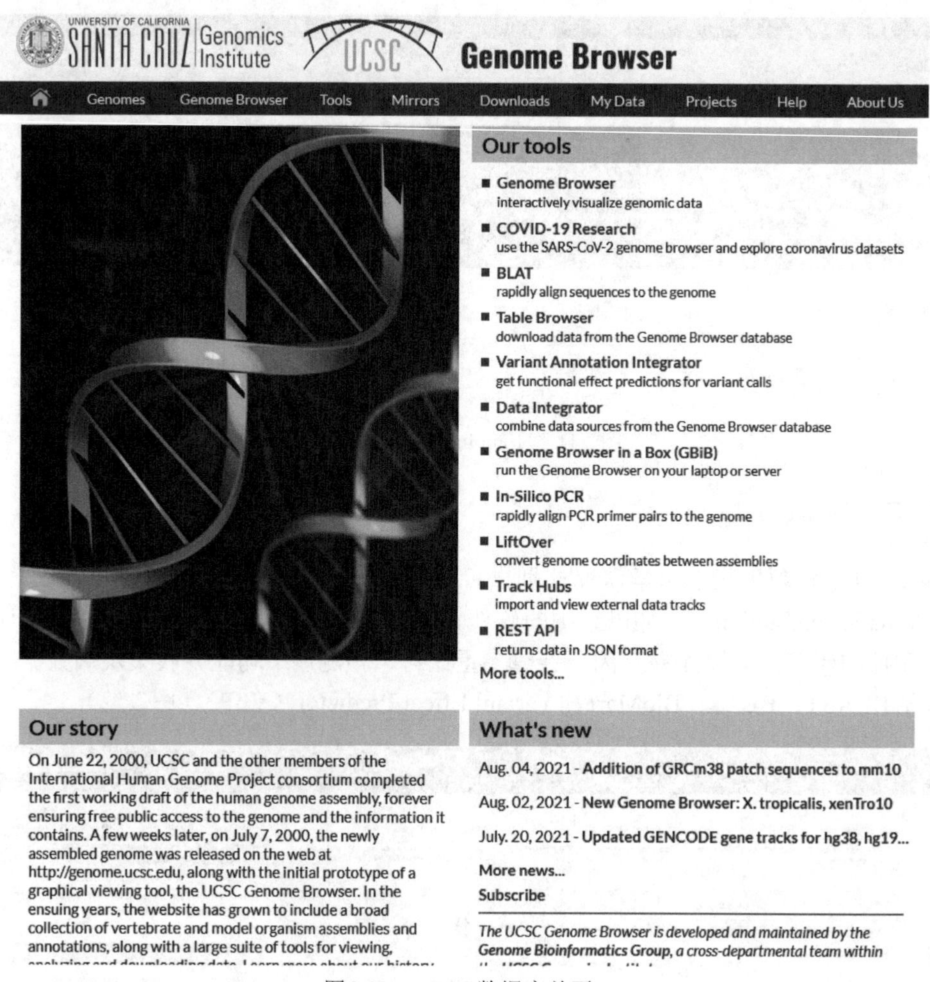

图2.13 UCSC数据库首页

2.2.4 KEGG PATHWAY

KEGG PATHWAY Database（通路数据库）是基于一种可计算的形式，通过捕捉和组织实验得到的信息而手动构建的通路图，有助于研究者对基因及其代谢通路上的其他基因进行整体研究。KEGG PATHWAY数据库将生物代谢通路划分为7大类：代谢（metabolism）、遗传信息处理（genetic information processing）、环境信息处理（environmental information processing）、细胞过程（cellular process）、生物系统（organismal system）、人类疾病（human disease）及药物开发（drug development）（图2.14）。

2.2.5 KEGG ORTHOLOGY

KEGG ORTHOLOGY Database（KO数据库）是一个全面的研究基因功能的数据库，它会将已知功能的基因与其处于不同物种中的同源基因进行聚类，并赋予一个唯一标识：K number，用该基因的功能作为独特标识的功能。这个系统通过把分子网络的相关信息连接到基因组中，有助于不同物种基因功能的联合研究，从而发展和促进了跨物种注释流程（图2.15）。

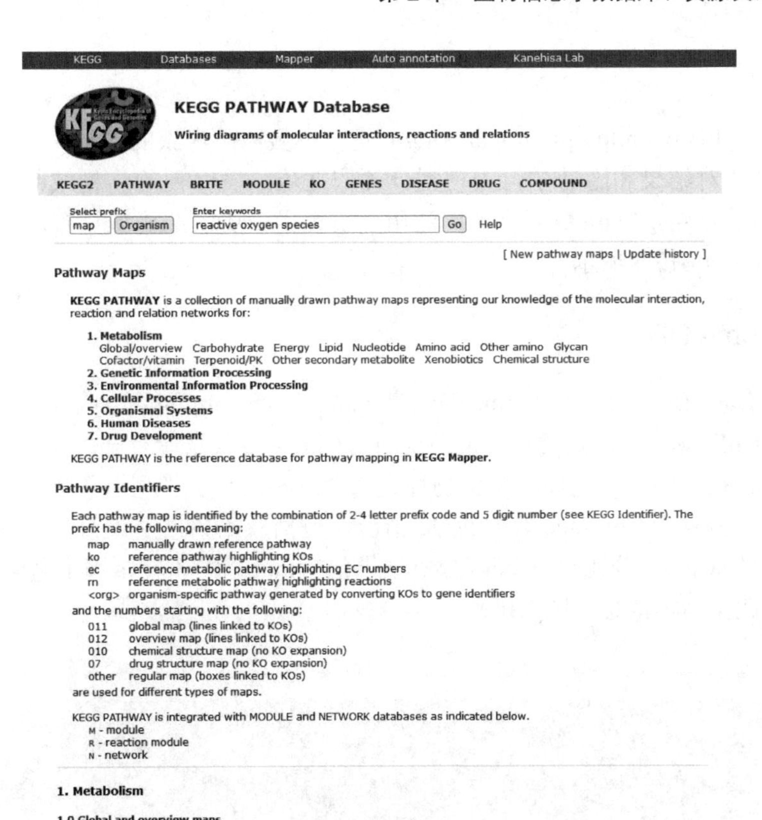

图2.14　KEGG PATHWAY数据库首页

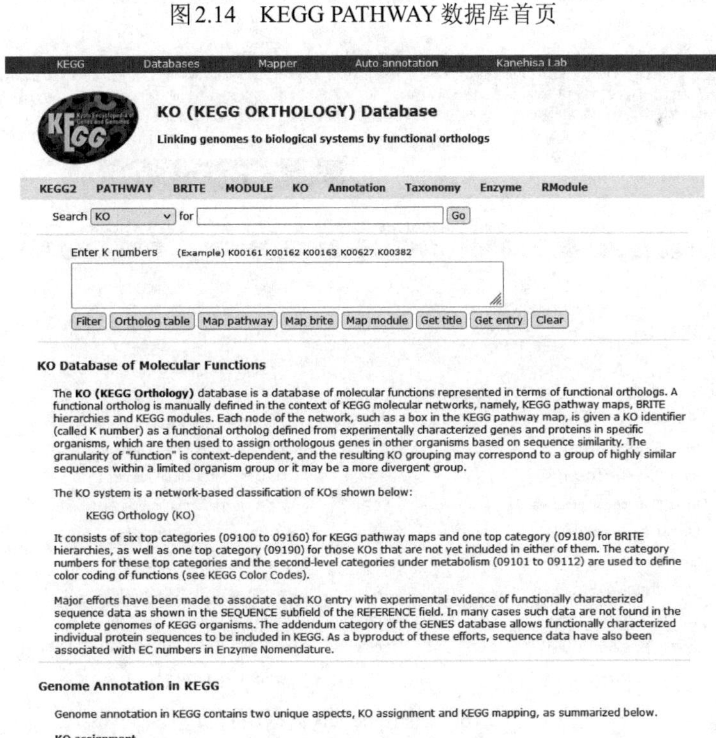

图2.15　KEGG ORTHOLOGY数据库首页

2.2.6 Pfam

Pfam用法

Pfam（http://pfam.xfam.org/）是一个蛋白质家族的数据库，收集了大量多序列比对结果和隐马尔可夫模型，并依据蛋白质序列的结构域归类划分不同的蛋白质家族。Pfam数据库被广泛用于研究蛋白质的结构域排布形式及功能（Pfam首页如图2.3 所示）。

2.2.7 Cistrome DB

Cistrome Data Browser（Cistrome DB，http://cistrome.org/db/#/）收录了大量的开放染色质信息资源（ChIP-seq），是人类和小鼠最全面的ChIP-seq数据库之一。使用数据库时，研究者可以通过检索栏中的快捷选项，依据物种、来源及转录因子类型进一步缩小搜索范围，输出结果中可以看到这个ChIP-seq数据的QC情况，包括原始数据质量得分、唯一比对率及基因组不同区域的peaks百分比等；motif分析结果包括motif ID、转录因子名称、DNA结合域信息及潜在的靶基因等信息（图2.16）。

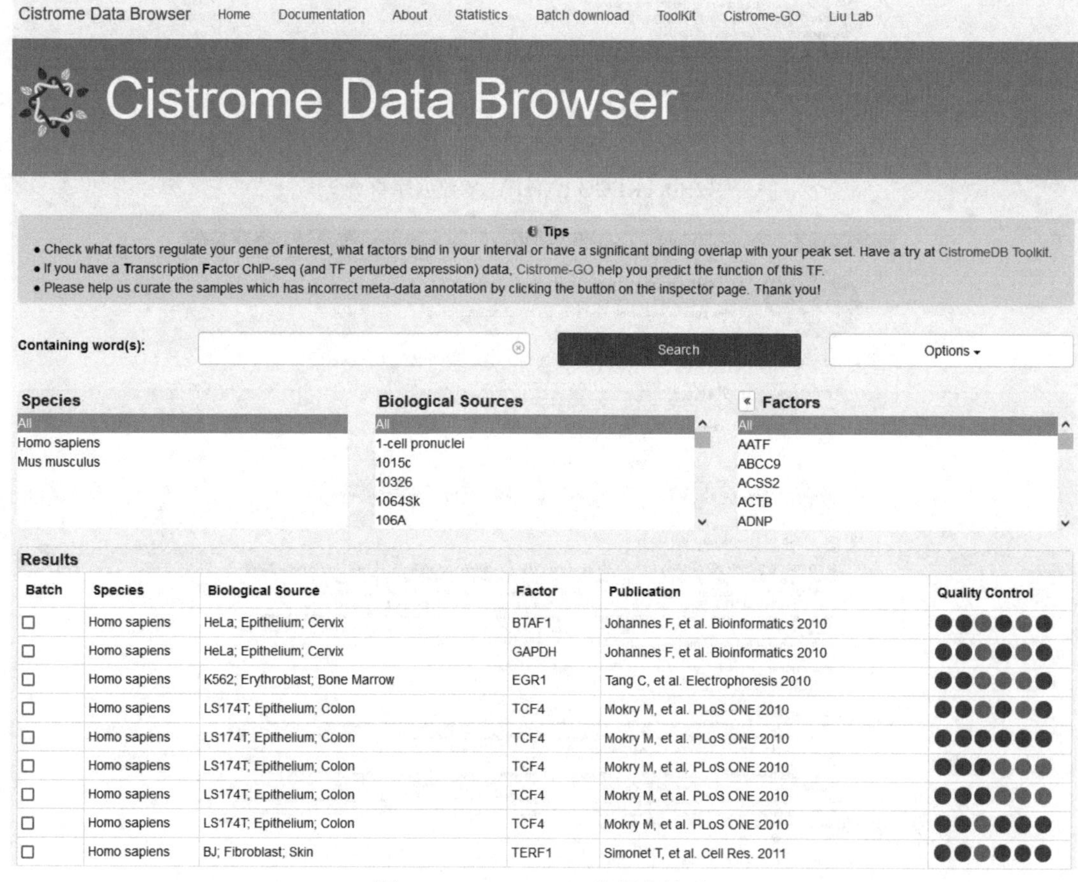

图2.16　Cistrome DB数据库首页

2.2.8 JASPAR

JASPAR（https://jaspar.genereg.net/）是一个开源的转录因子数据库，收录了包括真菌、昆虫、线虫、植物、尾索动物、脊椎动物六大类物种的转录因子结合位点信息，其下涵盖了9个子数据库，针对不同类别和来源的转录因子信息（图2.17）。

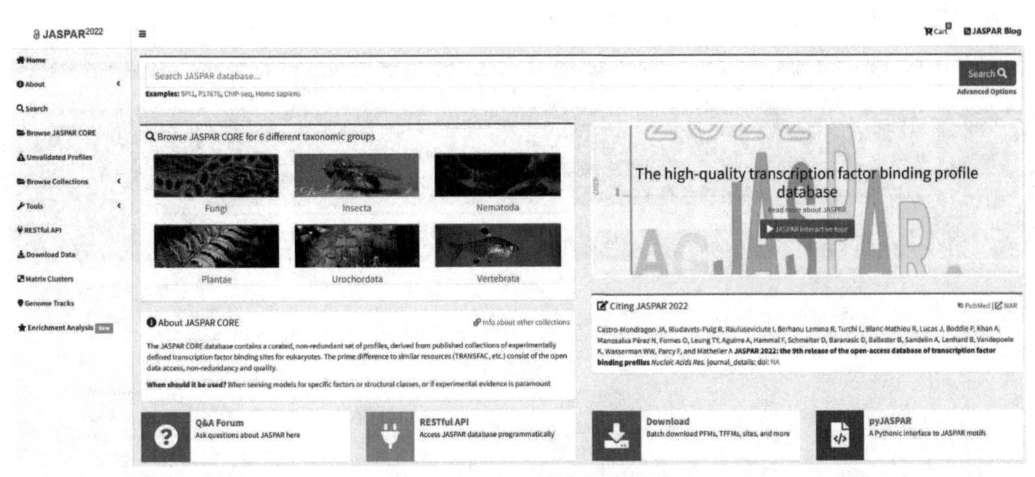

图2.17　JASPAR数据库首页

2.2.9　Cell BLAST

Cell BLAST（https://jaspar.genereg.net/）是一个用于单细胞转录组（scRNA-seq）数据库查询和注释的在线工具，其内含一个高质量注释的scRNA-seq参考数据库ACA，该数据库收录了2 989 582个单细胞、8个物种及27个不同组织器官的相关信息，以供研究者在参考数据库中检索与query（查询）细胞最相似的细胞，并依据相似细胞的注释信息推断query细胞的注释信息（图2.18）。

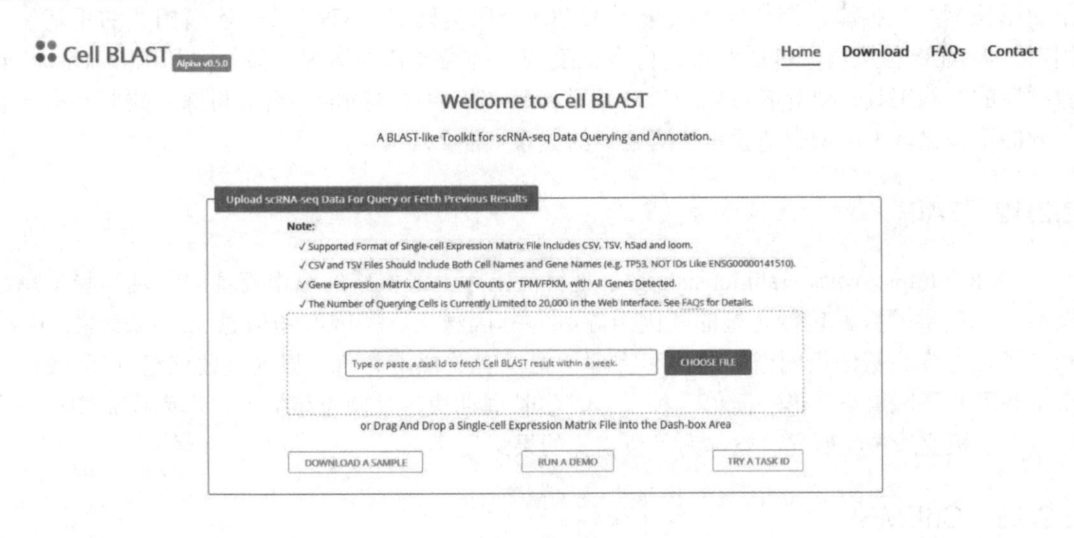

图2.18　Cell BLAST数据库首页

2.2.10　EWAS Data Hub

EWAS Data Hub（https://ngdc.cncb.ac.cn/ewas/datahub）是一个集成了115 852个样本、涉

及925种组织或细胞类型，以及528种疾病的表观基因组关联研究数据库。其基于海量DNA甲基化数据的整合分析，利于研究人员系统地研究不同实验条件下的DNA甲基化状态，以及探索与性状相关的表观遗传机制（图2.19）。

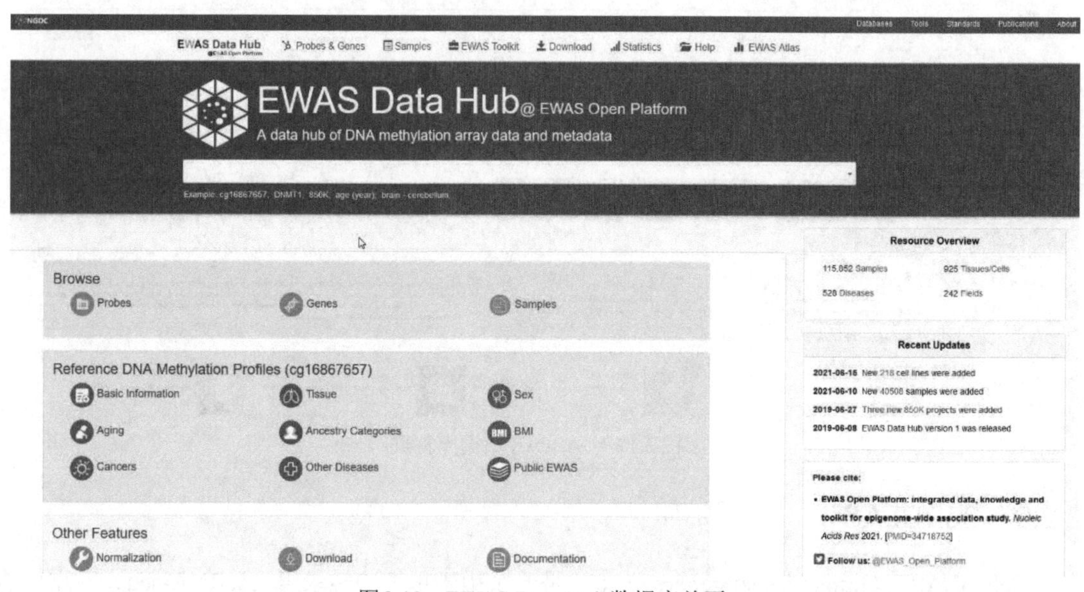

图2.19　EWAS Data Hub数据库首页

2.2.11　DiseaseMeth

DiseaseMeth（http://bio-bigdata.hrbmu.edu.cn/diseasemeth/）是一个专注于人类疾病的异常甲基化网络数据库，该数据库收集了32 701个甲基化谱、679 602个疾病相关的甲基化基因对，涉及88种疾病，包括癌症、自身免疫病、神经发育疾病等。另外，利用DiseaseMeth数据库的在线工具，研究者可以通过对正常样品和疾病样本间的整合分析深入研究具有显著差异的甲基化基因，调查基因与疾病之间的关系（图2.20）。

2.2.12　TAIR

TAIR（https://www.arabidopsis.org/）是目前国际上最权威的拟南芥基因组及注释信息数据库，其提供的数据包括完整的基因组序列、基因结构、基因产物信息、基因表达、DNA和种子资源库、基因组图谱、遗传和物理标记及有关拟南芥研究界的重要信息（图2.21）。拟南芥因其基因组小、形态简单、种子多、生长周期快、易操作等特点，作为模式物种而广泛应用于植物遗传学研究，被称为“植物界的果蝇”。

2.2.13　ChEMBL

ChEMBL（https://www.ebi.ac.uk/chembl/）是一个包含药物特性生物活性化合物结合、功能、吸收、代谢、排泄和毒性等信息的药物数据库。其数据是从已发表的文献及其他数据库中整理得到的，目前该数据库共收集了14 554个靶点和2 105 464个不同的化合物，旨在为研究者们提供一个全面、便利的药物研究平台（图2.22）。

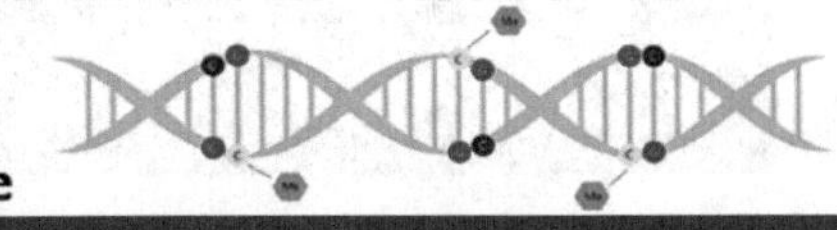

图2.20　DiseaseMeth 数据库首页

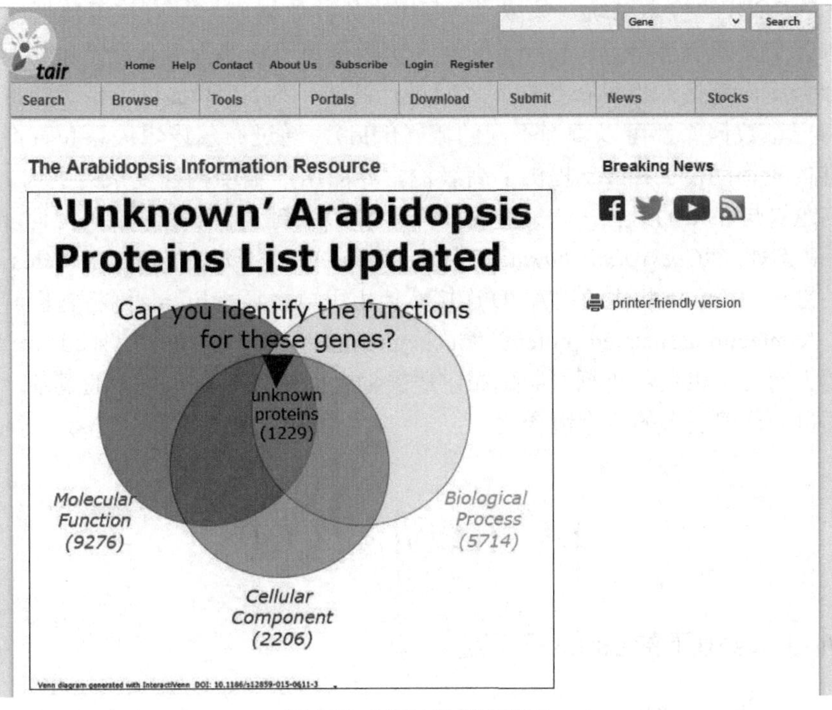

图2.21　TAIR 数据库首页

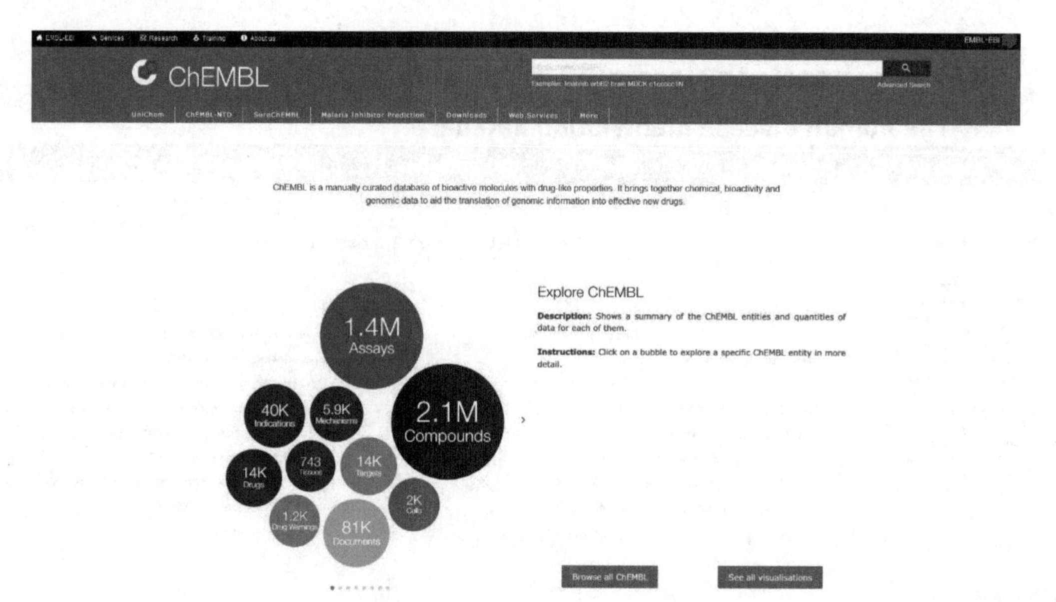

图2.22 ChEMBL数据库首页

2.3 NCBI Entrez检索系统

索引是对数据库表中一列或多列值进行排序的一种结构，使用索引可以快速访问数据库中的特定信息。根据对信息资源中不同对象和层次揭示上的需要，数据库检索系统可以加快数据库的查询速度以提高搜索效率。

Entrez是NCBI的检索系统，集成了NCBI的各种数据库，具有检索数据库多、使用方便、能够进行交叉索引等特点。Entrez的强大功能是基于它的大多数记录可相互链接——既可在同一数据库内链接，也可在数据库之间进行链接，为NCBI提供了精确的搜索和结果管理功能。每一个数据库都可以查询不同的域（field），通过布尔逻辑关系和查询历史记录可以实现精准的查询功能。Entrez提供了高级检索界面用户辅助构建复杂的查询。Entrez的查询就是布尔逻辑与field的组合——关键词[field] AND关键词[field]，或关键词[field]NOT关键词[field]。例如，"*Gossypium hirsutum*"[Organism]AND *Verticillium*[All fields]。对于用空格分开的关键词，Entrez默认通过AND连接，使用引号之后，Entrez则将它们看成一个关键词。例如，"contactin associated protein" "duchenne muscular dystrophy" "seed size"等。布尔逻辑词要使用大写，可以使用小括号明确布尔逻辑词之间的顺序，也可以通过各个数据库的高级检索页面自动构建复杂的查询组合。

2.4 在线资源及工具

2.4.1 Windows10下的Linux子系统

1）Win+S，输入"启用或关闭Windows功能"（图2.23）。勾选"适用于Linux的Windows

子系统”（图2.24），点击“确定”。

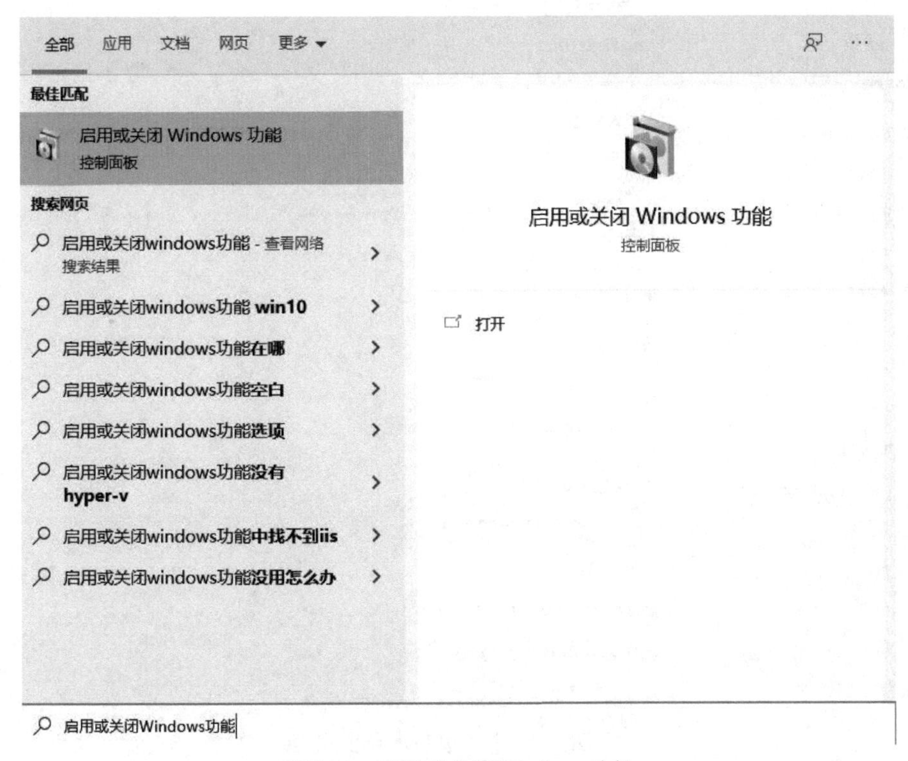

图2.23　启用或关闭Windows功能

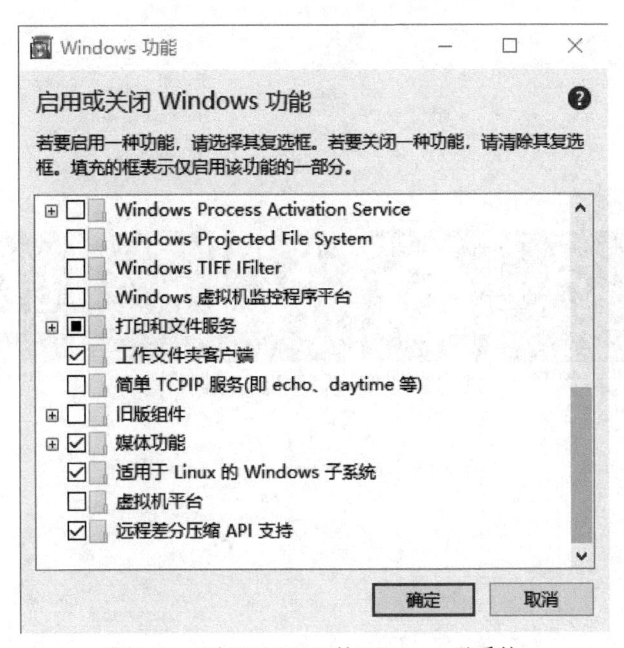

图2.24　适用于Linux的Windows子系统

2）Win+S，输入“开发者设置”，点击打开“开发人员模式”（图2.25）。

3）Win+S，输入“Microsoft Store”，搜索“Ubuntu”，选择“Ubuntu 20.04 LTS”（图2.26），点击进行获取。

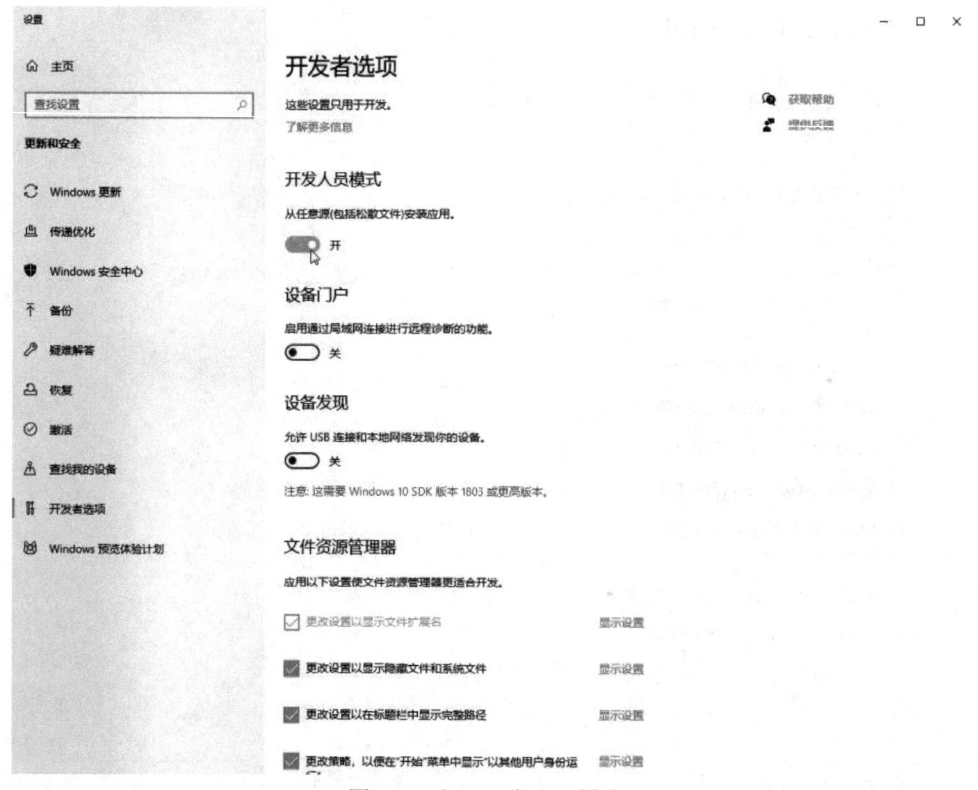

图2.25　打开开发人员模式

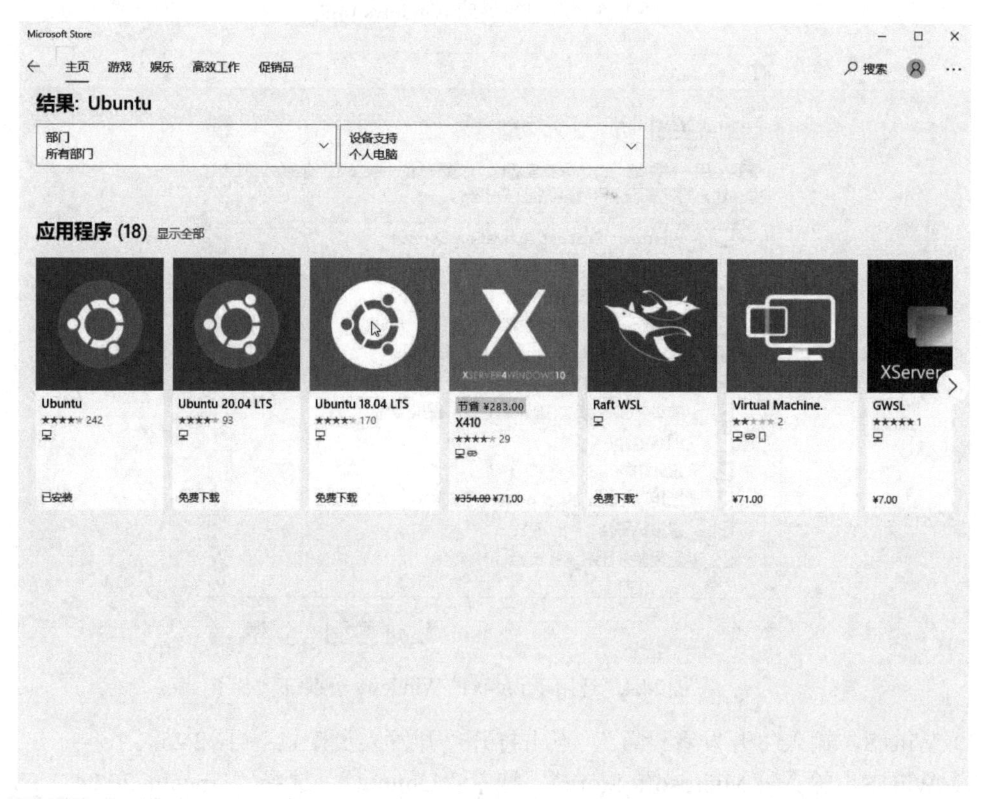

图2.26　Microsoft Store下的Ubuntu界面

4）待安装好后点击开始界面下的Ubuntu图标即可使用（图2.27）。

图2.27 Linux使用界面

Linux子系统的安装

2.4.2 BLAST

BLAST是NCBI开发的用于序列相似性分析的常用工具，还可作为鉴别基因和遗传特点的手段。在进行序列比对时，BLAST能够以很快的速度遍历整个基因组数据库，将呈共线性的比对结果输出。BLAST包含多个小程序：blastn将给定的核酸序列与核酸数据库中的序列进行比较；blastp使用蛋白质序列与蛋白质数据库中的序列进行比较，可以寻找较远的关系；blastx将给定的核酸序列按照三联密码子可能发生的从正向序列或反向序列的第一位、第二位和第三位开始读码的6种不同的阅读方式，将其翻译成蛋白质与蛋白质数据库中的序列进行比对，对分析新序列和表达序列标签（EST）很有用；tblastn将给定的氨基酸序列与核酸数据库中的序列（双链）按不同的阅读框进行比对，对于寻找数据库中序列没有标注的新编码区很有用（图2.28）。

BLAST用法

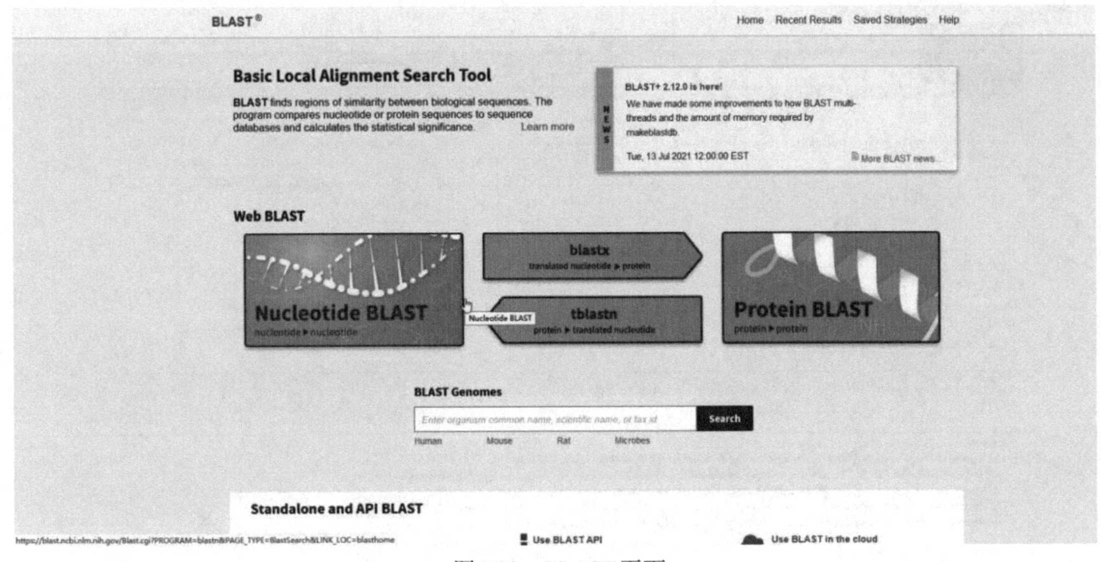

图2.28 BLAST页面

2.4.3 ORF Finder

ORF Finder是一个图形化的开放阅读框分析工具，其能够定位序列的ORF区，并通过使用标准的或其他特殊的遗传密码子翻译成相应的蛋白质序列（图2.29）。结果出现6个图形结果，这是根据三联密码子6种不同的编码方式得到的（包括正反链）。点击其中一个就可以获得该区域的序列，并且有推导的氨基酸序列。

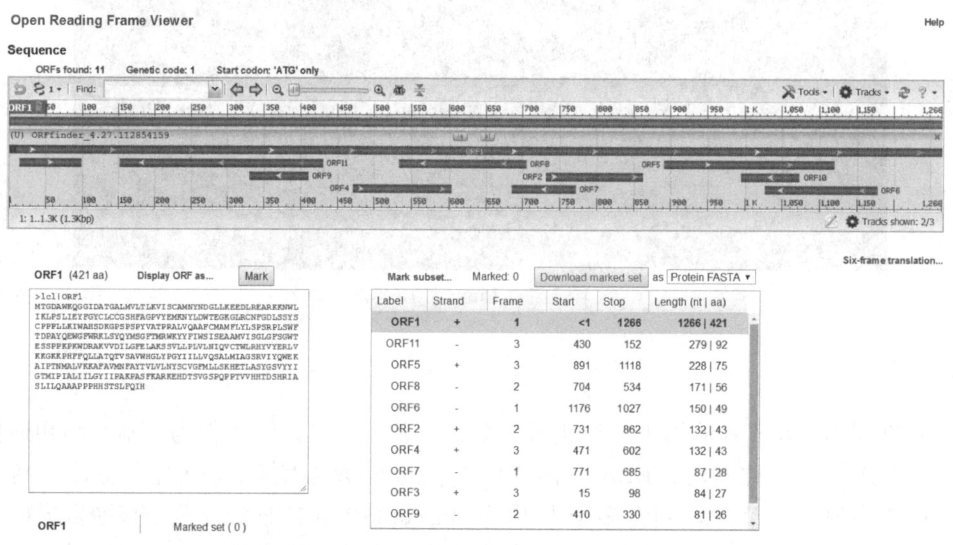

图2.29 ORF Finder搜寻到的编码框

CD-search用法

2.4.4 CD-search

CD-search是NCBI预测基因的保守结构域的工具（图2.30），一个非常大的优势是可以进行批量序列的分析，这样相比具有类似功能的Pfam、SMART等就节省了很多人工操作。

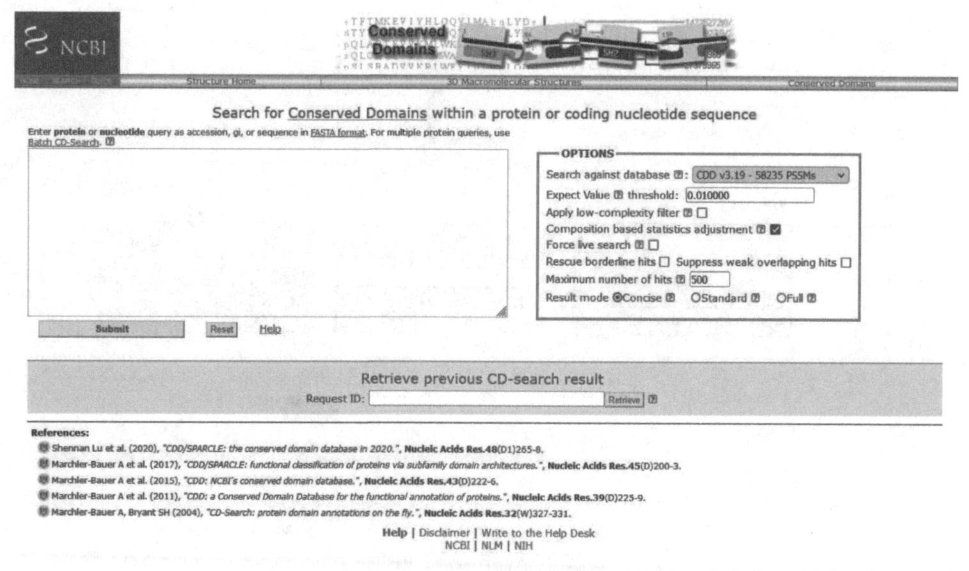

图2.30 CD-search主页面

2.4.5　Expasy

Expasy
用法

Expasy（http://www.expasy.org/）是一个整合了很多数据资源和分析工具的平台。Expasy 将这些工具依据多种分类方法进行整理，例如，按照分析对象（DNA、基因组、蛋白质、蛋白质结构）进行分类；按照字母表顺序进行分类等（Expasy 首页如图 1.5 所示）。

2.4.6　ProtParam

ProtParam 是一个功能丰富的蛋白质理化性质在线分析工具，可以计算分子量、理论等电点、氨基酸的组成、消光系数、原子组成、稳定指数，以及估计半衰期等。需要注意的是如果序列有修饰过的氨基酸残基则不计算在内。该工具操作简单，只需要用户在输入框中粘贴待分析的蛋白质序列，点击“submit”提交即可（图2.31）。

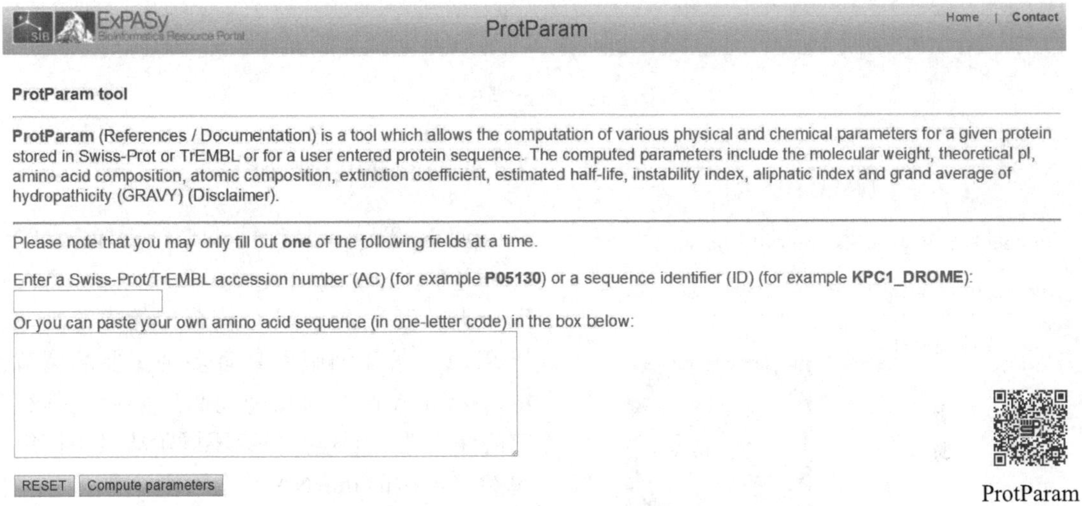

ExPASy Bioinformatics Resource Portal　ProtParam　Home | Contact

ProtParam tool

ProtParam (References / Documentation) is a tool which allows the computation of various physical and chemical parameters for a given protein stored in Swiss-Prot or TrEMBL or for a user entered protein sequence. The computed parameters include the molecular weight, theoretical pI, amino acid composition, atomic composition, extinction coefficient, estimated half-life, instability index, aliphatic index and grand average of hydropathicity (GRAVY) (Disclaimer).

Please note that you may only fill out **one** of the following fields at a time.

Enter a Swiss-Prot/TrEMBL accession number (AC) (for example **P05130**) or a sequence identifier (ID) (for example **KPC1_DROME**):

Or you can paste your own amino acid sequence (in one-letter code) in the box below:

RESET　Compute parameters

图2.31　ProtParam 页面

ProtParam
用法

2.4.7　PlantCARE

PlantCARE 是一个关于植物顺式调控元件和启动子序列分析的数据库，此外还包括增强子、抑制子等信息。在使用时，首先点击左侧“Search for CARE”，然后添加邮箱，上传蛋白质序列文件，点击“Search”提交即可（图2.32）。

2.4.8　WoLF PSORT

原生质体中合成的蛋白质必须通过运输到达细胞中特定的位置才能发挥作用，某些蛋白质的修饰也必须要在特定的细胞器内进行。蛋白质在细胞中分布的位置信息可以为研究者进行蛋白质功能研究提供支持。因此，研究未知蛋白质的生物学功能首先便是要了解其亚细胞定位信息，亚细胞定位在细胞分子生物学、蛋白质组学、系统生物学、药物开发、药物化学等领域的研究中具有十分重要的作用。在使用时，首先选择正确的生物类型，包括动物、植物及真菌，然后上传蛋白质序列或文件，点击提交查询即可（图2.33）。

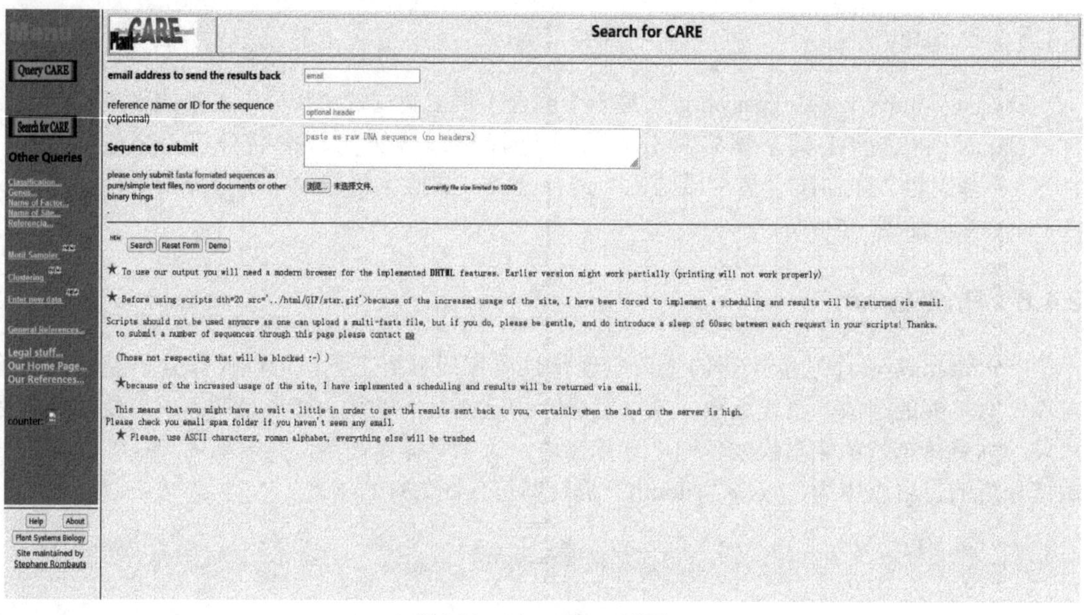

图2.32　PlantCARE页面

WoLF PSORT

Protein Subcellular Localization Prediction

about WoLF PSORT　WoLF PSORTについて　links　Example Output

Please select an organism type:
Animal
Plant
Fungi

Please select input method:
From Text Area
From File

Input Filename:

Text Area: Enter multifasta format protein sequence(s) here.

clear

(↑Select organism type to activate the submit button)

图2.33　WoLF PSORT页面

2.4.9　psRNATarget

psRNATarget 是专门用来分析 microRNA（miRNA）的在线工具（图2.34）。miRNA代表一类长度为20～24个核苷酸的内源性非编码RNA，其在细胞内具有多种重要的调节作用。miRNA在不同物种间高度同源，具有一定的保守性，但是在发育不同阶段及不同组织中参与表达的miRNA类型不同，具有时序性和组织特异性。研究者认为miRNA的表达水平与多种肿瘤的发生、发展有密切的关系，因此对miRNA表达水平的监测在疾病的早期诊断和预后观察等方面具有十分重要的意义。

2.4.10　SOPMA

SOPMA是一个常用的进行蛋白质二级结构预测的在线工具，其采用5种相互独立的方法对蛋白质序列进行预测，对结果进行汇合整理而得出一个“一致预测结果”。在SOPMA的输出结果中，我们可以明显看出蛋白质由哪些二级结构组成（图2.35）。

2.4.11　SWISS-MODEL

SWISS-MODEL是一个基于同源建模的蛋白质结构预测服务器，使用SWISS-MODEL进

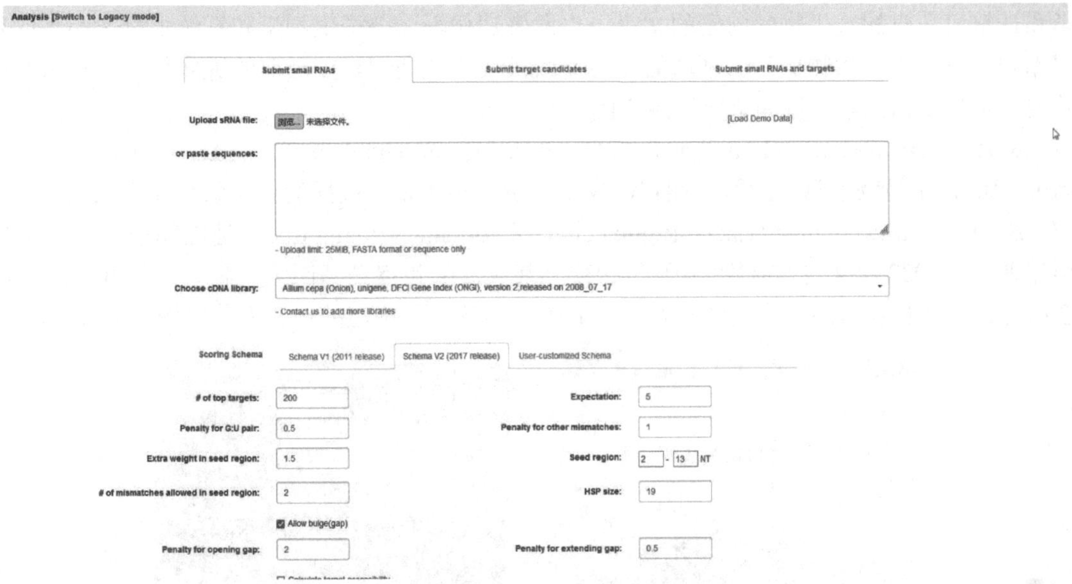

图 2.34　psRNATarget 页面

```
Alpha helix      (Hh) :    27 is  16.77%
3₁₀ helix         (Gg) :     0 is   0.00%
Pi helix         (Ii) :     0 is   0.00%
Beta bridge      (Bb) :     0 is   0.00%
Extended strand  (Ee) :    53 is  32.92%
Beta turn        (Tt) :    27 is  16.77%
Bend region      (Ss) :     0 is   0.00%
Random coil      (Cc) :    54 is  33.54%
Ambiguous states (?)  :     0 is   0.00%
Other states          :     0 is   0.00%
```

图 2.35　SOPMA 输出的蛋白质二级结构组成

SOPMA 用法

行蛋白质三维结构建模时，程序先针对提交的序列在数据库中搜索相似性足够高的同源序列，建立最初的原子模型，之后对这个模型进行优化从而产生预测的结构模型（图 2.36）。

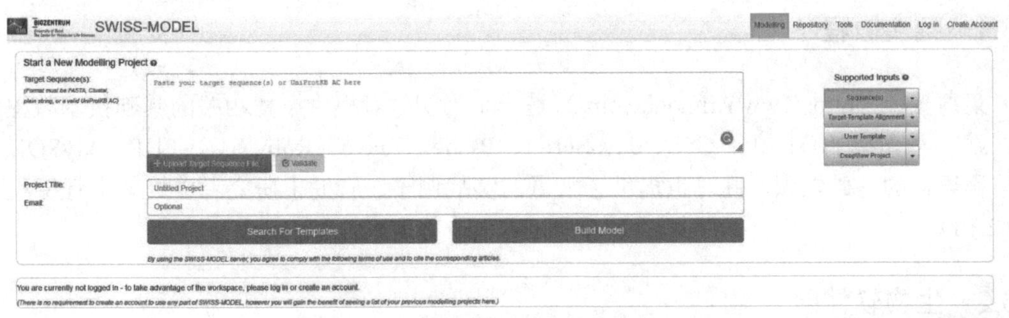

图 2.36　SWISS-MODEL 三维建模主页面

SWISS-MODEL 用法

2.5　生物信息学相关的期刊

Briefings in Bioinformatics（https://academic.oup.com/bib/?login=true），2022 年 4 月实时影响因子 11.622，是生命科学研究者和教育工作者的国际论坛。该期刊发表通过数学、统计

学和计算机科学解决生物学问题的文章，也发表遗传学、分子生物学和系统生物学相关的数据库和分析工具。生物信息学领域的发展速度很快，该期刊紧跟当前的进展，并预计未来的发展，是生物信息学领域的重要资源（图 2.37 左）。

BMC Bioinformatics（http://bmcbioinformatics.biomedcentral.com/），2022 年 4 月实时影响因子3.169，是生物信息学的综合期刊，收录分析各种生物学数据的计算和统计方法。

Bioinformatics（https://academic.oup.com/bioinformatics/?login=true）是生物信息学领域的领先期刊，2022 年 4 月实时影响因子6.937，其关注的焦点是基因组生物信息学和计算生物学研究：前者报告有趣的生物学新发现，后者探索应用于实验的计算方法（图 2.37 右）。

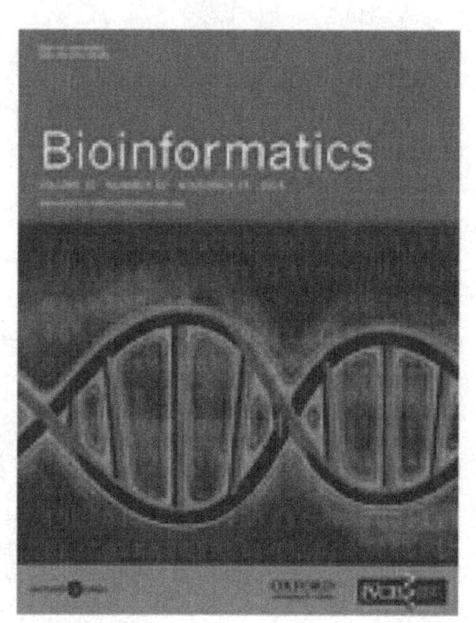

图2.37 生物信息学期刊

2.6 在线交流平台

2.6.1 菜鸟教程

菜鸟教程（https://www.runoob.com/）是一个为初学者提供编程相关的基础技术教程的在线网站，其介绍了HTML、CSS、JavaScript、Python、Java、Ruby、C、PHP、MySQL等各种编程语言的基础知识，同时也提供了大量的实战例子，有助于研究者更好地进行编程学习（图2.38）。

2.6.2 生物软件网

生物软件网（http://www.bio-soft.net）提供各种软件方面的服务，该网站可下载的软件均为免费软件、共享软件或可以使用的商业软件演示版，生物软件网将这些软件按照功能进行分类，并对每一个软件进行简单的中文介绍，在选择所需软件时非常方便（图2.39）。此外，该网站还可以帮助代购一些共享软件和商业软件。类似的中文网站还有生物学软件大全（http://www.plob.org）和绿谷生物网（https://www.ibioo.com/soft/）等，也提供生物信息学在线分析工具和软件的下载链接。

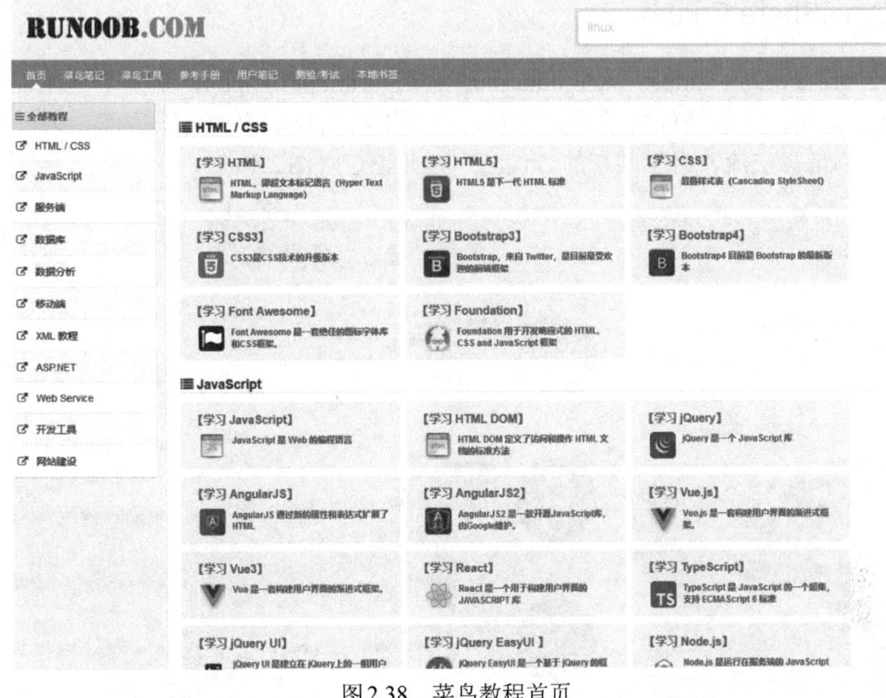

图2.38　菜鸟教程首页

▫ 设为首页 ▫ 加入收藏 ▫ 联系站长 ▫ English Version ▫ Mybiosoftware

生物软件网

http://www.bio-soft.net

首页 › 常见问题与解答 › 友情链接 › 站内检索 › 关于本站

网站服务

资料分类

三维分子
DNA分析
RNA分析
蛋白质分析
生物教学
生物化工
PCR相关
序列格式转换
进化分析
质粒绘图
图像处理
序列比对/综合分析
检索与阅读
生物芯片
杂七杂八
数据处理
化学绘图
化学应用
趣味生物软件
生物图片与动画
生物音像资料
生物考研资料
资料库
专业电子书
讲义与课件

在线资源

SEWER中文版
SMS中文版
生物学数据库
在线综合工具
在线蛋白工具

最近更新

最近更新：2016年04月05日
更新内容：质粒绘图软件栏目绘制DNA序列图软件SnapGene Viewer 3.0.3升级为3.1.2；免费质粒绘图软件pLOT 1.0.10d升级为1.0.10h；增加在线DNA序列编辑和质粒绘图软件WebDSV。以上内容，增加到生物软件DVD光盘1（biosoftdvd1）中。

最近更新：2016年02月29日
更新内容：PCR相关软件软件实时荧光定量PCR分子信标(Molecular beacon)及TaqMan探针设计软件Beacon Designer 8.13 Demo升级为8.14；删除PCR结合梯度凝胶电泳实验引物设计软件TGGE-STAR；快速设计各种类型PCR引物软件FastPCR 6.5.04升级为6.5.55；实时RT-PCR反应中估算初始扩增子浓度软件PCR Analyzer 1.02更新原始网站；增加引物查找和设计软件PrimerFactoryQt 1.0.3。以上内容，增加到生物软件DVD光盘1（biosoftdvd1）中。资料光盘软件栏目，光盘启动的系统生物学操作光盘系统SB.OS 0.8升级为0.9.

最近更新：2016年02月19日
更新内容：PCR相关软件软件序列分析与引物设计Primer Premier 6.21 DEMO升级为6.23；引物分析著名软件Oligo 7.58 Demo升级为7.60；免费的引物设计辅助软件Primer D'Signer 1.1更新原始网站和下载地址；批量设计DNA和寡核苷酸引物工具Array Designer 4.41 Demo升级为4.43；DNA分析软件栏目增加序列数据分析显示软件Avalanche Workbench 2.0.9。以上内容，增加到生物软件DVD光盘1（biosoftdvd1）中。图书软件代购，增加PAUP* 4 进化分析软件销售。

最近更新：2016年02月02日
更新内容：质粒绘图软件栏目质粒绘制工具与DNA分析工具pDRAW32 1.1.122升级到1.1.129并更新下载链接；质粒构建与显示及绘制软件ApE 2.0.47升级为2.0.49；免费质粒处理程序PlasmaDNA 1.4.2更新原始网站和下载地址；用于绘制dna序列图形。包括质粒的绘制SnapGene Viewer 1.0升级为3.0.3；免费质粒绘图软件pLOT 1.0.5d升级为1.0.10d。以上内容，增加到生物软件DVD光盘1（biosoftdvd1）中。

最近更新：2015年12月14日
更新内容：化学绘图软件栏目绘制分子结构的免费软件ACD/ChemSketch 12.0升级为 2015版；绘制化学结构式的免费软件Accelrys Draw 4.1 SP1变更为BIOVIA Draw 4.2；JAVA语言编写的化学结构式绘制程序Marvin 15.6.8.0升级为15.12.7.0；绘制化学结构式共享软件WinPLT 7.1.18升级为7.1.19；绘制化合物与聚糖化学结构的java软件KegDraw 0.1.12b升级为0.1.14beta；化学结构Word插件Chem4Word 1.6升级为2.0.1.0 b5并更新原始网站。以上内容，增加到生物软件DVD光盘1（biosoftdvd1）中。图书软件代购，增加PAUP* 4 进化分析软件销售。

网站服务

生物软件网提供的生物信息学软件与生物信息学视频、图像、录像、图书和光盘资料越来越多，给大家下载带来许多麻烦，不仅仅是下载费用的增加，更主要是耗费了大家许多宝贵的时间。因此，本站推出了生物信息学系列光盘，光盘的内容与生物软件网内容完全一致，包括寄出光盘时，生物软件网所提供的所有生物信息学软件、录像、视频、动画、图像和资料，只要购买生物系列光盘，便能节省下你大量宝贵的时间，而且便于携带，方便使用安装。具体购买方法请查看生物光盘出售栏目，如果您在国外，需要购买本站的生物系列光盘，请点击进入。

生物软件网服务广大生物科学工作者，为大家提供代购服务，可从世界上最大最有名的网上书店AMAZON.COM代购任何正在销售的原版图书，具体请参看原版书代购栏目，同时，生物软件网还提供原版软件代购栏目，可从互联网上直接购买国外的原版软件（不限于生物软件），注册共享软件，具体请查看国外正版软件代购栏目。

友情链接：博派创意小铺，介绍各类创意产品，欢迎浏览。

图2.39　生物软件网首页

2.6.3 OmicShare Forum

OmicShare Forum（https://www.omicshare.com/forum/portal.php）是一个专注于生物信息技术的NGS论坛，其从基础组学研究出发，涵盖生物信息研究的各个方面，为广大研究者提供一个生物信息交流、组学共享的二代测序专业论坛（图2.40）。

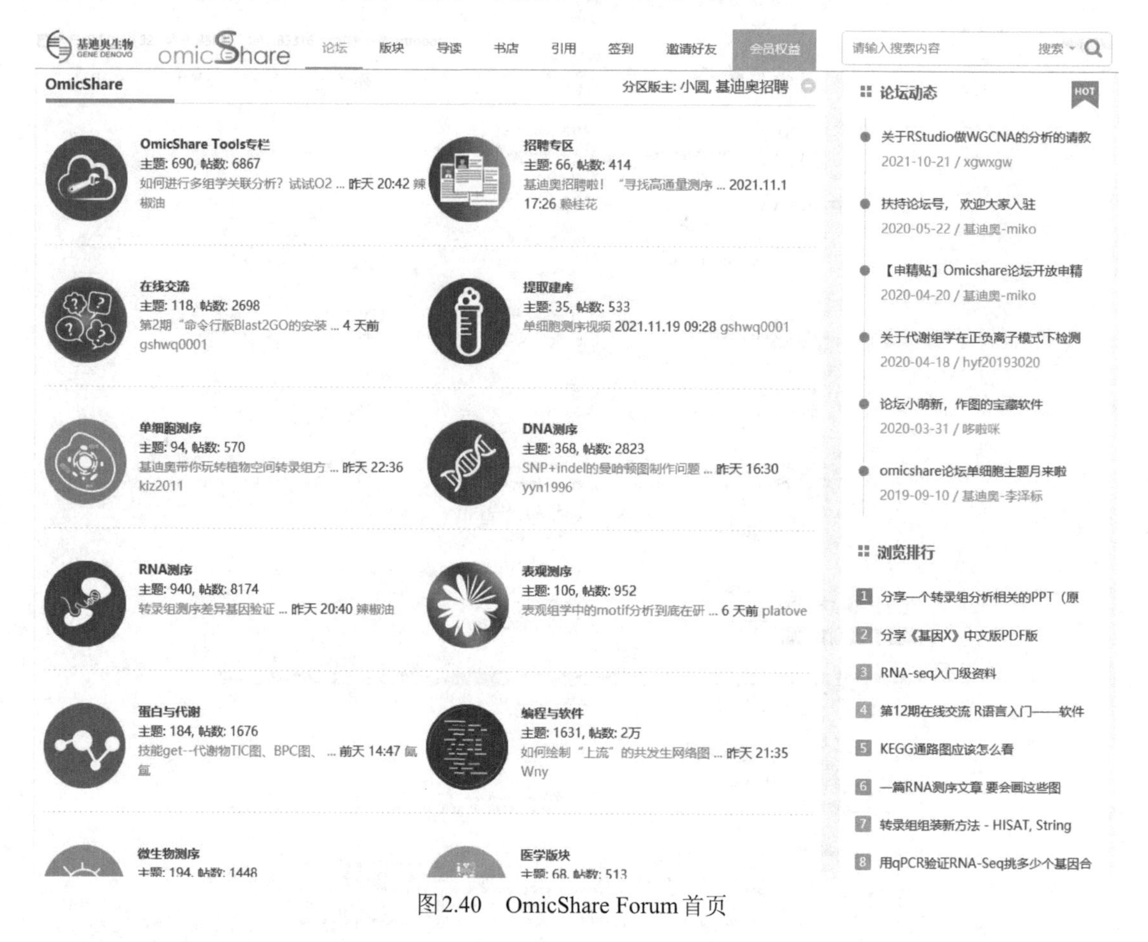

图2.40 OmicShare Forum首页

2.6.4 生信技能树

生信技能树（http://www.biotrainee.com/）是一个专注于构建并完善生信知识体系的生信交流平台。其团队所发展的生信技能树论坛（图2.41）和生信技能树微信公众号举办的线上生信编程实战、线下生信培训，为国内生信相关爱好者及从业者提供了丰富的学习交流机会。

2.6.5 丁香园

丁香园（https://www.dxy.cn/bbs/newweb/pc/board/73）是一个生物医学综合性网站，旗下的丁香园论坛也是生物医学综合论坛，其中的生物信息学版块包含很多生物信息学资料（图2.42）。

图2.41　生信技能树论坛

图2.42　丁香园论坛

2.6.6 小木虫

小木虫（http://muchong.com/）的前身为小木虫学术科研第一站，是中国最有影响力的学术站点之一，其内容涵盖化学化工、生物医药、物理、材料、地理、食品、理工、信息、经管等学科，除此之外还有基金申请、专利标准、留学出国、考研考博、论文投稿、学术求助等实用内容（图2.43）。

图2.43 小木虫论坛

参考文献

谌容，陈敏，杨春贤，等. 2006. 基于SWISS-MODEL的蛋白质三维结构建模. 生命的化学，(1)：54-56.

储章昕. 2011. 玉米细胞分裂素双元信号系统基因的分析及调控研究. 合肥：安徽农业大学硕士学位论文.

董飞. 2014. 奶山羊乳腺组织差异表达miRNA功能预测及miR-135a对PRLR基因靶向调控研究. 泰安：山东农业大学硕士学位论文.

胡绍军. 2006. 蛋白质组学数据库信息资源开发与利用. 图书馆学研究，(7)：77-82，69.

胡心宇，朱斐. 2013. 一种癌症蛋白质作用网络分析的方法. 计算机与现代化，(11)：151-154.

焦连魁. 2012. 麦冬块根发育的初步研究. 北京：北京协和医学院硕士学位论文.

蓝洋，何秀，朱诚勖，等. 2019. 语言在生物科学研究绘图中的应用. 华东师范大学学报（自然科学版），(1)：124-135，143.

李俊. 2019. 青鱼IKKε/TBK1/IRF信号通路在抗病毒天然免疫中的功能机制研究. 长沙：湖南师范大学博士

学位论文.
李淼新. 2004. 全基因组扫描的数据库开发和成人身高的统计遗传学研究. 长沙：湖南师范大学硕士学位论文.
李晓妍，吴鸣. 2020. 国内外学术社交网络的特征及案例分析. 现代情报，40（4）：71-81.
刘月兰. 2005. 生物信息学数据库的设计与实现. 哈尔滨：黑龙江大学硕士学位论文.
彭仁海，刘震，刘玉玲. 2017. 生物信息学实践. 北京：中国农业科学技术出版社.
曲蓉. 2011. 高校研究生如何利用网络资源. 内蒙古科技与经济，（24）：94-95.
孙萧寒，赵维. 2012. 基于SVM的microRNA计算识别方法研究. 计算机与现代化，（11）：30-32.
唐珂. 2013. 基于一个肝癌相关长链非编码RNA基因的克隆及序列分析研究. 长沙：中南大学硕士学位论文.
万跃华，何立民. 2002. 生物信息学数据库资源建设. 现代图书情报技术，（1）：89-101.
万跃华，何立民. 2002. 网上生物信息学数据库资源. 情报学报，（4）：497-512.
王峰. 2007. 利用转录组序列信息精确识别Affymetrix基因芯片探针集转录本靶标. 上海：上海交通大学硕士学位论文.
王攀. 2004. 神经系统相关生物信息二级数据库的构建. 武汉：华中科技大学硕士学位论文.
王颖萍. 2015. 猪脂肪沉积相关miRNA初步筛选. 泰安：山东农业大学硕士学位论文.
谢欣荣. 2004. 分子可视化建模及其软件实现. 武汉：华中科技大学硕士学位论文.
徐昌隆. 2014. 组织血型抗原基因多态性与溃疡性结肠炎的相关性研究. 武汉：武汉大学博士学位论文.
颜君. 2012. 含Fz-CRD结构域的蛋白家族及两类bHLH转录因子家族的系统进化分析. 武汉：华中科技大学博士学位论文.
易弋. 2007. 盐生杜氏藻EPSP合成酶基因的克隆、功能鉴定及其结构的光谱学性质分析. 成都：四川大学博士学位论文.
张程. 2020. 氟嘧菌酯对赤子爱胜蚓的毒性效应及其机理. 泰安：山东农业大学博士学位论文.
张见影，伦志军，李正红. 2003. NCBI基因序列数据库使用和检索方法. 现代情报，（12）：224-225.
张棋麟. 2018. 文昌鱼免疫相关基因演化及表达谱研究. 南京：南京大学博士学位论文.
赵传志. 2006. 稻瘟病菌漆酶基因的生物信息学分析及其功能验证. 福州：福建农林大学硕士学位论文.
Altschul S F，Gish W，Miller W，et al. 1990. Basic local alignment search tool. J Mol Biol，215（3）：403-410.
Altschul S F，Wootton J C，Gertz E M，et al. 2005. Protein database searches using compositionally adjusted substitution matrices. FEBS J，272（20）：5101-5109.
Angly F E，Fields C J，Tyson G W，et al. 2014. The Bio-Community Perl toolkit for microbial ecology. Bioinformatics，30（13）：1926-1927.
Bento A P，Gaulton A，Hersey A，et al. 2014. The ChEMBL bioactivity database：an update. Nucleic Acids Res，42：1083-1090.
Bianco A M，Marcuzzi A，Zanin V，et al. 2013. Database tools in genetic diseases research. Genomics，101（2）：75-85.
Brooksbank C，Cameron G，Thornton J，et al. 2010. The European Bioinformatics Institute's data resources. Nucleic Acids Res，38（Database issue）：17-25.
Chen C，Huang H，Wu C H，et al. 2017. Protein bioinformatics databases and resources. Methods Mol Biol，1558：3-39.
Costanzo L D，Ghosh S，Zardecki C，et al. 2016. Using the tools and resources of the RCSB protein data bank. Curr Protoc Bioinformatics，55：1-35.
Durrant C，Swertz M A，Alberts R，et al. 2012. Bioinformatics tools and database resources for systems genetics

analysis in mice—a short review and an evaluation of future needs. Brief Bioinform，13（2）：135-142.

Fornes O，Castro-Mondragon J A，Khan A，et al. 2020. JASPAR 2020：update of the open-access database of transcription factor binding profiles. Nucleic Acids Res，48（1）：87-92.

Gabanyi M J，Berman H M. 2015. Protein structure annotation resources. Methods Mol Biol，1261：3-20.

Go E P. 2010. Database resources in metabolomics：an overview. J Neuroimmune Pharmacol，5（1）：18-30.

Kalev I，Mechelke M，Kopec K O，et al. 2012. CSB：a python framework for structural bioinformatics. Bioinformatics，28（22）：2996-2997.

Lam S D，Das S，Sillitoe I，et al. 2017. An overview of comparative modelling and resources dedicated to large-scale modelling of genome sequences. Acta Crystallogr D Struct Biol，73（8）：628-640.

Langfelder P，Horvath S. 2008. WGCNA：an R package for weighted correlation network analysis. BMC Bioinformatics，9：559.

Lazar I M. 2017. Bioinformatics resources for interpreting proteomics mass spectrometry data. Methods Mol Biol，1647：267-295.

Matsuda F，Tsugawa H，Fukusaki E，et al. 2013. Method for assessing the statistical significance of mass spectral similarities using basic local alignment search tool statistics. Anal Chem，85（17）：8291-8297.

Moller S，Krabbenhoft H N，Tille A，et al. 2010. Community-driven computational biology with Debian Linux. BMC Bioinformatics，11（12）：5.

Morris J A，Gayther S A，Jacobs I J，et al. 2008. A suite of Perl modules for handling microarray data. Bioinformatics，24（8）：1102-1103.

Mount D W. 2007. Using the basic local alignment search tool（BLAST）. CSH Protoc，（14）：17.

Mullan L J，Bleasby A J. 2002. Short EMBOSS user guide. European molecular biology open software suite. Brief Bioinform，3（1）：92-94.

Olson S A. 2002. EMBOSS opens up sequence analysis. European molecular biology open software suite. Brief Bioinform，3（1）：87-91.

Pandey A V. 2012. Bioinformatics tools and databases for the study of human growth hormone. Endocr Dev，23：71-85.

Paxman J J，Heras B. 2017. Bioinformatics tools and resources for analyzing protein structures. Methods Mol Biol，1549：209-220.

Potter S C，Luciani A，Eddy S R，et al. 2018. HMMER web server：2018 update. Nucleic Acids Res，46（1）：200-204.

Rice P，Longden I，Bleasby A，et al. 2000. EMBOSS：the European molecular biology open software suite. Trends Genet，16（6）：276-277.

Rigden D J，Fernández X M. 2020. The 27th annual Nucleic Acids Research database issue and molecular biology database collection. Nucleic Acids Res，48（1）：1-8.

Sayers E W，Beck J，Brister J R，et al. 2020. Database resources of the National Center for Biotechnology Information. Nucleic Acids Res，48（1）：9-16.

Shanahan H P，Owen A M，Harrison A P，et al. 2014. Bioinformatics on the cloud computing platform Azure. PLoS One，9（7）：e102642.

Spielman S J，Wilke C O. 2015. Pyvolve：a flexible python module for simulating sequences along phylogenies. PLoS One，10（9）：e139047.

Stajich J E，Block D，Boulez K，et al. 2002. The Bioperl toolkit：perl modules for the life sciences. Genome Res，12（10）：1611-1618.

Vos R A，Caravas J，Hartmann K，et al. 2011. BIO：Phylo-phyloinformatic analysis using perl. BMC Bioinformatics，12：63.

Walter W，Sanchez-Cabo F，Ricote M，et al. 2015. GOplot：an R package for visually combining expression data with functional analysis. Bioinformatics，31（17）：2912-2914.

Wang Y，Li J，Paterson A H，et al. 2013. MCScanX-transposed：detecting transposed gene duplications based on multiple colinearity scans. Bioinformatics，29（11）：1458-1460.

Wang Y，Tang H，Jeremy D，et al. 2012. MCScanX：a toolkit for detection and evolutionary analysis of gene synteny and collinearity. Nucleic Acids Res，40（7）：e49.

Waterhouse A，Bertoni M，Bienert S，et al. 2018. SWISS-MODEL：homology modelling of protein structures and complexes. Nucleic Acids Res，46（1）：296-303.

Whitfield E J，Pruess M，Apweiler R，et al. 2006. Bioinformatics database infrastructure for biotechnology research. J Biotechnol，124（4）：629-639.

Xiong Y，Wei Y，Gu Y，et al. 2017. DiseaseMeth version 2.0：a major expansion and update of the human disease methylation database. Nucleic Acids Res，45（1）：888-895.

Xiong Z，Li M，Yang F，et al. 2020. EWAS Data Hub：a resource of DNA methylation array data and metadata. Nucleic Acids Res，48（1）：890-895.

Xiong Z，Yang F，Li M，et al. 2021. EWAS Open Platform：integrated data，knowledge and toolkit for epigenome-wide association study. Nucleic Acids Res，30：972.

Yi Y，Zhao Y，Huang Y，et al. 2017. A brief review of RNA-protein interaction database resources. Noncoding RNA，3（1）：6.

Zheng H，Porebski P J，Grabowski M，et al. 2017. Databases，repositories，and other data resources in structural biology. Methods Mol Biol，1607：643-665.

Zheng R，Wan C，Mei S，et al. 2019. Cistrome Data Browser：expanded datasets and new tools for gene regulatory analysis. Nucleic Acids Res，47（1）：729-735.

第3章

序列比对

本章彩图

序列比对是通过使用数学模型或算法找出两个或多个序列之间的最大匹配碱基数或氨基酸残基数，将其替换为可以定量的积分矩阵，以反映序列之间的相似性关系及它们的生物学特征。生物遗传密码是由4个字符所代表的核苷酸所连接起来的线状长链，序列作为最上游或最底层数据，发现其中的规律具有重要意义。而氨基酸是生命的体现者，是生物遗传密码的外在表现。生物学中的一个普遍规律认为序列决定结构、结构决定功能，因此，序列比对的根本任务在于从核酸序列或蛋白质序列出发，首先，基于字符串的排列检测其结构的变化及折叠，随后通过对结构的比较分析发现其中所蕴含的功能、进化等信息。在实际工作中，序列所包含的所有核苷酸序列或氨基酸残基不可能完全严格匹配，因此在进行序列比对时，不仅要考虑字符串之间的匹配，还要进行序列间的整体比较，另外，空位罚分的使用也非常重要。

3.1 序列比对的概念

3.1.1 空位

AGCACTCA
ACGCACTA

A-GCACTCA
ACGCACT-A

图3.1 空位对序列比对的影响

序列比对的计算过程是对两个或多个核酸或蛋白质序列进行比较，以寻找它们的最大相似性匹配，因此为了获得序列之间最好的匹配，就有必要引入空位。在图3.1中，引入空位前，两个序列只有2个一致的匹配位点，而引入空位后，则有7个一致的匹配位点，由此可见空位在序列比对中的重要性。

3.1.2 双序列比对与多序列比对

在生物信息处理中，找出两条序列之间的相似性关系的算法就是双序列比对算法。通常利用两个序列之间的字符差异来测定序列之间的相似性，两条序列中相应位置的字符如果差异大，那么序列的相似性低，反之，序列的相似性就高。把两个以上的生物大分子序列对齐，逐列比较其字符的异同，使得每一列字符尽可能一致，以发现其共同的结构特征的方法称为多序列比对。多序列比对是在双序列比对原理的基础上，对所有进行比较的序列进行计算分析，尽可能多地检测相同的字符和结构，从而推断它们在结构和功能上的相似关系。多序列比对不仅是生物信息学中的核心问题之一，也是系统发育分析中的一个基础步骤和关键环节，多序列比对算法的基础是动态规划比对算法，但随着比对序列数目及长度的增加，问题解空间所产生的集合数量也急剧增加。由于多序列比对能够揭示双序列比对所不能发现的序列微弱相似性、序列模式和功能位点，因而对核酸和蛋白质序列的结构、功能和进化研究更加有用。

3.2 序列比对的量化

3.2.1 打分矩阵

将序列相对应位点上匹配与不匹配的情况，按照一定的计分规则转化成序列间相似性或差异性数值进行比较分析，相似值最大时的比对结果具有最多的匹配位点，从数学角度讲，应该是最优的比对结果。而对于生物大分子来说，碱基的不同也有不同的类型，碱基的嘌呤—嘌呤替换与嘌呤—嘧啶替换是不同的（图3.2和图3.3）。

	A	C	G	T
A	1	0	0	0
C	0	1	0	0
G	0	0	1	0
T	0	0	0	1

图3.2 核酸的单一打分矩阵

	A	C	G	T
A	5	−4	−4	−4
C	−4	5	−4	−4
G	−4	−4	5	−4
T	−4	−4	−4	5

图3.3 核酸的BLAST打分矩阵

对于氨基酸来说，化学性质相似的氨基酸替换与化学性质差异大的氨基酸替换也是不同的（表3.1）。通常在某些位点上有一些氨基酸被另外一些理化特性相似的氨基酸所代替，这种突变可称为保守性替换。保守性替换一般不会影响蛋白质的结构和功能。要衡量氨基酸配对的相似性程度，就需要有氨基酸相似性的定量标准，单一打分矩阵满足不了此种需求。

表3.1 氨基酸的理化性质

中文名	三字母缩写	单字母缩写	相对分子质量	等电点	羧基解离常数	R基
甘氨酸	Gly	G	75.07	6.06	2.35	—H
丙氨酸	Ala	A	89.09	6.11	2.35	$—CH_3$
缬氨酸	Val	V	117.15	6.00	2.39	$—CH—(CH_3)_2$
亮氨酸	Leu	L	131.17	6.01	2.33	$—CH_2—CH(CH_3)_2$
异亮氨酸	Ile	I	131.17	6.05	2.32	$—CH(CH_3)—CH_2—CH_3$
苯丙氨酸	Phe	F	165.19	5.49	2.20	$—CH_2—C_6H_5$
色氨酸	Trp	W	204.23	5.89	2.46	$—C_8NH_6$
酪氨酸	Tyr	Y	181.19	5.64	2.20	$—CH_2—C_6H_4—OH$
天冬氨酸	Asp	D	133.10	2.85	1.99	$—CH_2—COOH$

续表

中文名	三字母缩写	单字母缩写	相对分子质量	等电点	羧基解离常数	R基
天冬酰胺	Asn	N	132.12	5.41	2.14	$—CH_2—CONH_2$
谷氨酸	Glu	E	147.13	3.15	2.10	$—(CH_2)_2—COOH$
赖氨酸	Lys	K	146.19	9.60	2.16	$—(CH_2)_4—NH_2$
谷氨酰胺	Gln	Q	146.15	5.65	2.17	$—(CH_2)_2—CONH_2$
甲硫氨酸	Met	M	149.21	5.74	2.13	$—(CH_2)—S—CH_3$
丝氨酸	Ser	S	105.09	5.68	2.19	$—CH_2—OH$
苏氨酸	Thr	T	119.12	5.60	2.09	$—CH(CH_3)—OH$
半胱氨酸	Cys	C	121.16	5.05	1.92	$—CH_2—SH$
脯氨酸	Pro	P	115.13	6.30	1.95	$—C_3H_6$

相似性打分矩阵是基于远距离进化过程中观察到的氨基酸残基替换率，用不同的分数值表征不同残基之间的相似性程度。恰当选择相似性分数矩阵，可以提高序列比对的敏感度。如果用一个取代矩阵来描述氨基酸残基两两取代的分值，会大大提高比对的敏感性和生物学意义。

Margaret Dayhoff 等研究了34种蛋白质超家族，通过对这些同源蛋白质序列的比对，总结一个氨基酸被另一个氨基酸替换的概率，从而构建出PAM矩阵（图3.4）。国际上常用的取代矩阵有 PAM 和 BLOSUM 等，它们来源于不同的构建方法和不同的参数选择，包括PAM250、BLOSUM62（图3.5）、BLOSUM90、BLOSUM30等。对于不同的对象可以采用不同的取代矩阵以获得更多信息，例如，对同源性较高的序列可以采用BLOSUM90矩阵，而对同源性较低的序列可采用BLOSUM30矩阵。

A	7																			
R	−10	9																		
N	−7	−9	9																	
D	−6	−17	−1	8																
C	−10	−11	−17	−21	10															
Q	−7	−4	−7	−6	−20	9														
E	−5	−15	−5	0	−20	−1	8													
G	−4	−13	−6	−6	−13	−10	−7	7												
H	−11	−4	−2	−7	−10	−2	−9	−13	10											
I	−8	−8	−8	−11	−9	−11	−8	−17	−13	9										
L	−9	−12	−10	−19	−21	−8	−13	−14	−9	−4	7									
K	−10	−2	−4	−8	−20	−6	−7	−10	−10	−9	−11	7								
M	−8	−7	−15	−17	−20	−7	−10	−12	−17	−3	−2	−4	12							
F	−12	−12	−12	−21	−19	−19	−20	−12	−9	−5	−5	−20	−7	9						
P	−4	−7	−9	−12	−11	−6	−9	−10	−7	−12	−10	−10	−11	−13	8					
S	−3	−6	−2	−7	−6	−8	−7	−4	−9	−10	−12	−7	−8	−9	−4	7				
T	−3	−10	−5	−8	−11	−9	−9	−10	−11	−5	−10	−6	−7	−12	−7	−2	8			
W	−20	−5	−11	−21	−22	−19	−23	−21	−10	−20	−9	−18	−19	−7	−20	−8	−19	13		
Y	−11	−14	−7	−17	−7	−18	−11	−20	−6	−9	−10	−12	−17	−1	−20	−10	−9	−8	10	
V	−5	−11	−12	−11	−9	−10	−10	−9	−9	−1	−5	−13	−4	−12	−9	−10	−6	−22	−10	8
	A	R	N	D	C	Q	E	G	H	I	L	K	M	F	P	S	T	W	Y	V

图3.4 PAM10对数比值矩阵

<table>
<tr><td>A</td><td>4</td></tr>
<tr><td>R</td><td>−1</td><td>5</td></tr>
<tr><td>N</td><td>−2</td><td>0</td><td>6</td></tr>
<tr><td>D</td><td>−2</td><td>−2</td><td>1</td><td>6</td></tr>
<tr><td>C</td><td>0</td><td>−3</td><td>−3</td><td>−3</td><td>9</td></tr>
<tr><td>Q</td><td>−1</td><td>1</td><td>0</td><td>0</td><td>−3</td><td>5</td></tr>
<tr><td>E</td><td>−1</td><td>0</td><td>0</td><td>2</td><td>−4</td><td>2</td><td>5</td></tr>
<tr><td>G</td><td>0</td><td>−2</td><td>0</td><td>−1</td><td>−3</td><td>−2</td><td>−2</td><td>6</td></tr>
<tr><td>H</td><td>−2</td><td>0</td><td>1</td><td>−1</td><td>−3</td><td>0</td><td>0</td><td>−2</td><td>8</td></tr>
<tr><td>I</td><td>−1</td><td>−3</td><td>−3</td><td>−3</td><td>−1</td><td>−3</td><td>−3</td><td>−4</td><td>−3</td><td>4</td></tr>
<tr><td>L</td><td>−1</td><td>−2</td><td>−3</td><td>−4</td><td>−1</td><td>−2</td><td>−3</td><td>−4</td><td>−3</td><td>2</td><td>4</td></tr>
<tr><td>K</td><td>−1</td><td>2</td><td>0</td><td>−1</td><td>−1</td><td>1</td><td>1</td><td>−2</td><td>−1</td><td>−3</td><td>−2</td><td>5</td></tr>
<tr><td>M</td><td>−1</td><td>−2</td><td>−2</td><td>−3</td><td>−1</td><td>0</td><td>−2</td><td>−3</td><td>−2</td><td>1</td><td>2</td><td>−1</td><td>5</td></tr>
<tr><td>F</td><td>−2</td><td>−3</td><td>−3</td><td>−3</td><td>−2</td><td>−3</td><td>−3</td><td>−3</td><td>−1</td><td>0</td><td>0</td><td>−3</td><td>0</td><td>6</td></tr>
<tr><td>P</td><td>−1</td><td>−2</td><td>−2</td><td>−1</td><td>−3</td><td>−1</td><td>−1</td><td>−2</td><td>−2</td><td>−3</td><td>−3</td><td>−1</td><td>−2</td><td>−4</td><td>7</td></tr>
<tr><td>S</td><td>1</td><td>−1</td><td>1</td><td>0</td><td>−1</td><td>0</td><td>0</td><td>0</td><td>−1</td><td>−2</td><td>−2</td><td>0</td><td>−1</td><td>−2</td><td>−1</td><td>4</td></tr>
<tr><td>T</td><td>0</td><td>−1</td><td>0</td><td>−1</td><td>−1</td><td>−1</td><td>−1</td><td>−2</td><td>−2</td><td>−1</td><td>−1</td><td>−1</td><td>−1</td><td>−2</td><td>−1</td><td>1</td><td>5</td></tr>
<tr><td>W</td><td>−3</td><td>−3</td><td>−4</td><td>−4</td><td>−2</td><td>−2</td><td>−3</td><td>−2</td><td>−2</td><td>−3</td><td>−2</td><td>−3</td><td>−1</td><td>1</td><td>−4</td><td>−3</td><td>−2</td><td>11</td></tr>
<tr><td>Y</td><td>−2</td><td>−2</td><td>−2</td><td>−3</td><td>−2</td><td>−1</td><td>−2</td><td>−3</td><td>2</td><td>−1</td><td>−1</td><td>−2</td><td>−1</td><td>3</td><td>−3</td><td>−2</td><td>−2</td><td>2</td><td>7</td></tr>
<tr><td>V</td><td>0</td><td>−3</td><td>−3</td><td>−3</td><td>−1</td><td>−2</td><td>−2</td><td>−3</td><td>−3</td><td>3</td><td>1</td><td>−2</td><td>1</td><td>−1</td><td>−2</td><td>−2</td><td>0</td><td>−3</td><td>−1</td><td>4</td></tr>
<tr><td></td><td>A</td><td>R</td><td>N</td><td>D</td><td>C</td><td>Q</td><td>E</td><td>G</td><td>H</td><td>I</td><td>L</td><td>K</td><td>M</td><td>F</td><td>P</td><td>S</td><td>T</td><td>W</td><td>Y</td><td>V</td></tr>
</table>

图3.5 BLOSUM62打分矩阵

3.2.2 空位罚分

序列比对分析时为了反映核酸或氨基酸的插入或缺失等而插入空位，为控制空位插入的合理性就需要对空位进行罚分。由于没有合适的理论模型来很好地描述空位问题，因此空位罚分缺乏理论依据而带有更多的主观特色。一般的处理方法是用两个罚分值：一个对插入的第一个空位罚分，另一个对空位的延伸罚分。对于具体的比对问题，采用不同的罚分方法会取得不同的效果。

3.2.3 相似与同源

相似性（similarity）和同源性（homology）是两个完全不同的概念。相似性是指序列之间相关的一种统计学的量度，两序列的相似性可以基于序列的一致性和相似度的百分比，也可以用相应的分数来衡量序列间的这种相似。同源性是指序列所代表的物种具有共同的祖先，强调进化上的亲缘关系，不能用相应的数字去量化这种关系，无所谓同源的程度，两条序列要么同源，要么不同源。而相似则是有程度的差别，如两条序列的相似程度达到30%或60%。一般来说，相似性很高的两条序列往往具有同源关系。但也有例外，即两条序列的相似性很高，但它们可能并不是同源序列，这两条序列的相似性可能是由随机因素所产生的，这在进化上称为趋同（convergence），这样一对序列可称为同功序列。相似的不一定是同源的，同源的则表现出一定的相似性，这是因为在进化中来源于不同的基因或序列由于不同的独立突变而趋同的并不罕见；相反，同源序列由于来源于共同祖先则表现出一定的相似性。

比对计算产生的分值，到底多大才能说明两个序列是同源的？对此有统计学方法加以说明，主要的思想是把具有相同长度的随机序列进行比对，把分值与最初的比对分值相比，看看比对结果是否具有显著性。相关的参数E代表随机比对分值不低于实际比对分值的概率。

对于严格的比对，必须E值低于一定阈值才能说明比对的结果具有足够的统计学显著性，这样就排除了由于偶然的因素产生高比对得分的可能。

同源序列可分为两种：直系同源（orthology）和旁系同源（paralogy）。直系同源的序列因物种形成而被区分开：若一个基因原先存在于某个物种，而该物种分化为了多个物种，不同物种中的相同来源的基因互为直系同源基因或蛋白质，功能不一定相同。旁系同源的序列因基因繁殖而被区分开：若生物体中的某个基因被复制，功能改变了，那么这些副本序列就是旁系同源的，因此，旁系同源基因存在于同一个物种。直系同源的一对序列称为直系同源体（ortholog），旁系同源的一对序列称为旁系同源体（paralog）。

3.3 序列比对算法

3.3.1 全局比对与局部比对

序列比对根据比对后片段范围排列的结果，可分为全局比对（global alignment）与局部比对（local alignment）。①全局比对是全部待研究的序列的全部符号参加比较，最后也是全部序列的全部符号进行排列与计分，比对的结果中各序列长度相同，主要被用来寻找关系密切的序列，其可以用来鉴别或证明新序列与已知序列家族的同源性，是进行分子进化分析的重要前提。全局比对的代表是Needleman-Wunsch算法。②局部比对是全部序列的全部符号参加比较，最后只将各序列中得分高的片段中的符号进行排列与计分，即只排列局部的序列片段，其产生的需求在于人们发现有的蛋白质序列虽然在序列整体上表现出较大的差异性，但是在某些局部区域能独立地发挥相同的功能，序列相当保守，这时候依靠全局比对明显不能得到这些局部相似序列。此外，在真核生物的基因中，内含子片段表现出极大变异性，外显子区域却较为保守，这时候全局比对表现出了其局限性，无法找出这些局部相似性序列。局部比对的代表是Smith-Waterman局部比对算法。

全局比对是比对结果中包含所比较序列全长范围内所有位点的比对，适用于比较相似性水平高的同源序列，是分子系统学中常用的比对方法；局部比对是指对相似性水平较高的局部片段进行比对的方法，适用于比较相似性水平较低的同源分子。相比于全局比对，局部比对更能反映序列间的相似性。因为，蛋白质功能位点往往是由较短的序列片段组成的，尽管在序列的其他部位可能有插入、删除等突变，但这些关键的功能部位的序列往往具有相当大的保守性。而局部比对往往比全局比对对这些功能区段具有更高的灵敏度，因此其结果更具生物学意义。

3.3.2 动态规划算法

动态规划是运筹学的一个分支，是通过拆分问题、定义问题状态和状态之间的关系，使得问题能够以递推（或者分治）的方式去解决，是解决多阶段决策过程最优化的一种通用数学算法。动态规划在各个领域都有着广泛的应用，许多问题用动态规划方法去处理，常比线性规划或非线性规划更有成效。特别对于离散性的问题，由于解析数学无法施展其术，而动态规划的方法就成为非常有用的工具。动态规划算法用于求解具有某种最优性质的问题，其基本思想是将求解的问题分解成若干子问题，先求解子问题，然后从这些子问题的解得到原问题的解。如果各个子问题不是独立的，我们能够保存已经解决的子问题的答案，在需要的时候再找出已求得的答案，那么就可以避免大量的重复计算，节省时间。用一个表记录所有已解决的子问题的答案，不管以后该问题是否被用到，只需它被计算过就将它的结果填入表中。

动态规划算法通常可以按以下几个步骤进行：①分析最优解的性质，并刻画其结构特征；②递归的定义最优解；③以自底向上或自顶向下的记忆化方式（备忘录法）计算出最优值；④根据计算最优值时得到的信息，构造问题的最优解。两序列的动态规划算法的计算过程相当于在二维平面上按一定顺序访问每个节点，而访问节点的先后顺序取决于节点之间的关系。在计算过程中，对每个节点均计分，每个节点的分数代表两条序列前缀的最优比对得分，而最后一个节点的分数就是两条完整序列的比对得分。动态规划算法需要的计算时间和存储空间与参与比对的序列长度的乘积成正比。

3.3.3 BLAST算法

BLAST是一种在局部比对基础上进行近似比对的算法，它在保持较高精度的情况下可以大大减少程序运行的时间，是解决大规模序列比对面临的速度和精确度问题的一个有效方法。它的基本思想是通过产生数量更少但质量更好的增强点来提高匹配的精确度。首先采用哈希法对查询序列以碱基的位置为索引建立哈希表，然后将查询序列和数据库中所有序列联配，找出精确匹配的“种子”，以“种子”为中心，使用动态规划法向两边扩展成更长的联配，最后在一定精度范围内选取符合条件的联配按序输出，得分最高的联配序列就是最优比对序列。其基本过程是先将query序列打断成子片段（称为seed words），然后将seed words与预先索引好的序列进行比对，选择seed words连续打分较高的位置采用动态规划算法进行延伸，延伸过程也会进行打分，当打分低于某一限度时这一延伸过程就会被终止抛弃，最后产生了一系列高得分序列。

3.4 序列比对在生物信息学中的地位

序列比对是生物信息学研究的一个重要工具，它在序列拼接、蛋白质结构预测、蛋白质结构功能分析、系统进化分析、数据库检索及引物设计等研究中被广泛使用，其根本任务是通过比较生物分子序列，发现它们的相似性，找出序列之间共同的区域，同时辨别序列之间的差异。在序列分析中，通过比较核酸序列之间或蛋白质序列之间的相似区域和保守性位点，寻求同源结构，从而揭示生物进化、遗传和变异等问题。序列比对也是数据库搜索算法的基础，将查询序列与整个数据库的所有序列进行比对，迅速地获得有关查询序列的大量有价值的参考信息，对于进一步分析其结构和功能都会有很大的帮助。将未知序列同已知序列进行相似性比较是一种强有力的研究手段，一般来说，序列相似则功能相似，从数据库中找到与未知序列最相似的序列就可以对该未知序列的功能做出初步的预测。在蛋白质结构数据库（PDB）中搜寻结构未知蛋白质的相似序列，可以对蛋白质的结构进行预测，即同源建模。将RNA序列比对到基因组，则可以计算基因的表达情况。在基因组研究中，从序列的片段测定、拼接、基因的表达分析，到RNA和蛋白质的结构功能预测都离不开序列比对。

物种亲缘树的构建需要进行生物分子序列的相似性比较，生物信息学中的序列比对算法的研究具有非常重要的理论意义和实践意义。值得注意的是，在分子生物学中，DNA或蛋白质的相似性是多方面的，可能是核酸或氨基酸序列的相似，也可能是结构或功能的相似。一级结构序列相似的分子在高级结构和功能上并不必然有相似性，反之，序列不相似的分子，可能折叠成相同的空间形状，并具有相同的功能。一般的序列比对主要是针对一级结构序列上的比较。

3.5 序列比对的工具

3.5.1 常用序列比对工具及其功能

序列比对是生物信息学的基础，在生物信息学很多领域都有广泛应用，例如，片段组装、基因发现、构建进化树、PCR引物设计、SNP的寻找、预测同源序列的二级结构、蛋白质相互作用预测等。由于应用目的和处理数据的不同，以及对计算速度和精度要求的差异，所以产生了非常丰富的序列比对工具（表3.2）。

表 3.2 序列比对工具

软件名	统一资源定位系统（URL）
MAFFT	http://mafft.cbrc.jp/alignment/software/
Bowtie	http://bowtie-bio.sourceforge.net/index.shtml
TopHat	http://tophat.cbcb.umd.edu/
Muscle	http://www.ebi.ac.uk/Tools/msa/muscle/
ProbCons	http://probcons.stanford.edu/
PROMALS	http://prodata.swmed.edu/promals/
PROMALS3D	http://prodata.swmed.edu/promals3d/
SPEM	http://www.omg.org/spec/SPEM/2.0/About-SPEM/
T-Coffee	http://www.tcoffee.org/
ClusalW	http://www.ebi.ac.uk/Tools/clustalw/
Espresso	http://espressomd.org/wordpress/
PRANK	http://wasabiapp.org/software/prank/
ParaAT	http://bigd.big.ac.cn/tools/paraat
Sequoya	https://github.com/benhid/Sequoya
GSAlign	https://github.com/hsinnan75/GSAlign

T-Coffee 用法

（1）T-Coffee　T-Coffee能够整合很多信息（如结构信息、实验数据等）用于序列比对。它的基本原理是首先构建一个库，这个库包含有Clustal得到的序列两两比对和FASTA得到的局部两两比对，并且给每个比对一个权重。然后把全局比对和局部比对的结果进行整合，每个两两比对中每个位点的比对都是综合了库中两两比对的序列和其他序列比对的结果，这样就表明了该位点的比对在整个库中的合理性程度。T-Coffee软件的优点在于其整合了包括结构、实验数据在内的多种信息进行序列比对，一方面保证了结果的准确度，另一方面具有较强的可拓展性。也正因此，其在处理大型数据量时比对速度非常慢，在比对数据较小的时候使用比较合适。

Muscle 用法

（2）Muscle　　Muscle 的功能仅限于多序列比对，它的最大优势是速度快（比 Clustal 的速度快几个数量级，而且序列数越多速度的差别越大）。Muscle 不进行两两序列比对，而用序列间共有的核酸或氨基酸数表征序列间的相似性。此外，用 UPGMA 代替 NJ 构建指导树（guide tree），如果没有对于结果的精炼（refinement）过程，则运算时间更短。

Bowtie2 用法

（3）Bowtie　　Bowtie 是一个超快速的短序列比对软件，在运行过程中占用内存较少，比较适合下一代测序技术。通常使用全文分索引（FM-index）及 Burrows-Wheeler 变换（BWT）索引基因组，使得比对十分快速而高效，但是这种方法不适于找到较长的、带缺口的序列比对。Bowtie 的功能是将 FASTAQ 格式的 read 序列比对到参考基因组上，得到一个 SAM 格式的结果文件（SAM 是一种标准格式的文件，有详细的说明书）。Bowtie 有 Bowtie 1 和 Bowtie 2 两个版本，这两个版本有较大的差别，和一般软件的升级不同。Bowtie 1 出现得早，所以对于测序长度在 50bp 以下的序列效果不错，而 Bowtie 2 主要针对的是长度在 50bp 以上的序列。Bowtie 2 对最长序列没有要求，但是 Bowtie 1 要求最长不能超过 1000bp。Bowtie 2 支持有空位的比对，支持局部比对，也可以全局比对。Bowtie 借着其算法上的优势，在运算速度上一举成名，如果对速度的要求高于准确率，则 Bowtie 就成了不二选择。

（4）TopHat　　TopHat 是马里兰大学生物信息和计算机生物中心、加利福尼亚大学伯克利分校数学系和分子细胞生物学系、哈佛大学干细胞与再生生物学系联合开发的工具。TopHat 是一个将 RNA-seq 数据进行快速剪接映射的程序，它使用超快的高通量短读比对程序，在计算过程中，需要调用 Bowtie 将 read 比对到参考基因组上。TopHat 运行流程主要包括：①将每组样本的 read 与参考基因组进行比对；②cufflinks 分析，将每个样本的比对结果组装成转录本；③cuffmerge 分析，按照试验设计分组，将每组样本生成的 GTF 注释结果文件合并在一起，便于基因或转录本的差异分析；④cuffdiff 分析，比较每组样本的基因表达差异，利用 R 语言拓展包 cummeRbund 进行作图分析。

3.5.2　通过 Clustal 进行序列比对

Clustal 是现在使用最广和最经典的多序列比对软件，它是一个单机版的基于渐进比对（progressive alignment）的多序列比对工具，即从多条序列中最相似（距离最近）的两条序列开始比对，按照各个序列在进化树上的位置，由近及远地将其他序列依次加入最终的比对结果。Clustal 先将多个序列两两比对构建距离矩阵，反映序列之间两两关系；然后根据距离矩阵计算产生系统进化指导树，对关系密切的序列进行加权；再从最紧密的两条序列开始，逐步引入邻近的序列并不断重新构建比对，直到所有序列都被加入为止。Clustal 不仅可以用来做多序列比对，也能做 profile-profile 比对，以及基于 neighbor-joining 方法构建进化树，从速度上来说，它有两种运行模式：accurate slow 和 fast appropriate。Clustal 有应用于多种操作系统平台的版本，包括 Linux 版的 ClustlW 和 Windows 版的 ClustalX 等，两者作用相同，区别在于 ClustlW 为命令行界面，ClustalX 为图形界面（图3.6）。

Clustal 需要 FASTA 格式的序列格式，将待比对的所有同源序列保存到一个文本文件中，打开 Clustal 程序，点击最上方的“File”，选择“Load Sequence”，选择刚保存的序列文件，点击打开序列文件。点击“Aliglnment”，选择“Do Complete Alignment”。此时出现一个对话框，提示比对结果保存的位置，选择好后点“OK”，程序开始比对。Clustal 默认产生一个

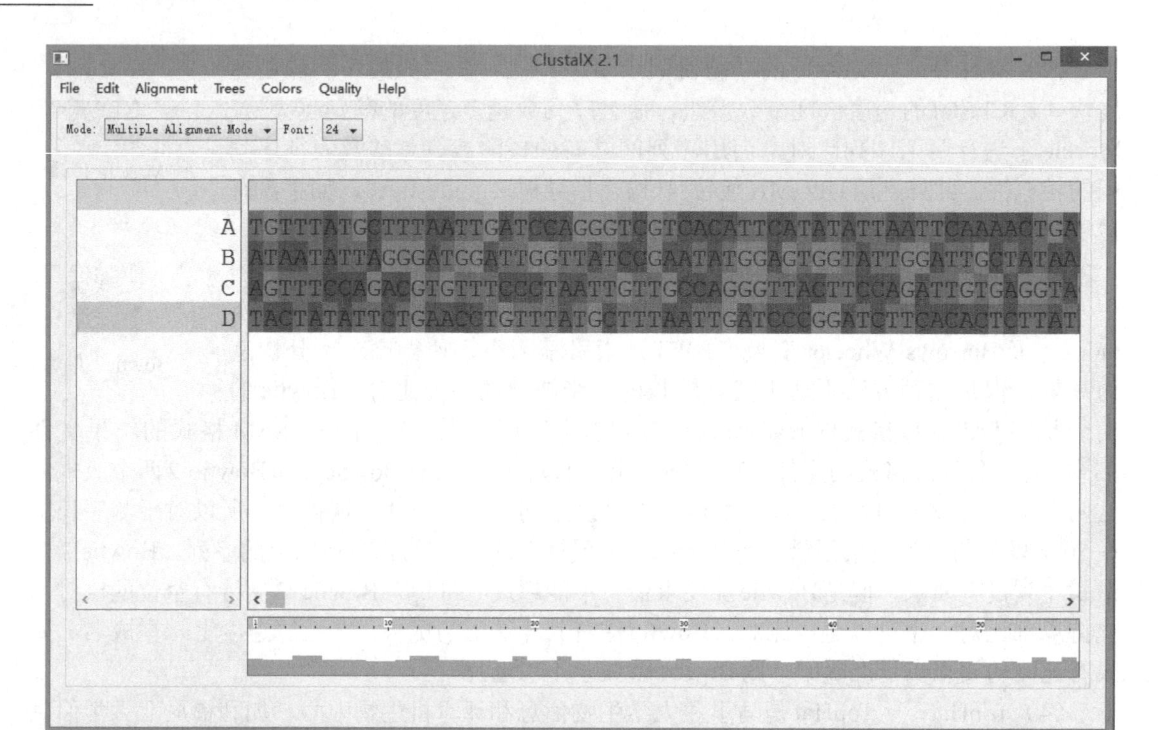

图3.6 ClustalX界面

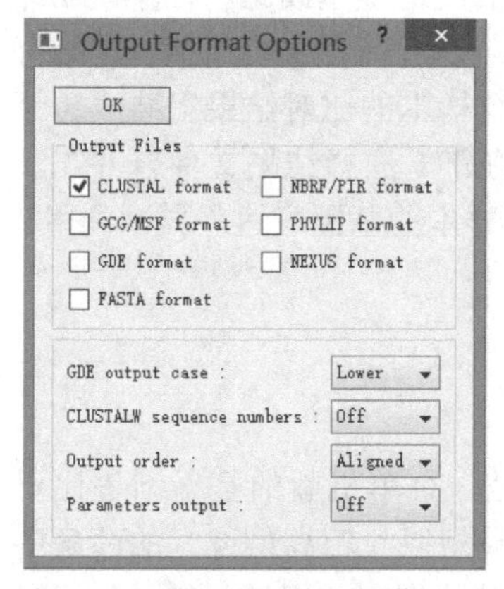

图3.7 ClustalX可选的输出格式

ClustalX 用法

dnd 和一个 aln 格式的文件，实际上，可以通过点击“Alignment”，选择“Output Format Options”，可在需要格式的复选框里打钩（图3.7），PHYLIP格式是利用PHYLIP软件进行建树时需要输入的格式。

ClustalX产生的aln文件为文本文件，无法满足高质量期刊的要求，在实际操作过程中，需要对一些多重序列比对的文件进行着色美化，如GeneDoc、WEBlogo（http://weblogo.berkeley.edu/）等。

3.5.3 通过DNAMAN进行序列比对

DNAMAN是一款集多序列比对、PCR引物设计、蛋白质理化性质分析、蛋白质二级结构预测、限制性酶切分析、DNA序列转化及翻译等功能为一体的分子生物学综合应用软件，是研究者进行核酸、蛋白质分析工作的必备工具之一。

使用DNAMAN时，首先打开软件，可以看到主菜单栏中共有12个常用菜单，包括文件、编辑、序列、搜索、限制性酶切、引物、蛋白质、数据库、信息、查看、窗口、帮助，第二栏和第三栏为常用的工具栏，第四栏为浏览器栏（图3.8）。

（1）载入序列文件　点击“序列”—“载入序列”—“从序列文件”，将序列文件全部导入。注意在上传一个序列文件后，需要在最左侧的1～20个channel中选择下一个channel；在弹出窗口中，如果是DNA序列则点击“是”，蛋白质序列则点击“否”；在软件下方双击通道列表，就可以看到载入的序列文件（图3.9）。

图3.8 DNAMAN主菜单

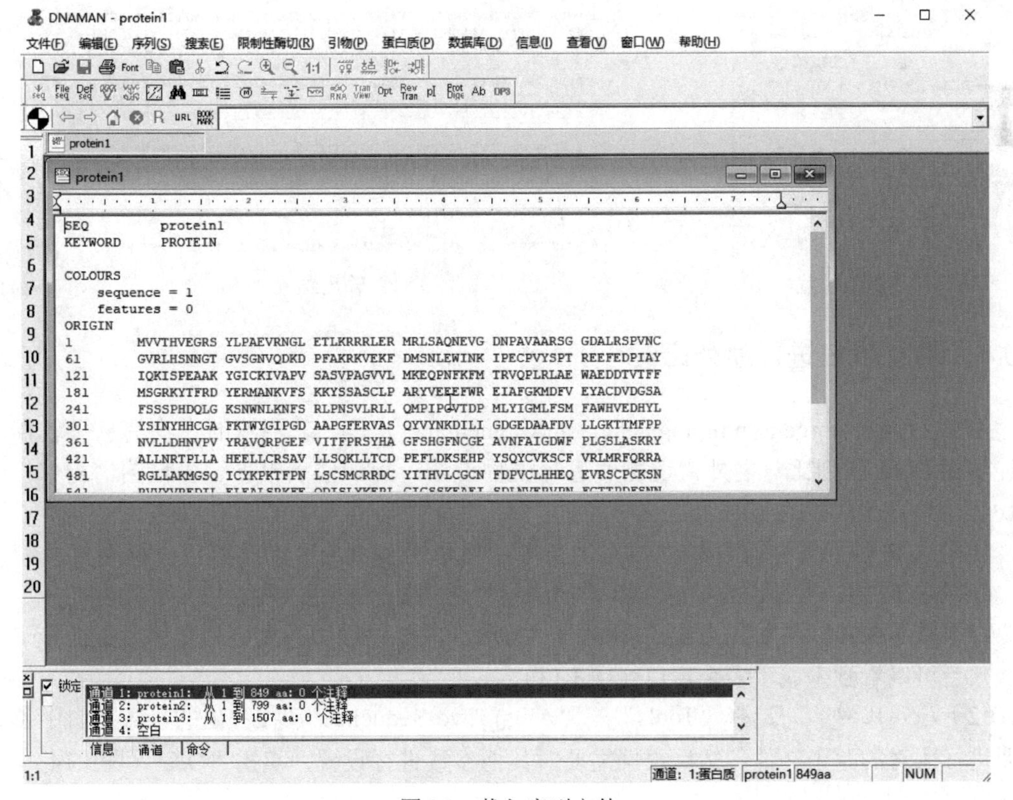

图3.9 载入序列文件

（2）双序列比对　点击“序列”—“两序列比对”，在最上方选择要进行双序列比对的文件；序列类型选择DNA或蛋白质；比对方式通常选择快速比对或Smith&Waterman（最佳比对），*K*-tuple数值通常与比对方式及序列长度有关，当选择快速比对时，较小的*K*-tuple值能够提高精准度，而比对序列较长时，一般设置较大的*K*-tuple值。参数确定好后点击“确定”（图3.10）。

（3）双序列比对结果　在输出结果中可以看到两个序列比对上的位置、一致度及详细的比对信息（图3.11）。

两序列比对
CH. 1:protein1　CH. 2:protein2
DNA　表明相似性
蛋白质　矩阵 BLOSUM
比对方式
快速　K-tuple 2　窗口 5
空位罚分 4
Myers&Miller（全局）　空位开放 10
Smith&Waterman（局部）　空位延伸 1
Needleman&Wunsch（全局）
结果
显示　一致性　错配
使用符号　|　:　*
显示侧翼序列－长度 < 60
确定　取消

图3.10　参数设置

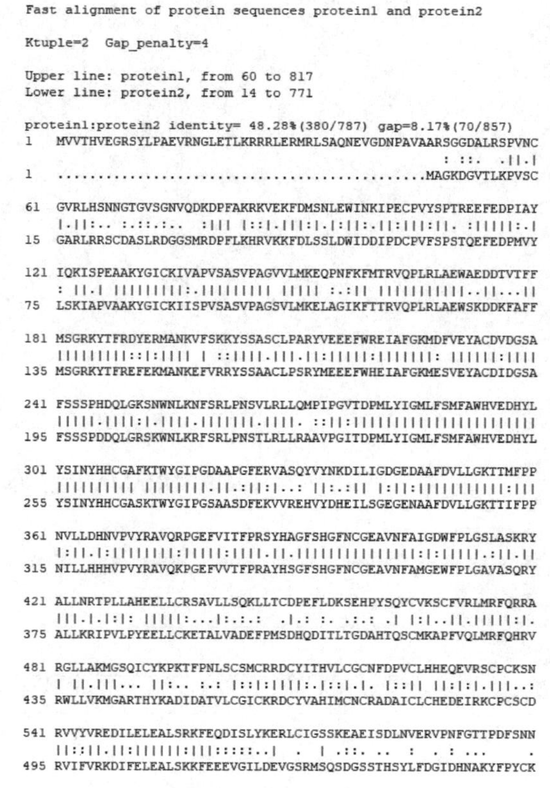

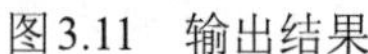
图3.11　输出结果

DNAMAN
序列比对

3.5.4　通过APE进行序列比对

APE（https://jorgensen.biology.utah.edu/wayned/ape/）是一款免费的生物信息学软件，除了能够做DNA序列比对之外，还能够进行引物设计、酶切位点设计、质粒图谱构建、ORF查找等，具有非常多的实用功能。

使用APE时，首先打开软件，在主菜单中可以看到共有8个菜单，包括文件、编辑、酶、ORFs、信息、工具、窗口、帮助，第二栏为常用的工具栏（图3.12）。

（1）载入数据　首先点击“File”—“Open”，在路径中找到序列文件后点击打开，数据载入后可以看到生成了多个窗口（图3.13）。

（2）序列比对　选择“Tools”—“Align Two Sequence”，在弹出的参数窗口中首先选择要进行比对的两个文件，然后根据需要对其他参数进行设置，点击“OK”（图3.14）。

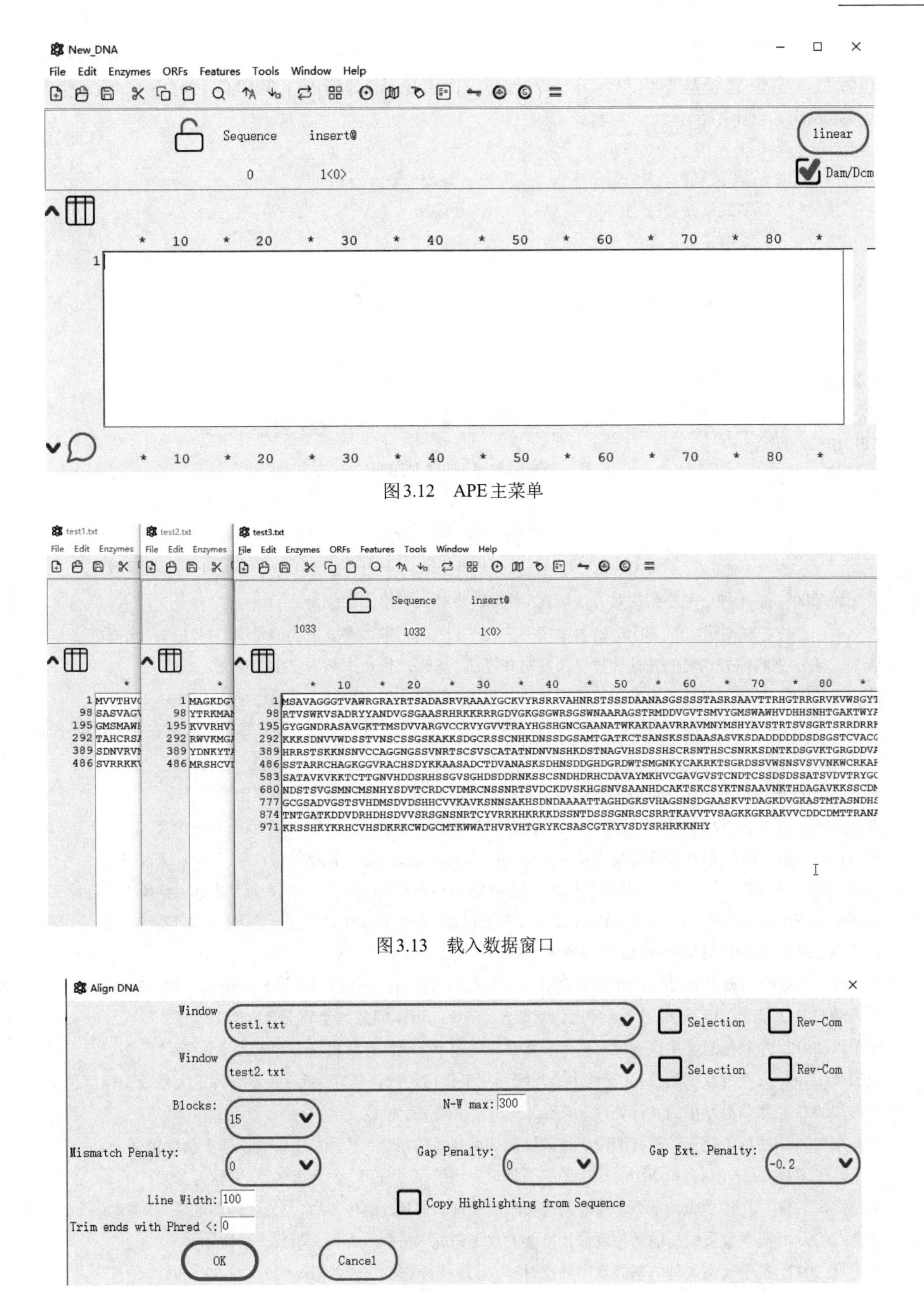

图3.12 APE主菜单

图3.13 载入数据窗口

图3.14 参数设置窗口

（3）序列比对结果　在输出结果中可以看到两段序列比对的位置范围、匹配数及未匹配数、空位数等基本信息，在下方展示了详细的比对情况，其中红色标注区域为错配（mismatch）（图3.15）。

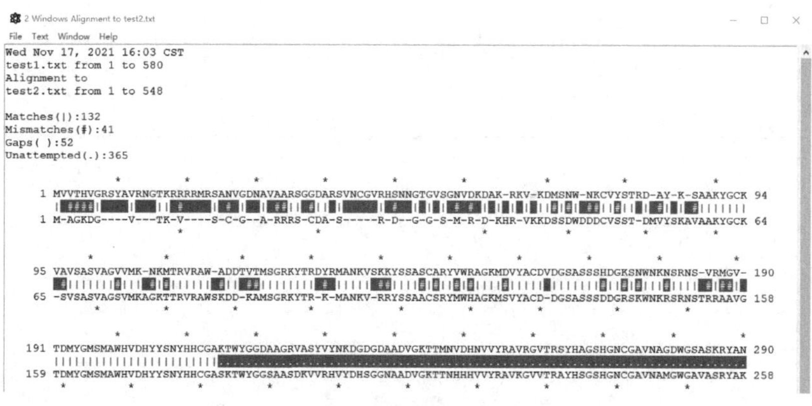

APE序列比对

图3.15　序列比对结果

参考文献

曹金玲. 2008. 基于种子的序列比对方法研究. 长春：吉林大学博士学位论文.

陈凤珍，李玲，操利超，等. 2016. 四种常用的生物序列比对软件比较. 生物信息学，14（1）：56-60.

陈娟. 2006. 生物序列比对的并行计算以及启发式算法. 扬州：扬州大学硕士学位论文.

陈宁涛. 2006. 基于二分技术的高效算法设计及其应用. 武汉：华中科技大学博士学位论文.

邓飞. 2015. 两个爆裂玉米与普通玉米自交系重测序及其基因组数据初步分析. 郑州：河南农业大学硕士学位论文.

范艺. 2010. 生物信息学在G蛋白偶联受体功能研究中的运用. 杭州：浙江大学硕士学位论文.

方义. 2007. 基于A-Star和DiAlign算法的多序列比对. 西安：西安电子科技大学硕士学位论文.

冯健，赵雪崴. 2012. 高通量测序技术及其在植物研究中的应用. 辽宁林业科技，4：29-33，37，44.

贵甫. 2012. 草菇数字基因表达谱揭示同核体与异核体CAZymes表达差异. 福州：福建农林大学硕士学位论文.

郭海燕，程国虎，李拥军，等. 2016. 高通量测序技术及其在生物学中的应用. 当代畜牧，12：61-65.

黄佳琪. 2015. 生物信息学序列比对算法分析. 生物技术世界，11：279.

姜自锋，窦向梅，黄大卫. 2006. 系统发育研究中多重序列比对常见问题分析. 动物分类学报，1：81-87.

李方洁. 2011. 基于智能算法的DNA序列比对研究. 济南：山东师范大学硕士学位论文.

李美满. 2012. 生物信息学中序列比对技术和算法研究进展. 现代计算机（专业版），26：18-21.

史三平. 2007. 人类神经氨酸酶N1活性中心与配体相互作用的理论研究. 武汉：华中师范大学硕士学位论文.

刘维. 2007. 生物信息学中的并行处理. 扬州：扬州大学硕士学位论文.

刘元东. 2008. 嗜酸氧化亚铁硫杆菌浸矿过程铁硫代谢体系的研究. 长沙：中南大学博士学位论文.

刘震，张国强，卢全伟，等. 2016. 转座子的分类与生物信息学分析. 农技服务，33（8）：29.

柳延虎，王璐，于黎. 2015. 单分子实时测序技术的原理与应用. 遗传，37（3）：259-268.

罗全. 2009. 几类重要蛋白质的结构及催化特性的理论研究. 长春：吉林大学博士学位论文.

罗志兵. 2017. 基于动态规划的基因双序列比对研究. 现代计算机（专业版），32：28-33，37.

彭仁海，刘震，刘玉玲. 2017. 生物信息学实践. 北京：中国农业科学技术出版社.

浦丹. 2015. 两核苷酸实时合成测序技术及其应用研究. 南京：东南大学博士学位论文.
祁云霞，刘永斌，荣威恒. 2011. 转录组研究新技术：RNA-Seq及其应用. 遗传，33（11）：1191-1202.
尚婧. 2013. 下一代测序短序列比对软件算法比较及评价. 苏州：苏州大学硕士学位论文.
申小娟. 2007. 左手β螺线管折叠子序列内部重复片段分析. 武汉：华中科技大学硕士学位论文.
施慧琳，苏燕，许丽，等. 2018. 高通量测序行业现状与发展趋势分析. 生物产业技术，3：6-12.
孙苗. 2005. 几类重要蛋白质的分子模拟. 长春：吉林大学博士学位论文.
仝磊光. 2010. 生物信息学中序列比对方法的研究. 保定：河北农业大学硕士学位论文.
汪浩. 2015. 基因序列比对算法的优化研究. 北京：中国农业科学院硕士学位论文.
王非，杨欣，June Y L. 2004. 生物序列比对算法的实现与集成. 计算机与应用化学，4：583-586.
王海峰. 2014. 利用高通量测序技术研究基因组复制与关系以及可变剪切. 上海：复旦大学博士学位论文.
文凤春，王邦菊，肖枝洪. 2010. 生物序列比对算法的研究现状. 生物信息学，8（1）：64-67.
解增言，林俊华，谭军，等. 2010. DNA测序技术的发展历史与最新进展. 生物技术通报，8：64-70.
薛波. 2012. 基于几何学的基因序列比对系统的研究. 扬州：扬州大学硕士学位论文.
闫绍鹏，杨瑞华，冷淑娇，等. 2012. 高通量测序技术及其在农业科学研究中的应用. 中国农学通报，28（30）：171-176.
杨凡，唐东明，白勇，等. 2010. 多重序列比对研究进展. 生物医学工程学杂志，27（4）：924-928.
杨烨，刘娟. 2012. 第二代测序序列比对方法综述. 武汉大学学报（理学版），58（5）：463-470.
姚远. 2008. 几类重要蛋白质的结构、功能及催化反应机理的理论研究. 长春：吉林大学博士学位论文.
张际峰，王洋，汪成润，等. 2012. 高通量测序技术及其在表观遗传学上的应用. 生命科学，24（7）：705-711.
张永，王瑞. 2008. 生物信息学中的序列比对算法. 电脑知识与技术，1：181-184.
赵登鹏，熊回香，田丰收，等. 2021. 基于序列比对算法的中文文本相似度计算研究. 图书情报工作，65（11）：1-6.
周萍. 2007. 生物信息学多序列比对及种系生成树的几种技术和算法研究. 成都：电子科技大学硕士学位论文.
祝庆燕. 2007. 生物序列比对算法的研究与实现. 哈尔滨：哈尔滨工业大学硕士学位论文.
Batzoglou S. 2005. The many faces of sequence alignment. Brief Bioinform，6（1）：6-22.
Benítez-Hidalgo A，Nebro A J，Aldana-Montes J F. 2020. Sequoya：multiobjective multiple sequence alignment in python. Bioinformatics，36（12）：3892-3893.
Chowdhury B，Garai G. 2017. A review on multiple sequence alignment from the perspective of genetic algorithm. Genomics，109（5-6）：419-431.
Damkliang K，Tandayya P，Sangket U，et al. 2016. Integrated automatic workflow for phylogenetic tree analysis using public access and local web services. J Integr Bioinform，13（1）：287.
Davidson A R. 2006. Multiple sequence alignment as a guideline for protein engineering strategies. Methods Mol Biol，340：171-181.
Gálvez S，Agostini F，Caselli J，et al. 2021. BLVector：fast BLAST-like algorithm for manycore CPU with vectorization. Front Genet，12：618659.
Garriga E，Di T P，Magis C，et al. 2021. Multiple sequence alignment computation using the T-coffee regressive algorithm implementation. Methods Mol Biol，2231：89-97.
Gaskell G J. 2000. Multiple sequence alignment tools on the web. Biotechniques，29（1）：60-62.
Henikoff S，Henikoff J G. 1992. Amino acid substitution matrices from protein blocks. Proc Natl Acad Sci USA，89（22）：10915-10919.

Henikoff S. 1996. Scores for sequence searches and alignments. Curr Opin Struct Biol，6（3）：353-360.

Lin H N，Hsu W L. 2020. GSAlign：an efficient sequence alignment tool for intra-species genomes. BMC Genomics，21（1）：182.

Liu X，Zhao Y P. 2010. Substitution matrices of residue triplets derived from protein blocks. J Comput Biol，17（12）：1679-1687.

Lu Y，Sze S H. 2008. Multiple sequence alignment based on profile alignment of intermediate sequences. J Comput Biol，15（7）：767-777.

Manzoor U，Shahid S，Zafar B，et al. 2015. A comparative analysis of multiple sequence alignments for biological data. Biomed Mater Eng，26（1）：1781-1789.

Martin A C. 2014. Viewing multiple sequence alignments with the JavaScript Sequence Alignment Viewer（JSAV）. F1000Res，3：249.

McWilliam H，Li W，Uludag M，et al. 2013. Analysis tool web services from the EMBL-EBI. Nucleic Acids Res，41（web server issue）：597-600.

Morgenstern B. 2021. Sequence comparison without alignment：the SpaM approaches. Methods Mol Biol，2231：121-134.

Pearson W R. 2014. BLAST and FASTA similarity searching for multiple sequence alignment. Methods Mol Biol，1079：75-101.

Rautiainen M，Mäkinen V，Marschall T. 2019. Bit-parallel sequence-to-graph alignment. Bioinformatics，35（19）：3599-3607.

Reinert K，Langmead B，Weese D，et al. 2015. Alignment of next-generation sequencing reads. Annu Rev Genomics Hum Genet，16：133-151.

Smirnov V，Warnow T. 2021. MAGUS：multiple sequence alignment using Graph clUStering. Bioinformatics，37（12）：1666-1672.

Taylor W R. 1996. Multiple protein sequence alignment：algorithms and gap insertion. Methods Enzymol，266：343-367.

Thompson J D，Gibson T J，Plewniak F，et al. 1997. The CLUSTAL_X windows interface：flexible strategies for multiple sequence alignment aided by quality analysis tools. Nucleic Acids Res，25（24）：4876-4882.

Valencia A. 2003. Multiple sequence alignments as tools for protein structure and function prediction. Comp Funct Genomics，4（4）：424-427.

Warnow T. 2021. Revisiting evaluation of multiple sequence alignment methods. Methods Mol Biol，2231：299-317.

第4章

基因组测序组装与转座子分析

本章彩图

DNA序列蕴含了生物的绝大部分遗传信息，DNA测序技术对生物学的发展至关重要。从早期的Sanger测序到现在，可分为以下几个不同的时期。

1977年，英国剑桥的Fred Sanger和美国哈佛的Alan Maxam领导的研究小组几乎同时分别发明了DNA序列测定方法。两种方法都是先得到随机长度的DNA序列，再通过电泳确定序列的碱基排列。两者相比，Sanger测序法更简便、更适合于自动化，逐渐成为现代测序技术的基础，在此基础上发展而来的各种测序技术被统称为第一代测序技术。Sanger也因此获得1980年的诺贝尔化学奖。但是由于这种方法测序通量低且对基因的定量存在偏差，严重限制了其在组学研究中的应用。

2005年之后下（新）一代测序（next-generation sequencing，NGS）技术即第二代测序技术相继出现并发展成熟。第二代测序又称作深度测序或高通量测序，是相对于传统的Sanger测序而言，主要特点是通量高、时间和成本低。它的核心思想是边合成边测序，利用4种颜色的荧光标记dNTP，在DNA聚合酶的作用下合成互补链时，增加不同的dNTP就会放出不同的荧光信号，利用计算机对不同的荧光信号做出处理，就能够获得待测DNA序列的信息。第二代测序技术不需要电泳，具有较高的可靠性和准确性。第二代测序技术主要包括Roche公司的焦磷酸测序技术（454）、Illumina公司的Solexa测序技术和ABI公司的SOLiD测序技术。但是第二代测序技术读长短、末端质量差，所以通常只对基因的局部结构进行研究。

随着生物信息学和计算机技术的发展，逐渐兴起的第三代测序技术在很大程度上解决了上述问题，第三代测序与前两代测序最大的区别在于其进行测序时无须进行PCR扩增，且具有超长读长，从而减少了测序时非检测特异性的背景干扰，提高了测序准确率，但是单碱基测序成本较高，通量较低，一定程度上影响了其大规模应用。第三代测序的代表性技术阵营有两个：一个是单分子荧光测序，代表性的技术为美国螺旋生物公司的SMS技术和美国太平洋生物公司的SMRT技术。脱氧核苷酸用荧光标记，显微镜可以实时记录荧光的强度变化，当荧光标记的脱氧核苷酸被掺入DNA链时，它的荧光就能同时在DNA链上探测到，当它与DNA链形成化学键的时候，其荧光基团就被DNA聚合酶切除，荧光消失，这种荧光标记的脱氧核苷酸不会影响DNA聚合酶的活性，并且在荧光被切除之后，合成的DNA链和天然的DNA链完全一样。另一个是纳米孔测序，代表性的公司为英国牛津纳米孔公司，该公司的新型纳米孔测序法（nanopore sequencing）采用电泳技术，借助电泳驱动单个分子逐一通过纳米孔来实现测序，由于纳米孔的直径非常细小，仅允许单个核酸聚合物通过，而A、T、C、G单个碱基的带电性质不一样，通过电信号的差异就能检测出通过的碱基类别，从而实现测序。

近年来正在试验的第四代测序技术，在成本、速度方面与前几代技术相比具有很大的优势，但是目前还在起步阶段，有待改进和完善。

自1940年从玉米中发现转座子以来，现在已确认转座子普遍存在于真核物种的基因组中。植物基因组中有成千上万的转座子家族，它们甚至可以占到基因组序列的80%以上，动物和真菌基因组的转座子虽然没有植物多，但也占有很大的比例（3%～45%）。随着真核物种基因组数据的不断增多，通过比较不同物种，尤其是近缘物种转座子的差异，可以使人们更深刻地认识基因组所蕴含的信息。生物信息学已成为大规模分析转座子的主要方法。BioPerl和Biopython等计算机语言模块和多种生物信息学程序为转座子的分析奠定了坚实的基础。从基因组中挖掘转座子序列是其他分析的前提，已有不同的算法和多种软件可以完成这一任务，如LTRharvest、RepeatModeler、LTRfinder等。

4.1 基因组测序技术

4.1.1 第一代测序技术

（1）Sanger测序技术　Sanger测序技术在1977年完成了对噬菌体phi X174基因组序列的测序，标志着第一代测序技术的诞生。Sanger测序方法的原理与流程大致如下。

1）合成：在4个反应体系中添加待测DNA序列、DNA聚合酶、引物、4种单脱氧核苷酸，再分别在每个反应体系中按比例添加1种带有放射性同位素标记的双脱氧核苷三磷酸（ddNTP：ddATP、ddCTP、ddTTP、ddGTP）。因为双脱氧核糖核苷酸没有3′—OH，所以只要双脱氧核糖核苷酸掺入聚合反应，该链就停止延长，若掺入脱氧核糖核苷酸，DNA链就可以继续延长（图4.1）。如此，每管反应体系中便合成以各自的双脱氧碱基为3′端的一系列长度不等的核酸片段。

2）电泳：反应终止后，分4个泳道进行凝胶电泳（图4.2），分离长短不一的核酸片段，长度相邻的片段相差一个碱基。经过放射自显影后，便可依次阅读合成片段的碱基排列顺序。

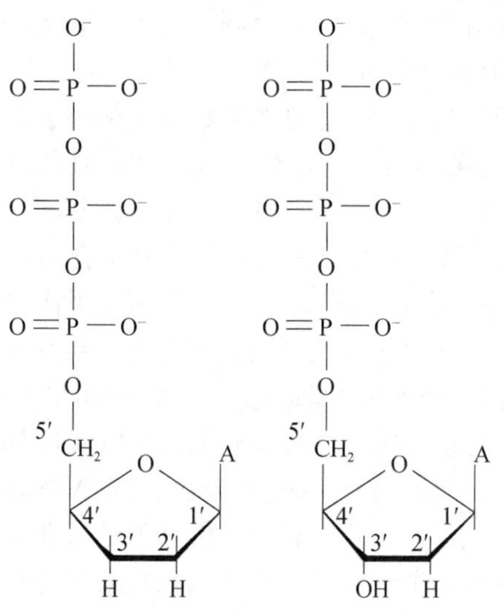

图4.1　双脱氧核糖核苷酸（左）与脱氧核糖核苷酸（右）

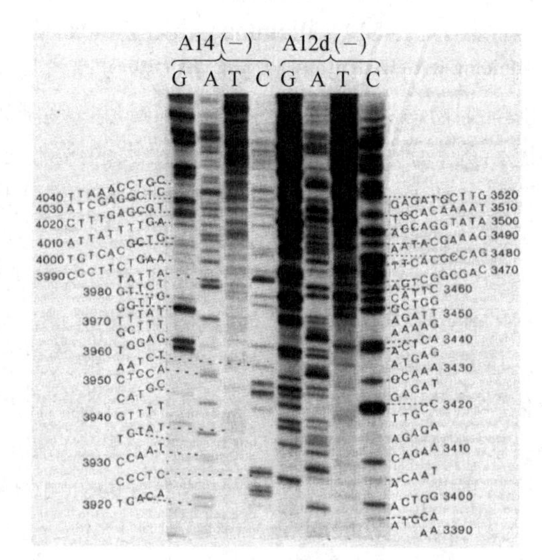

图4.2　Sanger测序中的放射自显影图像（Wicker et al.，2007）

A14（ ）和A12d（ ）表示两种不同的酶切片段

Sanger测序法因操作简便而得到广泛的应用和发展。20世纪80年代中期，采用不同颜色的荧光基团标记4种双脱氧核苷酸终止子，这样就可以在一个反应中同时进行4个反应，同时也降低了泳道间迁移率的差异对测序精度的影响，并能通过计算机荧光检测系统进行分析，从而提高了测序速度。20世纪80年代初研究者提出了毛细管电泳技术，并于1992年开始用阵列毛细管电泳代替平板电泳分离技术，为Sanger的并行化测序奠定了基础，从而获得了更高的通量。

ABI 3730XL是基于Sanger测序法的自动测序仪，拥有96道毛细管，4种ddNTP的碱基分别用不同的荧光标记，在通过毛细管时不同长度的DNA片段上的4种荧光基团被激光激发，发出不同颜色的荧光被检测系统识别，并直接翻译成DNA序列（图4.3）。这一代测序仪在人类基因组计划DNA测序的后期阶段起到了关键的作用，加速了人类基因组计划的完成。

图4.3　ABI 3730XL测序仪

Sanger技术依赖于电泳分离，使之无法提升分析速度与并行化程度，且耗时长，另外，Sanger技术依赖于酶，从而导致其成本较高。尽管如此，Sanger技术仍被认为是测序的“黄金标准”，是久经考验的测序方法，它不会很快消失，而将与新的若干代测序平台并存，目前其主要应用于PCR产物测序、质粒测序和细菌人工染色体末端测序等。

（2）化学降解法　化学降解法将末端被放射性标记的待测DNA序列在5组（或4组）互相独立的化学反应中分别部分降解，其中每一组反应特异地针对某种碱基，生成5组（或4组）放射性标记的分子，每组混合物中均含有长短不一的DNA分子，其长度取决于该组反应针对的碱基在原DNA片段上的位置。最后，各组混合物通过电泳分离，再通过放射自显影检测末端标记的分子就可以读取待测DNA片段的序列。化学降解法较Sanger测序法有一个明显的优点，即所测序列来自原DNA分子而不是酶促合成产生的拷贝，排除了合成时造成的错误。但化学降解法操作烦琐，逐渐被简便快速的Sanger法所代替。

4.1.2　第二代测序技术

与第一代测序技术相比，第二代测序技术的主要优势是：①实现了大规模并行化，使得DNA样本可以被同时并行分析；②边合成边测序（sequencing by synthesis，SBS），不再需要电泳技术，样本和试剂的消耗量得以降低，使得DNA测序成本大大降低，而测序速度也大幅提高。

2005年以来，以瑞士Roche公司的454技术、美国Illumina公司的Solexa技术（2007年Illumina公司收购了Solexa公司）和ABI公司的SOLiD技术为标志的新一代测序技术相继诞生，形成“三足鼎立”格局。各测序平台的原理及read长度差异决定了各种高通量测序仪具有不同的应用侧重：454技术read最长，适用于*de novo*测序和转录组测序；Solexa技术测序通量高、费用低，适用于转录组和表观基因组研究；SOLiD技术准确度高，适用于基因组重测序和SNP检测。2008年Applied Biosystems和Invitrogen合并成立Life Technologies公司，2014年Life Technologies公司又被Thermo Fisher收购。2013年Roche公司宣布关闭454测序业务，这样测序仪市场形成了以Illumina和Life Technologies两家企业为主的行业垄断格局，这两家企业占据全球测序设备市场约90%的份额（表4.1）。国内有三家具备生产测序仪能力的公司：华因康基因、华大基因和中科紫鑫：华因康基因自主研发生产了中国首创的高通量基因测序仪HYK-PSTAR-ⅡA和SeqExpert Ⅲ-A；2013年，华大基因收购美国Complete Genomics公司，并于2014年和2016年分别推出BGISEQ-1000和BGISEQ-500测序平台；中科紫鑫已发布BIGIS测序仪。

表4.1 二代测序的平台与原理

公司	技术原理	测序平台
Illumina	Bridge PCR，4种不同荧光标记的dNTP	Genome Analyzer、HiSeq1000、HiSeq2000和MiSeq
Roche 454	emPCR，焦磷酸测序	GS20、GS FLX、GS FLX Titanium
Applied Biosystems	emPCR，连接测序	SOLiD5500xl
Pacific Biosciences	SMRT	PacBio RS Ⅱ

（1）*二代测序技术的通用流程* 二代测序虽然有多种不同的平台，每种平台有不同的测序原理，但它们也有共同特征和共用的测序流程。

1）构建DNA模板文库：随机打断待测DNA序列获得DNA文库片段（长度为数十到数百碱基对）。

2）扩增：在双链DNA片段的两端连上接头序列，变性得到单链模板文库，并固定在固体表面上，通过桥式PCR、乳滴PCR等方式扩增，在芯片上形成DNA簇阵列的DNA簇或扩增微球。

3）在聚合酶或者连接酶进行的合成反应过程中，合成不同的碱基会产生不同的光学事件，通过检测系统监控每个反应中产生的光学事件，用相机采集图像（荧光颜色等），并将图像解析成DNA序列。

（2）*Illumina公司及其测序技术* Illumina公司（https://www.illumina.com/）成立于1998年，从事开发、制造及销售用于遗传分析和生物功能的综合系统，主要仪器平台为高通量测序仪和高通量生物芯片，以及配套的试剂及相关消耗品。Illumina的Solexa平台到目前为止主要有Genome Analyzer、MiSeq和HiSeq系列测序平台（表4.2）。

表4.2 Illumina HiSeq系列测序平台主要技术参数

参数	HiSeq 2000	HiSeq 2500	HiSeq 3000	HiSeq 4000
测序周期	29h～6d	7～60h	<3.5d	<3.5d
通量/Gb	1000	300	750	1500
read数量	4 billion	600 million	2.5 billion	5 billion
read最大长度/bp	2×125	2×250	2×150	2×150

Illumina公司测序平台的流程主要包括：构建测序文库、桥式PCR扩增和单碱基延伸测序（图4.4）。其测序流程如下。

1）构建测序文库：将DNA随机打断成200～500bp的小片段，然后在每条DNA片段的两端加上接头（adapter），构建ssDNA（single-stranded DNA）文库。

2）桥式PCR扩增：将ssDNA片段与流动槽表面的互补引物配对而使一端被固定，另外一端随机和附近的另外一个引物互补，也被固定住，形成桥状结构。DNA片段杂交到流动槽之后，添加未标记的dNTP和普通*Taq*酶进行固相桥式PCR（bridge PCR）扩增，反应生成能支持下一步测序反应所需信号强度的密集成簇的待测DNA模板量。

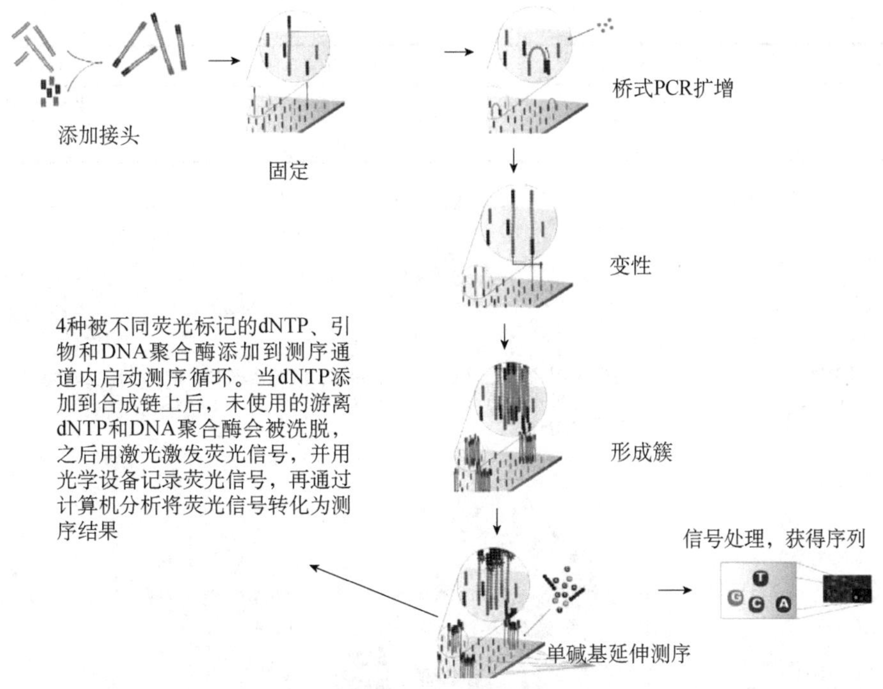

图4.4　Illumina/Solexa测序技术的步骤与原理（Mardis，2008）

3）单碱基延伸测序：将4种被不同荧光标记的dNTP、引物和DNA聚合酶添加到测序通道内启动测序循环。当dNTP添加到合成链上后，所有未使用的游离dNTP和DNA聚合酶会被洗脱，之后用激光激发荧光信号，并用光学设备记录荧光信号，再通过计算机分析将荧光信号转化为测序结果。每个碱基的荧光信号记录完成后，加入化学试剂猝灭荧光信号并去除dNTP的3′羟基保护基团，以便进行下一轮测序反应。如此重复，直到每条模板序列都完全被聚合为双链。Illumina/Solexa测序技术使用的dNTP的3′羟基被化学方法保护，因而每轮合成反应都只能添加1个dNTP，从而可以很好地解决同聚物（多个相同的碱基聚合在一起）的问题。

（3）Roche/454测序技术　　罗氏（Roche）公司始创于1896年，在制药和诊断领域具有世界领先地位。454生命科学公司（454 Life Sciences）成立于2000年，于2005年并入罗氏公司。Roche 454于2005年推出基于焦磷酸测序法的高通量测序系统Genome Sequencer 20（GS 20），以其高读取速度揭开了测序史上崭新的一页。2007年推出的Genome Sequencer FLX（GS FLX）系统进一步拓展了原有GS系统的灵活性。2008年10月，Roche 454在不改变机器的情况下，推出全新的测序试剂GS FLX Titanium，全面提升测序的准确性、读长和测序通量，GS FLX Titanium每次运行能产生100万条序列，平均读长能达到400nt，且第400个碱基的准确率能达到99%（表4.3）。454测序的技术核心是借助乳滴PCR技术（emulsion PCR，emPCR）扩增DNA片段，利用焦磷酸法进行测序（图4.5）。其测序步骤如下。

表4.3　罗氏测序仪的主要参数

参数	GS FLX Titanium	GS FLX	GS 20
最大读长/MP	1000	600	400
通量/Mb	700	450	200
模板制备	乳滴 PCR	乳滴 PCR	乳滴 PCR

续表

参数	GS FLX Titanium	GS FLX	GS 20
测序方法	焦磷酸测序	焦磷酸测序	焦磷酸测序
运转周期/h	10	10	23

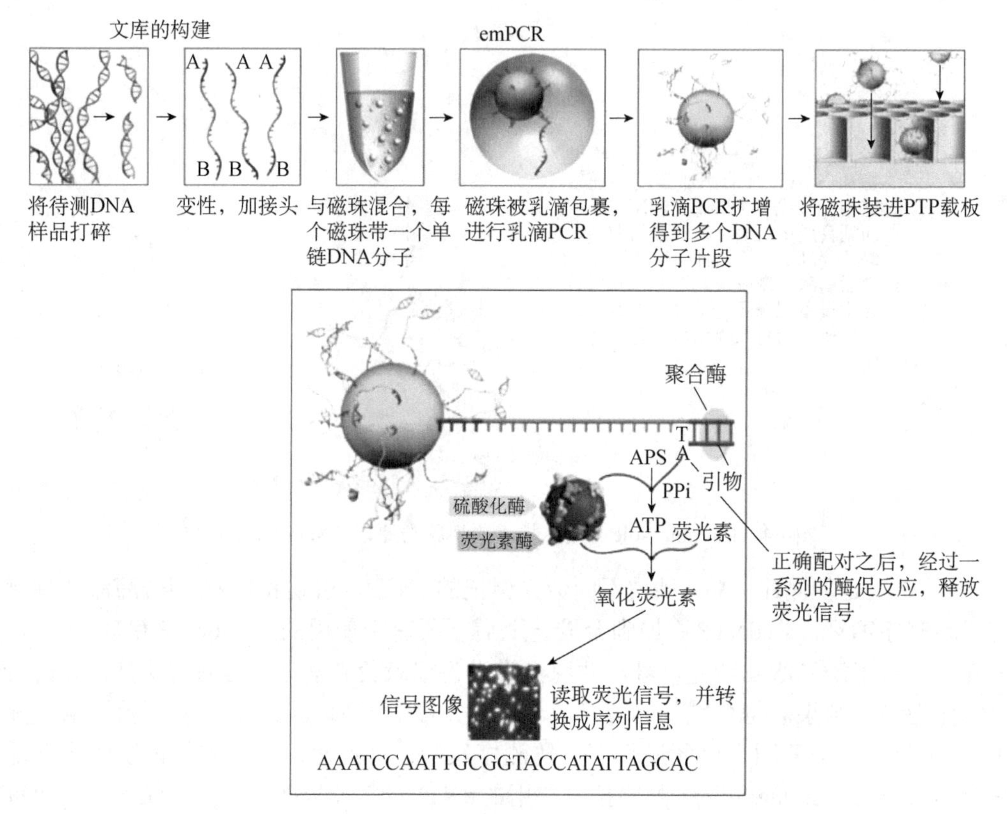

图4.5　454测序步骤与原理（Mardis，2008）

1）测序文库的构建：将待测DNA样品打碎成300～800bp的片段，在单链DNA的3′端和5′端分别连上不同的接头，然后将双链解开，弃去互补链当中的一条。

2）乳滴PCR：每一个带接头的DNA片段与一个磁珠结合，每一个磁珠携带一个单链DNA片段。磁珠与文库片段的比例适当，以确保大多数磁珠结合的单链DNA分子不超过1个。通过试剂将磁珠乳化，形成了许多只包含一个磁珠的微反应器。在微反应器（小油滴）的包裹下进行独立的PCR扩增，可以排除其他序列的竞争，实现所有DNA片段的平行扩增，使含量较少的序列也能够扩增。经过多轮循环，每个磁珠表面都结合了数千个相同的DNA拷贝，形成单分子多拷贝的分子簇，乳滴PCR终止后，扩增的片段仍然结合在磁珠上。

3）PTP（pico titer plate）载板：每一个磁珠进入454 PTP载板的一个小孔，PTP孔的直径只能容纳一个磁珠，微孔板被安装成为流通池的一部分，其中一面可以通过测序反应的化合物，另一面则与光学检测系统相连。

4）焦磷酸测序：放置在4个单独的试剂瓶里的4种碱基，依照T、A、C、G的顺序依次循环进入PTP载板，每次只进入一个碱基。如果发生碱基配对，就会释放一个焦磷酸。这个焦磷酸在ATP硫酸化酶和荧光素酶的作用下，释放出光信号，并实时被仪器捕获。有一个碱基和测序模板进行配对，就会捕获到一分子的光信号，由此一一对应，就可以准确、快速地确定待测模板的碱基序列。

（4）ABI/SOLiD 测序技术　ABI 公司的 SOLiD（supported oligo ligation detetion）测序平台于 2006 年开发，2007 年底投入商业使用，2009 年，SOLiD3 测序平台可在一次运行中测得超过 50Gb 的数据，2010 年初升级的 SOLiD4 测序平台可一次测得 100Gb 的数据，2010 年底新的测序平台 SOLiD5500xl 可在一天内测得 30～45Gb 的数据，一次运行获得 300Gb 的测序数据。与 454 和 Solexa 的边合成边测序不同，SOLiD 测序平台利用 DNA 连接酶的连接过程进行测序，即边连接边测序，其基本原理是以四色荧光标记的寡核苷酸进行多次连接合成。测序流程和原理如下（图 4.6）。

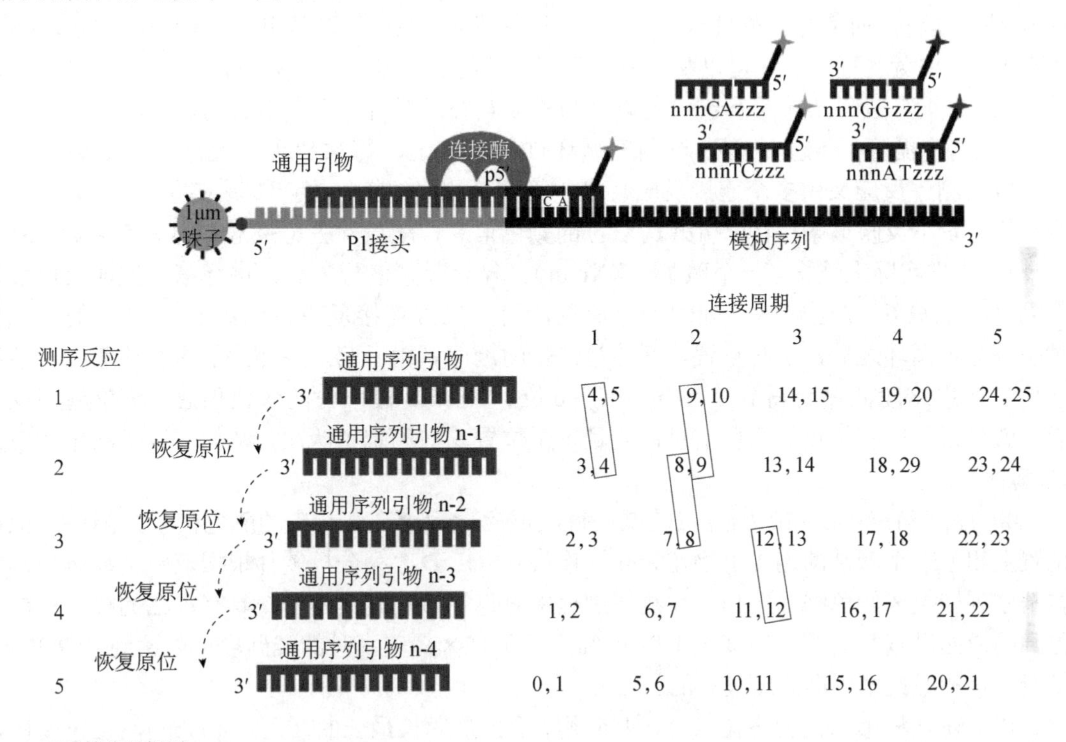

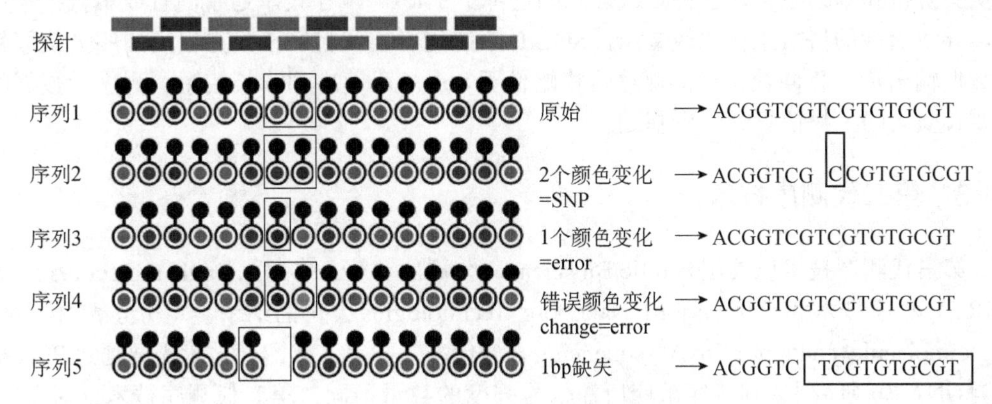

图 4.6　SOLiD 测序步骤与原理（Mardis，2008）

1）文库制备与PCR扩增：SOLiD系统支持片段文库和配对末端文库两种形式。片段文库是将待测DNA序列打断，两头加上接头制成的文库，适用于转录组测序、重测序、miRNA研究、RNA定量、3′, 5′-RACE及ChIP测序等；配对末端文库是将待测DNA序列打断后，与中间接头连接、环化、酶切，使中间接头两端各有27bp的碱基，最后加上两端的接头，形成文库，该文库适用于全基因组测序、SNP分析、结构重排及拷贝数分析等。SOLiD使用与454技术类似的emPCR进行扩增。

2）连接测序反应：SOLiD连接测序反应的底物是8碱基单链荧光探针混合物，具有3′—XXnnnzzz—5′结构。3′端第1、2位碱基（XX）是4种碱基中的任何两种碱基组成的碱基对，共16种碱基对，而荧光颜色只有4种，因此每色荧光对应4种碱基组成。5′端6～8位（zzz）用4种颜色的荧光标记，是可以和任何碱基配对的特殊碱基。3～5位（nnn）是随机的3个碱基。当8聚核苷酸荧光探针第1、2位碱基与模板互补配对时，会发出荧光。

3）测序循环：碱基序列通过测序循环过程来确定，每次SOLiD测序包括5轮测序反应，每轮测序反应又由多个连接反应组成。第一轮测序的第一次连接反应将掺入1条探针，测序仪记录下反映该条探针3′端第1、2位的颜色信息，随后除去6～8位碱基及5′端荧光基团（zzz），这样实际上连接了5个碱基（XXnnn）。猝灭荧光信号之后，进行第二次连接反应，得到模板上第6～7位碱基序列的颜色信息，而第三次连接反应得到第11～12位的颜色信息……几个循环之后，引物重置，开始第二轮的测序。由于第二轮测序的引物比第一轮前移一位，所以这轮测序将得到0～1位、5～6位、10～11位……的颜色信息，5轮测序反应后，就可得到所有位置的颜色信息，并且每个位置均被测定了两次，从而可以推断出相应的碱基序列。

4）序列确定：已知起始位点的碱基每次反应后都会产生相应的颜色信号，测序反应由位置上相差一个碱基的连接引物作为介导连接，SOLiD序列分析软件根据双碱基编码矩阵把碱基序列转换成颜色编码序列。在测序过程中对每个碱基判读两遍，具有内在的校对功能，得到的原始碱基数据的准确度大于99.94%，而在15×覆盖率时的准确度可以达到99.999%，是新一代测序技术中准确度最高的。

在上述几种第二代测序技术中，454测序平台是读长最长的（可达400bp），且速度快，但此技术依赖酶，所以费用较高，且重复序列出错率较高，对于那些需要较长read的应用，如从头拼接和基因组学，它仍是最理想的选择。Solexa 测序技术通量高且成本低，但读长较短，导致后续的拼接工作比较复杂。SOLiD系统的主要优势在于具有很高的序列读取精确度和数据输出量，相同数据量的测序价格略低于Solexa，但序列读长较短，测序后数据的装配需要有坚实的生物信息学分析基础。

4.1.3 第三代测序技术

第三代测序技术以美国Pacific Biosciences公司的单分子实时（single molecule real-time, SMRT）测序技术和英国Oxford Nanopore Technologies公司的纳米孔单分子测序技术（the single-molecule nanopore DNA sequencing）为代表。与第二代测序技术需要通过PCR扩增使待测DNA模板序列达到测序反应所需信号强度的数量不同，第三代测序技术仅对单一DNA分子进行测序，无需模板扩增步骤，避免了PCR引入的错误，并且只需要使用极少的荧光基团，为降低测序试剂成本提供了空间（图4.7）。

目前，使用最广泛的第三代测序平台Pacific Biosciences（PacBio）采用的是SMRT测序技术（图4.8），于2010年发行第一个商业版本后，迅速得到了广泛的关注。SMRT测序的核心技术之一是零级波导（zero-mode waveguide，ZMW）技术。ZMW是一个直径只有10～50nm的孔，远小于检测激光的波长。因此当激光打在ZMW底部时，激光无法穿过，而是在ZMW底部发生衍射，只能照亮很小的区域，DNA聚合酶就被固定在这个区域，只有在这个区域内，碱基携带的荧光基团才能被激活而被检测到，大幅降低了背景荧光干扰。每个ZMW只固定一个DNA聚合酶，当一个ZMW结合少于或超过一个DNA模板时，该ZMW所产生的测序结果在后续数据分析时就被过滤掉，由此保证每个可用的ZMW都是一个单独的DNA合成体系。15万个ZMW聚合在一个芯片上，称为一个SMRT cell。当DNA模板被聚合酶捕获后，4种不同荧光标记的dNTP通过布朗运动随机进入检测区域并与聚合酶结合，与模板匹配的碱基生成化学键的时间远远长于其他碱基停留的时间。因此统计荧光信号存在时间的长短，可区分匹配的碱基与游离碱基。通过统计4种荧光信号与时间的关系，即可测定DNA模板序列。

图4.7　第三代测序仪

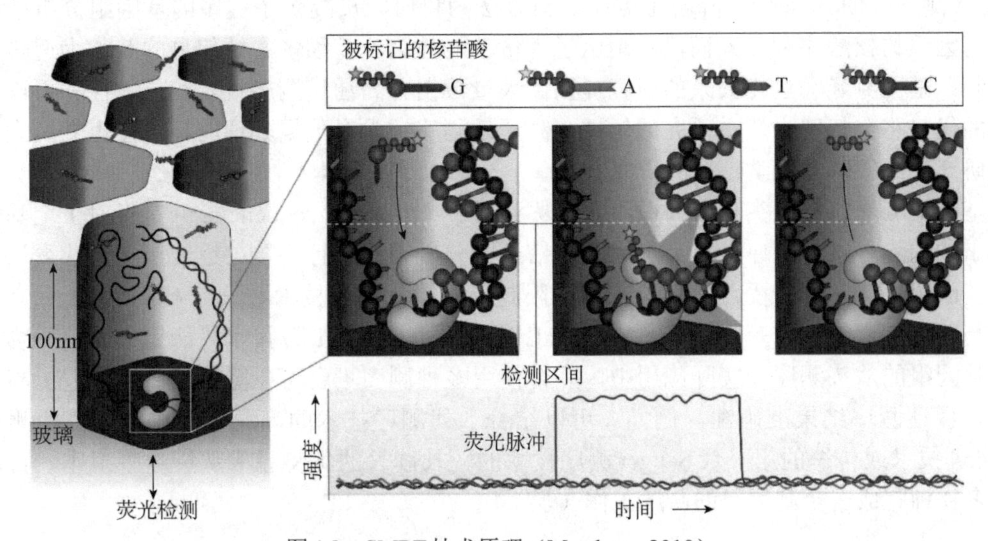

图4.8　SMRT技术原理（Metzker，2010）

2013年4月，PacBio公司推出的PacBio RSⅡ测序仪，平均读长达到4600bp，最长读长超过20 000bp，每个SMRT cell的通量为400Mb，一个流程内可同时完成8个SMRT cell的测序，产生3.2Gb的数据。在实时监控系统下，DNA链以每秒10个碱基的速度合成。SMRT测序的错误率大约是15%，然而这些错误都是随机错误，可以通过提高测序覆盖度来校正，当覆盖度超过15×时，SMRT测序过程中产生的错误通过概率算法进行纠正后，其正确率可达99.3%。但是，由于其价格较高，所以通过二代测序技术的结果来弥补SMRT的错误也是很通用的一种方法。

SMRT测序在DNA合成时，如遇到模板上的甲基化碱基，则从dNTP与DNA聚合酶结合至释放荧光基团的时间显著大于遇到非甲基化碱基所需时间，并且不同类型的修饰碱基具有不同的DNA聚合酶动力学特征。根据这些特征，可以判断碱基的甲基化类型。

在第二代和第三代测序技术中，DNA序列都是在荧光等发光物质的协助下，通过DNA聚合酶将不同的dNTP连接到DNA链上，通过读取此过程中释放的不同光学信号而间接确定的。这些方法都需要昂贵的光学监测系统，并依赖DNA聚合酶读取碱基序列，这些项目都增加了测序的成本。因此开发不使用生物化学试剂、直接读取DNA序列信息的新型测序方法是非常可取的，由此构成了第四代测序技术的主要思想。单个碱基通过纳米尺度的通道时，其自身所带电荷会引起纳米电容上的电荷量发生变化。理论上4种不同的碱基所带电荷不同，引起的电压变压也会有所差异，对这些变化进行检测可以得到相应碱基的类型，从而实现DNA测序的目的。随着半导体工艺技术的飞速发展，小型化、高速度、大通量的纳米孔测序芯片的实现成为可能。相比传统的测序技术，固态纳米孔测序技术在成本、速度等方面有着巨大的优势。但目前第四代测序技术还处在实验室阶段，如Oxford Nanopore Technologies公司正在研究的纳米孔单分子测序技术。

4.1.4 高通量测序技术的应用

高通量测序的出现使我们对基因组的认识进入了一个全新的时代，伴随着高通量测序技术出现的小RNAs测序、数字基因表达谱（DGE）测序、DNA甲基化测序、染色质免疫共沉淀DNA测序（ChIP-seq）、降解组测序等新方法为科研人员提供了更多的基因组分析途径。通过基因组的核酸序列，人们已鉴别出了大量功能基因。基因多态性信息的获得为遗传图谱的绘制、基因克隆和进化关系的研究提供了大量数据。高通量测序技术在灵敏性和可操作性方面的优势将会拓宽表达谱研究的领域，高通量测序技术对数据处理的轻便性也会大大促进基础研究和比较基因组学领域的研究。

基因组测序包括从头测序和重测序。从头测序（*de novo* sequencing）是指对于全基因组序列未知的物种进行测序，之后利用生物信息学分析手段进行拼接、组装，从而获得该物种的全基因组序列。由于受测序读取长度的限制，第二代测序技术中只有454技术能独立完成复杂基因组如真核生物基因组的从头测序工作。Solexa和SOLiD技术只能完成简单生物如细菌的基因组的从头测序。实际应用中，联合使用多种测序平台可以降低测序成本，提高测序速度，保证测序结果准确性，例如，可以结合二代测序技术的高通量低成本和三代测序技术、454技术或传统的第一代Sanger测序技术的较长读长的优势完成从头测序工作。目前已有很多物种完成了全基因组的测序工作（表4.4）。

表4.4 基因组已测序物种及其测序方法

物种名	拉丁名	分类	测序方法	来源
枣椰树	*Phoenix dactylifera*	棕榈科	Illumina/Solexa	AI-Mssallem et al.，2013，*NC*
野生大豆	*Glycine soja*	豆科	Illumina/Solexa	Kim et al.，2010，*PNAS*
木豆	*Cajanus cajan*	豆科	Illumina/Solexa	Varshnery et al.，2012，*NB*
蒺藜苜蓿	*Medicago truncatula*	豆科	BAC+opticalmapping+Roche/454	Young et al.，2011，*Nature*
可可树	*Theobroma cacao*	梧桐科	Sanger，Roche/454+Illumina/Solexa	Argout et al.，2011，*NG*
白菜	*Brassica pekinensis*	十字花科	Illumina/Solexa	Wang et al.，2011，*NG*

续表

物种名	拉丁名	分类	测序方法	来源
马铃薯	*Solanum tuberosum*	茄科	Illumina/Solexa	Xu et al., 2011, *Nature*
苹果	*Malus domestica*	蔷薇科	Sanger+Roche/454	Velasco et al., 2010, *NG*
黄瓜	*Cucumis sativus*	葫芦科	Sanger+Illumina/Solexa	Huang et al., 2009, *NG*
裸鼹鼠	*Heterocephalus glaber*	鼹鼠科	Illumina/Solexa	Kim et al., 2011, *Nature*
大熊猫	*Ailuropoda melanoleuca*	熊科	Illumina/Solexa	Li et al., 2010, *Nature*
火鸡	*Meleagris gallopavo*	吐绶鸡科	Roche/454+Illumina/Solexa	Dalloul et al., 2010, *PloS Biology*
猕猴	*Macaca mulatta*	猴科	Illumina/Solexa	Rogers et al., 2011, *Genome Biology*
食蟹猴	*Macaca fascicularis*	猴科	Roche/454	Higashino et al., 2012, *Genome Biology*
黑脉金斑蝶	*Danaus plexippus*	凤蝶科	Roche/454+Illumina/Solexa	Zhan et al., 2012, *Cell*
陆地棉	*Gossypium hirsutum*	锦葵科	Illumina +PacBio RS Ⅱ	Wang et al., 2019, *NG*
海岛棉	*Gossypium barbadense*	锦葵科	Illumina +PacBio RS Ⅱ	Wang et al., 2019, *NG*
亚洲棉	*Gossypium arboreum*	锦葵科	PacBio RS Ⅱ+Sequel + Illumina HiSeq X-Ten	Huang et al., 2020, *NG*
草棉	*Gossypium herbaceum*	锦葵科	PacBio RS Ⅱ+Sequel + Illumina HiSeq X-Ten	Huang et al., 2020, *NG*
雷蒙德氏棉	*Gossypium raimondii*	锦葵科	PromethION+Illumina Novaseq 6000+MGI2000	Wang et al., 2021, *Mol Biol Evol*

注：*NG* 表示 *Nat Commun*，*NB* 表示 *Nat Biotechnol*

基因组重测序（re-sequencing）是对全基因组序列已知的物种进行物种内不同个体或不同组织的测序，从而在全基因组水平上发现不同个体或组织细胞之间的变异信息。基因组重测序可以找出大量的单核苷酸多态性（SNP）位点、插入缺失（insertion deletion，InDel）位点、结构变异（structure variation，SV）位点、拷贝数变异（copy number variation，CNV）等差异。利用高通量测序技术获得测序结果，对照参考基因组（reference genome），可以短时间内相对容易地完成一个基因组的重测序。2008年，由中国、美国和英国共同启动的千人基因组计划（1000 Genomes Project）是迄今为止最大的基因组重测序计划，该计划打算对全世界不同国家大约1200个人类个体的基因组进行测序。

转录组广义上是指物种特定细胞、组织或器官在特定生长发育阶段或某种生理状态下的所有RNA总和，包括信使RNA、核糖体RNA、转运RNA及非编码RNA（non-coding RNA）；狭义上特指细胞中转录出来的所有信使RNA（mRNA）的总和。在中心法则中，遗传信息从DNA转录成mRNA，再翻译成蛋白质，RNA在DNA和蛋白质之间起着重要的桥梁作用。转录组学是从RNA转录水平研究基因转录表达的情况，能够提供全部基因的表达调节系统和蛋白质的功能、相互作用的信息，以基因结构和功能为研究目的，是功能基因组学研究的重要组成部分。

RNA-seq是一种基于NGS的RNA测序技术，其主要原理是先将样本中的所有RNA或部分目的RNA反转录为带有接头的cDNA，然后用NGS进行高通量测序，通过统计相关读段（read）数计算出不同RNA的表达量。如果有基因组参考序列，还可以把测序结果映射

（map）回基因组，确定转录本位置、剪切情况等更为全面的遗传信息（图4.9）。理论上来说，通过RNA-seq测序就可以得到检测样品的表达情况。转录组所代表的是细胞或组织内的全部RNA转录本（RNA transcript），它反映了不同生命阶段、组织类型、生理状态及环境条件下表达的基因。转录组研究可以从整体水平上反映细胞中基因的表达情况及其调控规律。如果将不同状态下的样本进行RNA-seq检测，比较其异同，则可以在转录层面得到全部基因的表达情况，从而构建基因表达谱。

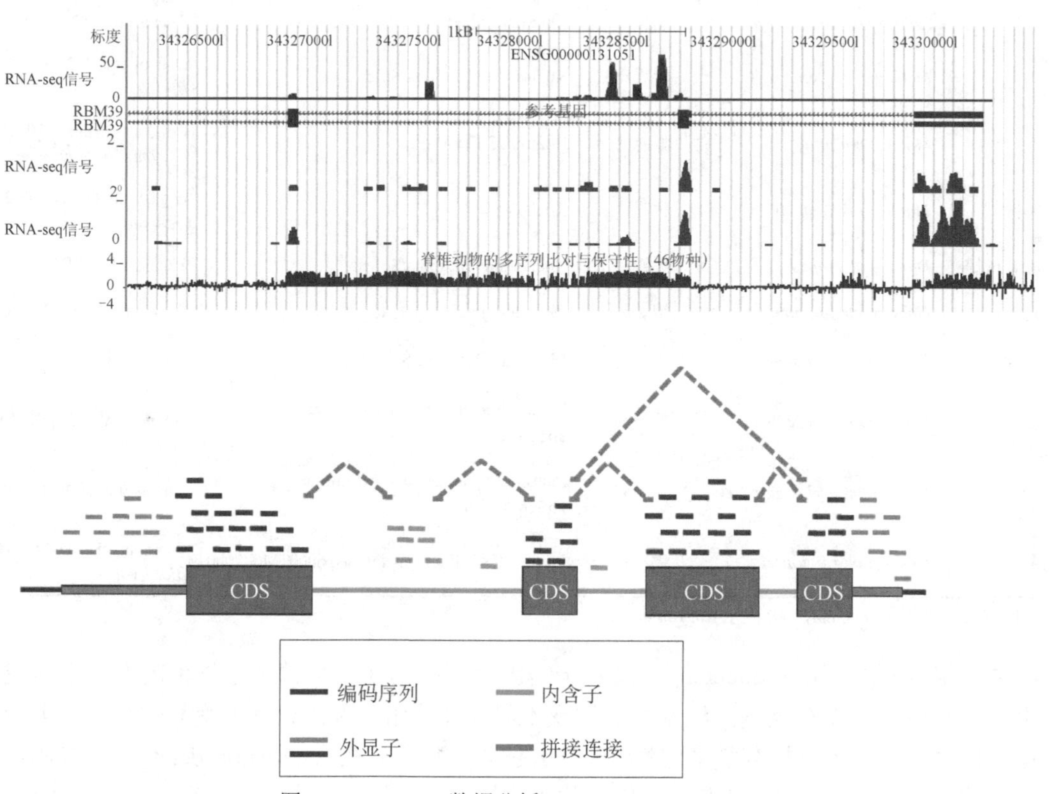

图4.9 RNA-seq数据分析（Alicia et al.，2010）

转录组学与基因组学相比，具有其独特的特点：一是具有时间性和空间性，受到外源和内源因子的共同调控，可以反映不同生命阶段、组织类型、生理状态和环境条件下基因表达的差异；二是信息量相对较小，由于遗传信息是从DNA到RNA，仅有少量的基因组RNA被转录，信息量大大减少。转录组学研究作为一种整体的方法，改变了单个基因的研究模式，将基因组学研究带入了高速发展的时代。RNA-seq还可以用于研究其他类型的RNA，包括lncRNA、microRNA和核糖体RNA等。非编码的小分子RNA参与了许多重要的生物发育过程，它们的序列长度很短，正好在新一代高通量测序技术的读长范围内。

基因的转录调控是生物基因表达调控层次中最关键的一层，转录因子通过特异性结合调控区域的DNA序列来调控基因转录过程。所以，理解转录因子与结合位点间的相互作用是准确揭示转录调控机制、构建转录调控网络的关键所在。染色质免疫沉淀（chromatin immunoprecipitation，ChIP）是目前基于全基因组水平研究DNA-蛋白质相互作用的标准实验技术，其基本原理与过程是：在特定生理状态下用甲醛交联等方式“固定”细胞内所有DNA结合蛋白的活动，再裂解细胞、断裂DNA，将蛋白质-DNA复合物与特定抗体孵育，然后将与抗体特异结合的蛋白-DNA复合物沉淀富集进行下游分析。把ChIP技术和第二代测序技术结合，即ChIP-sequencing（ChIP-seq），可以在基因组水平上方便地检测某种蛋白质所结合的DNA序列，全面了解蛋白质与DNA的相互作用。ChIP技术特异性地富集目的蛋白结合的DNA片段，对其进行纯化并构建测序文库，然后对这些DNA片段进行高通量测序，再通过生物信息学方法将这些序列精确定位到基因组上，就可以获得全基因组范围内与组蛋白、转录因子等互作的DNA区段信息（图4.10）。

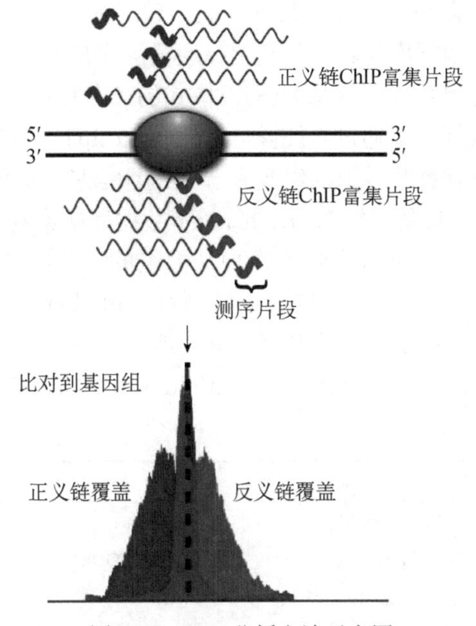

图4.10 ChIP分析方法示意图
（Elizabeth et al.，2012）

核小体是决定DNA序列对转录因子开放程度的重要因素，转录因子与DNA的结合是通过与核小体竞争，导致核小体移出或滑动，进而使得转录因子结合到DNA上。在转录因子结合位点处的核小体水平较低，疏松状态的染色质区易被DNase Ⅰ切割，形成DNase高敏位点（DNase Ⅰ hypersensitive site，DH），而转录因子与基因组DNA相结合可以保护该结合区的DNA序列不被DNase Ⅰ消化，通过DNase-seq分析不同细胞的DH，从而发现基因组上的DNA调控元件，并通过motif富集分析找出潜在的转录因子结合位点。

表观遗传学是研究核苷酸序列不发生改变的情况下，基因表达可遗传变异的学科。表观遗传的现象很多，已知的有DNA甲基化（DNA methylation）、基因组印记（genomic imprinting）、母体效应（maternal effect）、基因沉默（gene silencing）、核仁显性、休眠转座子激活和RNA编辑（RNA editing）等。其中，DNA甲基化是目前研究最为广泛的表观遗传现象。基因调节区域和启动子区域甲基化程度与基因表达抑制和细胞分化有关。DNA甲基化紊乱可引起基因表达不稳定，进而导致多种疾病的发生。在真核生物体内，这一过程主要是在DNA甲基转移酶的作用下，以*S*-腺苷甲硫氨酸为甲基供体，将甲基基团转移到胞嘧啶和鸟嘌呤双核苷酸（CpG岛或称CpG）的胞嘧啶上。将新一代测序技术（NGS）引入表观遗传学，便形成了多种表观遗传学测序及研究方法，如全基因组亚硫酸氢盐测序法（whole genome bisulfite sequencing，WGBS）、简化代表性亚硫酸氢盐测序法（reduced representation bisulfite sequencing，RRBS）和甲基化DNA免疫共沉淀测序（methylated DNA immunoprecipitation sequencing，MeDIP-seq）等。全基因组亚硫酸氢盐测序法是甲基化测序的经典方法，由于直接用PCR扩增样本序列会导致DNA甲基化标记的丢失，为了防止这种信息丢失，需要在PCR扩增前，采用亚硫酸氢钠处理样本DNA，使DNA中未甲基化的胞嘧啶转变为尿嘧啶，而甲基化的胞嘧啶则保持不变；随后，分别对处理前和处理后的DNA序列测序，通过比较处理前后DNA序列的差异，就能确定哪些碱基是甲基化的。

4.1.5 高通量测序数据库

高通量测序技术产生了海量的数据，与此同时，人们也开发了大量的数据库与软件用于保存和分析这些数据（表4.5）。为满足不同类型的数据分析，相应的软件陆续问世，掌握这些数据库与软件是利用高通量测序技术的必备技能。NCBI genome数据库收录了丰富的物种基因组数据，包括FASTA格式的染色体序列、蛋白质序列、基因序列及GFF注释文件等，这些数据可以通过ftp链接地址（ftp://ftp.ncbi.nlm.nih.gov/genomes/）下载。通过浏览器检索可以了解物种基因组的组装和一些统计信息，如测序方式、组装工具、组装时间、基因组大小、N50和L50等。从NCBI genome数据库检索物种的拉丁名之后，点击“Assembly”（强调显示）链接，就可以看到该物种基因组的一些组装和统计数据。以亚洲棉（*Gossypium arboreum*）为例，在2021年12月6日浏览，可以看到亚洲棉的基因组信息，提交的时间为2015年9月28日，提交单位为BGI，也就是华大基因，覆盖率为110倍，测序平台为Illumina Hiseq2000，下方的统计数据中显示scaffold N50为121 339 338、contig N50为71 980等（图4.11）。

表4.5 高通量测序相关数据库

内容	缩写	网址
lncRNA数据库	LNCipedia	http://lncipedia.org/
非编码RNA数据库	NONCODE	http://www.noncode.org/
基因表达数据	GEO	http://www.ncbi.nlm.nih.gov/geo/
非编码RNA注释和发现	deepBase	http://rna.sysu.edu.cn/deepBase/
DNA甲基化数据库	NGSmethDB	http://bioinfo2.ugr.es/NGSmethDB/

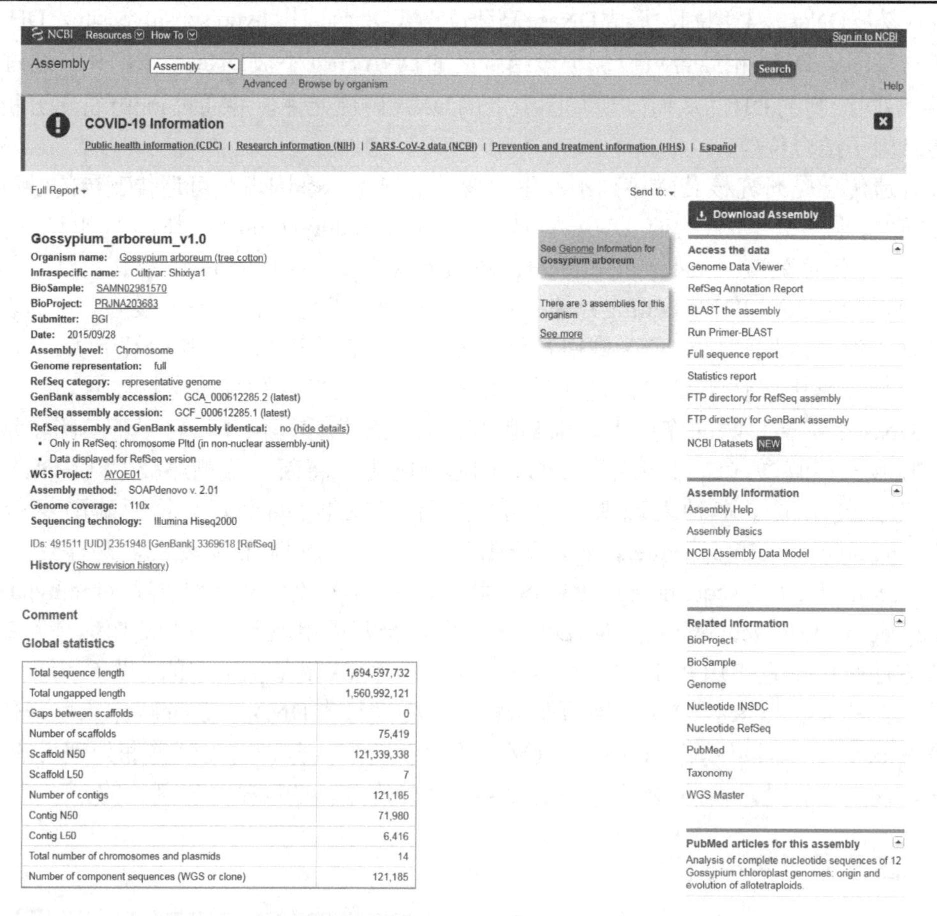

图4.11 NCBI genome数据库中检索到的亚洲棉基因组信息

在NCBI的诸多数据库中，存储传统测序数据（如毛细管电泳产生的测序数据）的有Trace Archives数据库，但不适合存储高通量测序数据。GEO数据库用于存储高通量的芯片实验数据，在SRA未建立之前，GEO数据库也用于存储高通量测序数据，但随着高通量测序数据的累积，专门用于存储此类数据的需求越来越迫切，NCBI在2007年底推出了SRA数据库，用于存储、显示、提取和分析高通量测序数据。SRA数据库最初的命名为Short Read Archive，现已改为Sequence Read Archive。在SRA数据库中，研究课题的检索号（accession number）以前缀DRP、ERP或SRP开头。一个研究课题致力于一个特定的研究目的，由一个或多个测序中心来完成，往往是某个基因组计划的项目，有特定的研究类型（如全基因组测序、转录组分析、宏基因组学分析等）。NCBI的SRA与EBI的短序列片段数据库ENA（European Nucleotide Archive）、DDBJ的短序列片段数据库DRA（DDBJ Sequence Read Archive）共享数据，用户通过一个数据库检索即可（图4.12）。

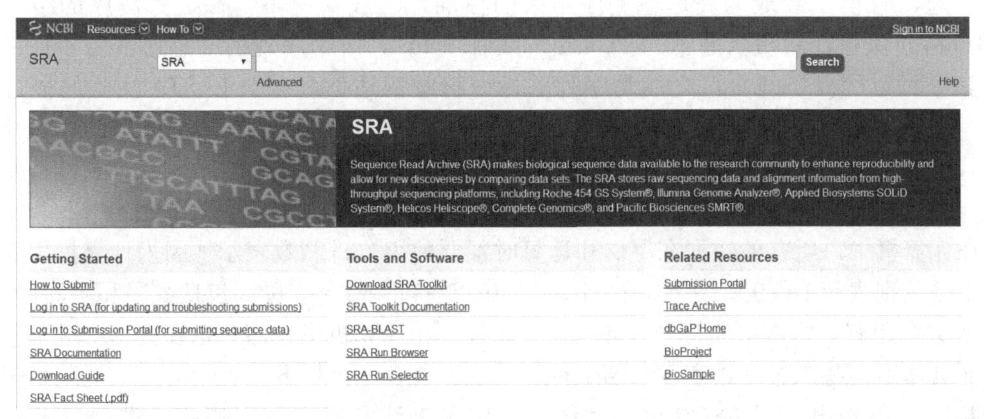

图4.12 SRA检索界面

miRBase数据库（http://www.mirbase.org/）是包括miRNA序列数据、注释、预测基因靶标等信息的全方位数据库，也是存储miRNA信息最主要的公共数据库，2018年3月发布了版本22（图4.13）。数据库提供miRNA的检索、浏览、下载和提交服务。miRBase数据库主要包括茎-环结构、成熟序列和参考文献三部分的信息。茎-环结构和成熟序列的序列信息可以通过“Get sequence”得到相应FASTA格式的序列。茎-环结构部分除Accession、ID、Description、Stem-loop信息外，还包括Deep sequencing数据、Genome context、基因相关的数据库链接和基因所属的家族分类信息。成熟序列部分也同样包括Accession、ID、sequence和Deep sequencing信息，同时也包含实验信息和通过不同软件预测的靶标。参考文献部分列的主要是Pubmed文献数据库中有关该miRNA文献的链接。

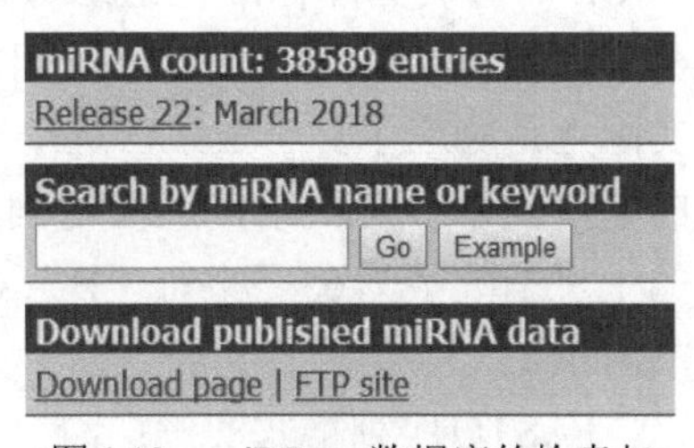

图4.13 miRBase数据库的检索与下载界面

4.1.6 高通量测序相关数据存储格式

描述不同类型的数据内容需要不同的格式（图4.14）。例如，描述蛋白质序列和描述蛋白质结构需要的内容是明显不一样的，因此数据格式也就有区别。特定研究方向、软件在特定的时期都会创建相应的数据格式，使用标准的数据格式描述同一种类型的数据是不同的研究人员、不同的软件及不同的数据库之间交流所必需的。同时，由于研究目的不同，相同类型的数据有时候需要简单的信息，有时候需要非常详细的信息，这也就说明同一类型的数据可能也需要多种格式标准。创建符合需求的数据格式标准并不难，然而，一个好的数据格式应该能够简洁清晰地描述数据，且能够被公认。在学习数据格式的过程中，要注意理解存储格式的形式与内容之间的关联。

图4.14 常见高通量测序相关数据存储格式

（1）FASTQ格式　FASTQ格式最初由Sanger开发，目的是将FASTA序列与质量数据放到一起，目前已经成为高通量测序结果的标准，一般情况下，高通量测序的结果均以FASTQ格式保存，后缀名通常为“.fastq”或者“.fq”。一个序列的信息通常由4行字符组成：第一行以“@”开头，之后是序列的标识符及描述信息（与FASTA格式的描述行类似）；第二行为DNA序列信息；第三行以“+”开头，之后可以再次加上序列的标识及描述信息（一般情况下没有内容）；第四行为质量得分信息，与第二行的序列相对应，长度必须与第二行相同，质量信息都是使用一个ASCII字符来标示。

在计算机中，所有的数据在存储和运算时都要使用二进制数表示（因为计算机用高电平和低电平分别表示1和0），例如，a、b、c、d…这样的52个字母（包括大写和小写），以及0、1等数字还有一些常用的符号（如*、#、@等）在计算机中存储时也要使用二进制数来表示，而具体用哪些二进制数字表示哪个符号，就需要有一个标准，否则会造成混乱。美国有关的标准化组织出台了ASCII编码，统一规定了上述常用符号用哪些二进制数来表示，ASCII码已被国际标准化组织定为国际标准。ASCII码中，每一个符号都对应一个二进制的数字，而这个二进制的数字又可以用十进制来表示，这样，在FASTQ格式的第四行的字符实际上是对应了一个数字，这个数字表示测序质量的高低，通过这种方式，可以用一个字符的宽度表示多位数字，从而便利了数据的阅读和保存。例如，ASCII码中，字符“A”对应的十进制数字为65，字符“B”对应的十进制数字为66。其他ASCII码对应的数字请查阅本书附录2。

FASTQ序列格式实例：

```
@HISEQ:813:CB3HGANXX:2:1101:1099:2073 1:N:0:CCCGCC
CACATTCTCCCTCAGAAACACCTTGTATTCGTATGCCGTCTTCTGCTTGA
+
BBBBBFFFFFFFFFFFFFFFFFFFFFFFFFFFFFFFFFFFFFFFFFFFBB
@HISEQ:813:CB3HGANXX:2:1101:1172:2083 1:N:0:AGAACA
CACCCCCGAGTATATGCTTCCTTGTATTCGTATGCCGTCTTCTGCTTGAA
+
BBBBBFFFFFFFFFFFFFFFFF/FFFFF<FFFFFFFFFFFFFBFFF<BF
@HISEQ:813:CB3HGANXX:2:1101:1073:2093 1:N:0:AACCGT
ATCACAATTTAGTCCTTGTTACTTGTATTCGTATGCCGTCTTCTGCTTGA
+
BBBBBFBFFFFF/FFFFFFFFFFFFFFFFFFFFF/FFFFBF<FFBFFF/B
```

```
@HISEQ:813:CB3HGANXX:2:1101:1073:2111 1:N:0:ACAGAA
TGAAACGGAGTAAAATAACATCTTGTATTCGTATGCCGTCTTCTGCTTGA
+
//B/B///FBF</FBB<///FFFFFFFFFFFFFFFFFFFFFFFFFFFFF
@HISEQ:813:CB3HGANXX:2:1101:1071:2130 1:N:0:GAGGAG
CCATATACAAGTCACATCTTTCTTGTATTCGTATGCCGTCTTCTGCTTGA
+
BBBBBFB/<<<F<<BBF//<FBFFFFFFFFFFFFFFFFFFFFFFFFFFF
@HISEQ:813:CB3HGANXX:2:1101:1188:2144 1:N:0:CCCCCC
GTATATGTATGAAAGCATGTCTTGTATTCGTATGCCGTCTTCTGCTTGAA
+
B<BBBFBF/FFFFFF//<<B<FFFF/FFFFF/FFFFBFFFFFFFFFFF/B
```

（2）SAM格式　SAM格式是由Sanger制定的一种描述序列比对结果的文本文件格式，不同数据列之间以tab（制表符）为分隔符，主要用于描述测序序列比对（map）到基因组上的结果，SAM格式是Bowtie、topHat等软件的标准输出格式。SAM格式分为两大部分：注释信息和比对结果。

注释信息以“@”开头，用不同的标签（tag）表示不同的信息，主要有：@HD，说明符合标准的版本、对比序列的排列顺序；@SQ，参考序列说明；@RG，比对上的序列说明；@PG，使用的程序说明；@CO，其他任意的说明信息。

比对结果由多列组成。第一列：read name信息；第二列：sum of flags，用数字来表示，通过这些数字的和可以直接推断出匹配的情况；第三列：匹配的目标序列，如果不能比对，用“*”表示；第四列：比对到参考序列第一个碱基所在的位置；第五列：mapping quality，表示比对的质量分数，越高说明该read比对到参考基因组上的位置越唯一；第六列：CIGAR值；第七列：MRNM；第八列：匹配位置；第九列：ISIZE；第十列：read的碱基序列；第十一列：ASCII，read质量的ASCII编码；第十二列之后：optional fields，可选的区域。

SAM格式实例：

```
HWI-D00318:868:CC85KANXX:1:1107:16902:88624 83  Dt_chr11    25480467    42
 125M    =    25480466    -126
GTGTGTTGACCTGATGTCTAGGATATTCATCGCCTCAGGTGTAGCCTAGGTTCGAGTTGCGCTAGTTGCGTTGT
TGTTAGGGCTTTACTCTCCTCTTGTAATTTACAAAAAAAAACTAGTGCAAT
FFFBFBB//FFFFFFFFFFFFFFFFFF/FFFFBFFFFFFFFFFFBFFBFFFFF<FFFFFFBFFFFFFFFFFFF
FFFFFFFFFFFBFFFFFFFFFFFFFFFFFFFFFFFFFFFFFFFFFFBBBBB    AS:i:0  XN:i:0  XM:i:0
 XO:i:0  XG:i:0  NM:i:0  MD:Z:125    YS:i:0  YT:Z:CP
HWI-D00318:868:CC85KANXX:1:1107:16902:88624 163 Dt_chr11    25480466    42
 125M    =    25480467    126
 TGTGTGTTGACCTGATGTCTAGGATATTCATCGCCTCAGGTGTAGCCTAGGTTCGAGTTGCGCTAGTTGCGTTG
TTGTTAGGGCTTTACTCTCCTCTTGTAATTTACAAAAAAAAACTAGTGCAA
 BBBBBFFFFFFFFFFFFFFFFFFFFFFFFFFFFFFFFFFFFFFFFFFFFFFFF<FFFFFFBBFBFFFFFBBF
F<FFFFFFBFFFFFFFFFFFFFFFFF<FFFBFFF7BF7B<<FBFF<BFFB    AS:i:0  XN:i:0  XM:i:0
 XO:i:0  XG:i:0  NM:i:0  MD:Z:125    YS:i:0  YT:Z:CP
HWI-D00318:868:CC85KANXX:1:1107:17097:88551 83  Dt_chr6 7707848 42  125M
 =   7707819 -154
```

```
    TTTGTGGTCCTGAAACCACTGTTCCGATAACCTTAAATTTGGGCCATTACAAATAAGATTATGAGTGATATGAT
TAAATATCTTTTCATTTTTAACTTTCCAAGTGATCCATAACTCAACATTAA
    FFFFFFFFFFFFFFFFFFFFFFFFFFFFFFFFFFFFFF<FFFFBFFFFFFFFFFFFFFFFFFFFFFFFFFFFFF
FFFFFFFFFFFFFFFFFFFFFFFFFFFFFFFFFFFFFFFFFFFFFFBBBBB    AS:i:0  XN:i:0  XM:i:0
    XO:i:0  XG:i:0  NM:i:0  MD:Z:125    YS:i:0  YT:Z:CP
   HWI-D00318:868:CC85KANXX:1:1107:17097:88551 163 Dt_chr6 7707819 42  125M
    =   7707848 154
    ATAAGAAAAATAAAATTTTCCTCATCGGATTTGTGGTCCTGAAACCACTGTTCCGATAACCTTAAATTTGGGCC
ATTACAAATAAGATTATGAGTGATATGATTAAATATCTTTTCATTTTTAAC
    BBBBBFFFFFFFFFFFFFFFFFFFFFFFFFFFFFFFFFFFFFFFFFFFFFFFFFFFFFFFFFFFFFFFFFFFFF
FFFFFFFFFFFFFFFFFFFFFFFFFFFFFFFFFFFFFFFFFFFFBFFFFFF    AS:i:0  XN:i:0  XM:i:0
    XO:i:0  XG:i:0  NM:i:0  MD:Z:125    YS:i:0  YT:Z:CP
   HWI-D00318:868:CC85KANXX:1:1107:17157:88667 147 At_chr3 53790627    42  125M
    =   53790592    -160
    GTGTGGGTAGGCCGTGTGGTCACACACACTTGTGTCTCGATCCCATGTAACTCTCTGACTTGTAACTCATTAAC
AAATTGAGATCACACGGCCAAGTCACACACCGTGTGCTAGGCCGTGTGAAA
    FBFFFFFFFFFFFFFFFFFFFFFFFFFFFFFFFFFFFFFFFFFFFFFFFFFFFFFFFFFFFFFFFFFFFFFFFF
FFFFFFFFFFFFFFFFFFFFFFFFFFFFFFFFFFFFFFFFFFFFFFBBBBB    AS:i:0  XN:i:0  XM:i:0
    XO:i:0  XG:i:0  NM:i:0  MD:Z:125    YS:i:0  YT:Z:CP
   HWI-D00318:868:CC85KANXX:1:1107:17399:88616 97  Dt_chr9 15815206    40
    120M1I4M    =   15815201    -129
    AAATAAAAGCACTTTGGTTAAGTTTTAGTTAAGTTTTCATACTTCTATTTGTATTAAAAAAATGTGTAATTTGA
GTCTTTTATTGACCTTAGGAGTCGAATGAGGCCTAAATGTGAGCTAGATCG
    BBBBBFFFFFFFFFFFFFFFFFFFFFFFFFFFFFFFFFFFFFFFFFFFFFFFFFFFFFFFFFFFFFFFFFFFFF
BFFFFFFFFFFFFFFFBFBFFFFFFFFFFFBFFFFFFFFFFFFFFFFFFFF    AS:i:-18    XN:i:0
    XM:i:2  XO:i:1  XG:i:1  NM:i:3  MD:Z:122A0T0    YS:i:-18    YT:Z:DP
```

（3）BAM格式　　BAM格式是SAM格式的二进制形式（B取自“binary”），SAM数据量非常大，存储非常不方便，转换成二进制形式对后续相关的计算会有很多好处。可以通过samtools软件进行转换。

（4）ALN格式　　ALN格式是一种存储基因组位置信息的格式，每行为一个记录，每行包括三个制表符（tab）分隔的字段：第一个字段为染色体编号；第二个字段为一个数字，表示染色体的位置；第三个字段明确正负方向，分别用“+/–”或“F/R”表示。ALN假定所有序列的长度相同，长度值由外部定义。

（5）GFF格式　　GFF格式是Sanger研究所定义的用于注释的一种纯文本数据格式，许多软件都支持GFF格式的输入输出（如重复序列注释软件RepeatMasker），目前其已经成为序列注释的通用格式。GFF格式目前最新版本是GFF3。GFF文件每行为一个注释单位，每行由9列组成，不同的列之间用tab分隔，各列的含义如下。

第一列：被注释序列的ID，对于基因组注释的文件，一般为染色体编号。

第二列：注释信息的来源，如注释软件的名称、数据库等，可以缺失，如果缺失，用“.”表示。

第三列：注释信息的类型，如Gene、cDNA、mRNA等。

第四列：注释的起始位点。

第五列：注释的终止位点，不能大于序列的长度。

第六列：一个表示得分的数字，可以是序列相似性比对的*E*-value值或者基因预测的*P*-value值。可以用“.”表示该列信息缺失。

第七列：序列的方向，“+”表示正义链，“−”表示反义链，“？”表示未知。

第八列：仅对注释类型为“CDS”有效，表示起始编码的位置，有效值为0、1和2。

第九列：由多个键值对组成的注释信息，键和值之间用“=”，不同的键值用“；”隔开，一个键可以有多个值，不同值用“；”分割。预先定义的键包括：ID（注释信息的编号），在一个GFF文件中必须唯一；Name（注释信息的名称），可以重复；Alias（别名）；Parent Indicates（该注释所属的注释），值为注释信息的编号，如外显子所属的转录组编号、转录组所属的基因的编号，值可以为多个。

GFF注释格式实例：

```
Chr01    phytozome8_0    gene    6158    6456    .   -   .
 ID=Gorai.001G000100-JGI_221_v2.1;Name=Gorai.001G000100;
Chr01    phytozome8_0    mRNA    6158    6456    .   -   .
 ID=Gorai.001G000100.1-JGI_221_v2.1;Name=Gorai.001G000100.1;
Chr01    phytozome8_0    CDS 6158    6415    .   -   0
 ID=Gorai.001G000100.1.CDS.1-JGI_221_v2.1;
Chr01    phytozome8_0    five_prime_UTR  6416    6456    .   -   .
 ID=Gorai.001G000100.1.five_prime_UTR.1-JGI_221_v2.1;
Chr01    phytozome8_0    gene    6987    7491    .   -   .
 ID=Gorai.001G000200-JGI_221_v2.1;Name=Gorai.001G000200;
Chr01    phytozome8_0    mRNA    6987    7491    .   -   .
 ID=Gorai.001G000200.1-JGI_221_v2.1;Name=Gorai.001G000200.1;
Chr01    phytozome8_0    three_prime_UTR 6987    7146    .   -   .
 ID=Gorai.001G000200.1.three_prime_UTR.1-JGI_221_v2.1;
Chr01    phytozome8_0    CDS 7147    7479    .   -   0
 ID=Gorai.001G000200.1.CDS.1-JGI_221_v2.1;
Chr01    phytozome8_0    five_prime_UTR  7480    7491    .   -   .
 ID=Gorai.001G000200.1.five_prime_UTR.1-JGI_221_v2.1;
Chr01    phytozome8_0    gene    7492    12104   .   -   .
 ID=Gorai.001G000300-JGI_221_v2.1;Name=Gorai.001G000300;
```

（6）BED格式　BED格式是一种用于注释的文件格式，以行为注释单位，不同的列之间以tab为分隔符，每行有3个必需列和9个可选列，要求每行的数据格式一致。前三列为必需列，分别为：染色体编号、染色体的起始位点和染色体的终止位点。这三个必需列定义了一个确定的基因组位置。9个可选列分别为：BED（行名称）；一个0到1000的分值；定义链的方向（+/−）；thickStart（起始位置）；thickEnd（终止位置）；RGB（颜色值）；block（数目）；blockSize（block大小）；blockStarts（用逗号分隔的列表）。BED格式可用于可视化软件UCSC的输入文件。

BED格式实例：

```
 Dt_chr11 19783180    19783302    HWI-
D00318:868:CC85KANXX:1:1316:20833:54909/1  40  -
```

```
   Dt_chr11 19783184    19783309    HWI-
D00318:868:CC85KANXX:1:1316:20833:54909/2  40  +
   At_chr1  76216360    76216474    HWI-
D00318:868:CC85KANXX:1:1316:20769:54956/1  0   +
   At_chr9  47304009    47304134    HWI-
D00318:868:CC85KANXX:1:1316:20769:54956/2  1   +
   Dt_chr13 96012298    96012413    HWI-
D00318:868:CC85KANXX:1:1316:21012:54980/2  0   +
   Dt_chr13 21717919    21718053    HWI-
D00318:868:CC85KANXX:1:1316:1150:55069/1   0   +
   Dt_chr7  26997907    26998033    HWI-
D00318:868:CC85KANXX:1:1316:1099:55083/1   0   -
   Dt_chr7  26997931    26998049    HWI-
D00318:868:CC85KANXX:1:1316:1099:55083/2   0   +
   At_chr9  47404134    47404259    HWI-
D00318:868:CC85KANXX:1:1316:1148:55175/1   42  -
   At_chr9  47404098    47404223    HWI-
D00318:868:CC85KANXX:1:1316:1148:55175/2   42  +
   At_chr3  63258155    63258280    HWI-
D00318:868:CC85KANXX:1:1316:1382:55248/1   42  +
   At_chr8  22373916    22374037    HWI-
D00318:868:CC85KANXX:1:1316:1669:55085/1   0   +
   Dt_chr9  42223532    42223652    HWI-
D00318:868:CC85KANXX:1:1316:2003:55227/1   8   +
   Dt_chr9  42223523    42223644    HWI-
D00318:868:CC85KANXX:1:1316:2003:55227/2   8   -
   At_chr12 24183801    24183926    HWI-
D00318:868:CC85KANXX:1:1316:2335:55000/1   42  -
   At_chr12 24183801    24183926    HWI-
D00318:868:CC85KANXX:1:1316:2335:55000/2   42  +
```

4.2 基因组序列拼接和质量评估

4.2.1 序列拼接概述

高通量测序拼接的主要过程就是把 read 分组为重叠群（contig），把重叠群分组为 scaffold。重叠群以 read 进行多重排列，并且形成共同序列，而 scaffold 规定了重叠群的顺序、方向及重叠群之间缺口的大小。自 2005 年以来，多种用于高通量测序的序列拼接软件已经被开发出来，并且在不断地进行改进以提高拼接效果。拼接软件拼接结果的好坏一般使用 contig 和 scaffold 的尺寸大小和精确度进行评判，拼接结果尺寸通常以最大 contig 长度、contig 平均长度、全部 contig 总全长和 N50 值等统计数据表示。

velvet 软件由欧洲生物信息中心开发，是一款在 Unix 下运行的从头拼接软件，主要用于拼接长度为2～500bp的序列。它执行的是一种基于de Bruijn图（de Bruijn graph）的算法，在构建算图后会运行各种纠错步骤。velvet通过寻找read中的重叠区域（overlap），将高质量的匹配片段拼接成contig序列，最后生成完整的基因序列。velvet程序可以在任何具有gcc程序包的标准64位Linux系统环境下运行，推荐使用具有较大内存的计算机系统运行该程序。velvet也可在32位系统环境下运行，但是这样的操作系统往往内存较小，可能会影响拼接速度和效果。

4.2.2　利用velvet工具拼接

velvet的安装相对容易。在velvet官方网站（https://www.ebi.ac.uk/～zerbino/velvet/）下载程序，解压，然后输入make命令，之后看到velveth和velvetg两个可执行文件（图4.15），设置$PATH变量就可以运行了。根据velvet手册，最好再输入以下命令进行安装：

```
make color
make 'MAXKMERLENGTH=57'  #默认31,处理数据的管道数,值越大,对内存消耗越大,K-mer值决定组装片段大小,但也受内存限制,16GB节点建议是31-mer以下,72GB建议45-mer以下,512GB建议75-mer
```

可以下面的形式一次编译：

```
make color 'CATEGORIES=57' 'MAXKMERLENGTH=57' 'BIGASSEMBLY=1''LONGSEQUENCES=1' 'OPENMP=1
```

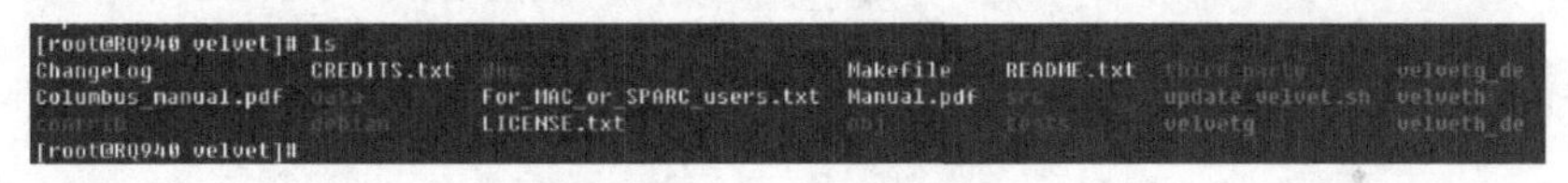

图4.15　安装之后的目录

velvet包括velveth和velvetg两个程序，运行过程也分成相应的两个步骤，其中velvetg是核心程序。velvet运行的命令格式如下：

```
velveth output_directory hash_length [[-file_format][-read_type] filename]
```

output_directory：结果输出的目录，同时该目录也是后面velvetg的输入目录，velveth可以自动创建该目录。

hash_length：根据实际情况进行设置，hash值必须为奇数，且小于MAXKMERLENGTH，这个值默认为31，但是在安装的时候可以调整。

-file_format：设置输入文件的格式，包括fasta（默认）、fastq、fasta.gz、fastq.gz、sam、bam、eland和gerald。

-read_type：测序的技术形式，单末端还是双末端等。包括short（默认）、shortPaired（双末端测序）、short2、shortPaired2、long（Sanger，454）、longPaired。

filename：不同的输入文件名用空格分开，可以一次输入无限多的文件，输入文件支持*通配符。

命令举例：

```
velveth liu_result 29 -fastq -shortPaired B1_L2_H530.R1.clean.fastq B1_L2_H530.R2.clean.fastq
```

测试数据为两个8Gb左右的测序结果文件，在服务器消耗20min。运行完成后，在liu_result文件夹中产生Roadmaps、Sequences和Log三个文件。

velvetg运行的最简命令格式：

```
velvetg ./liu_result
```

liu_result为上步骤velveth的输出文件夹，测试数据运行接近2h。最后产生contigs.fa、Graph、LastGraph、PreGraph和stats.txt共5个文件。velvetg默认输出所有的contig序列，但这并不利于后续的筛选，因此，需要通过一些参数过滤掉不需要的输出。

-min_contig_lgth 1000：只输出1000bp以上的contig序列。

-read_trkg yes：追踪read的来源，该参数会消耗更大的内存和计算时间。

-amos_file yes：在追踪read来源的前提下，通过该参数还可以得到组装过程的结构数据，该结果数据会很大。

-cov_cutoff：表示覆盖度，这个参数可以增加可靠性。

-exp_cov：这个参数加上后会对重复区域进行处理，数值用auto即可。

命令举例：

```
velvetg ./liu_result -min_contig_lgth 30000 -read_trkg yes -cov_cutoff 30
-exp_cov auto
```

最后根据出来的N50和最大contig长度来判断拼接的效果，为了达到最好的拼接效果，一般要对hash值和覆盖度进行一系列的设置来进行比较。

4.2.3 基因组序列组装质量评估

近年来随着全基因组测序成本的下降，基因组从头组装技术快速发展，大量动植物基因组已被近乎完整组装。我们采用美国太平洋生物公司（Pacific Bioscience）的单分子实时测序（SMRT）技术测定四倍体野生棉艾克棉（*Gossypium ekmanianum*）、斯蒂芬氏棉（*G. stephensii*）和尖斑棉（*G. hirsutum race Punctatum*）的基因组（表4.6）。利用CTAB（十六烷基三甲基溴化铵）的流程提取样本DNA，并通过Covaris超声波破碎仪随机打断成片段，成功构建了三个样本的DNA文库。而后将构建好的文库通过PacBio Sequel测序平台进行测序，共获得了255.52Gb（艾克棉）、255.07Gb（斯蒂芬氏棉）和260.20Gb（尖斑棉）的测序数据。原始的测序read是包含两端接头的哑铃型结构序列，称为Polymerase read，后续分析需要过滤掉原始测序数据的接头。尽管PacBio、Nanopore等第三代测序技术有效解决了二代测序读长短、无法跨过基因组高重复区域的问题，但不可避免地导致了较高的碱基错误率。为了解决该问题，我们利用二代测序平台（Illumian Hiseq）检测了碱基准确率更高的约110×（249.84Gb～293.89Gb）的基因组数据用于三代测序数据的纠错。基因组的组装采用的是PacBio公司开发的一款用于三代基因组的*de novo*组装软件FALCON（参数：length_cutoff_pr=5000，max_diff=100，max_cov=100）。其组装流程大致可以分为：①对PacBio数据进行自我纠错，获得纠错后的pre-assemble read；②用纠错后的三代数据进行组装，采用的是Overlap-Layout-Consensus算法，得到consensus序列；③对上一步组装结果，再用二代数据基于pilon软件进行再次校正，从而提高结果的精确度，最终得到高质量的consensus序列。利用该流程，通过三代测序数据自我纠错、二代测序数据的基因组组装、二代测序数据对三代组装结果的纠错，分别获得了3781个（艾克棉）、3927个（斯蒂芬氏棉）和1111个（尖斑棉）congtig序列，其congtig N50均达到了兆级别，其中尖斑棉基因组的contig N50超过了10Mb。为了进一步将这三个四倍体野生棉基因组提高到染色体水平，采用了Hi-C辅助组装的策略。Hi-C技术通过特殊的实验技术获得空间上相连的DNA片段。染色体内部的互作概率显著高于染色体之间的互作概率，据此可以将不同的contig或者scaffold分成不同的染色体；根据在同一条染色体上互作概率随着互作距离的增加而减少，将同条染色体的contig或者scaffold进行排序和定向。对三个样本分别测定了270Gb左右的Hi-C数据，结合LACHESI软件和Juicebox软件对pre-contig序列进行染色体区分、contig排序和定向，最终三个物种分别获得了160个（艾克棉）、243个（斯蒂芬氏棉）、277个（尖斑棉）scaffold序列，contig点长度分别为2.34Gb、2.29Gb、2.29Gb。三个新组装的基因组contig N50均在兆级别以上，其中尖斑棉contig N50达到了11.49Mb，可见新组装的基因组的连续性较高。

表 4.6　三个四倍体野生棉种基因组组装

基因组特征	艾克棉	斯蒂芬氏棉	尖斑棉
scaffold 总长度/Mb	2 341.87	2 291.84	2 292.48
scaffold 总数目	160	243	277
scaffold N50/Mb	108.06	108.20	106.96
contig 总长度/Mb	2 341.51	2 291.47	2 292.40
contig 总数目	3 781	3 927	1 111
contig N50/Mb	1.57	1.23	11.49
空位数量	3 621	3 684	834
空位长度/Mb	0.36	0.37	0.08
假染色体长度/Mb	2 337.03	2 272.89	2 283.07
重复序列百分比/%	64.86	63.01	64.89
基因数量	74 178	74 970	74 520
假染色体中的基因	74 038	73 324	74 283
BUSCO 完整性/%	95.50	97.10	95.40

为了评估组装基因组的完整性，我们使用BUSCO（Benchmarking Universal Single-Copy Orthologs，单拷贝直系同源基因库），结合tblastn、augustus 和hmmer 等软件对组装得到的基因组进行评估，发现新组装的四倍体野生棉基因组均能够覆盖95%的单拷贝直系同源基因库。通过LAI（LTR Assembly Index）评估新组装基因组的完整性，LAI是指完整LTR反转录转座子长度占总LTR序列长度的比值，三个新组装的基因组LAI分别为13.66、12.76、12.66，均达到了Reference级别，相比较其他二代组装的四倍体棉花基因组具有显著提升，但尚未到Gold级别，这也与其异源四倍体基因组的基因组复杂性有关。为了评估新组装基因组的准确性和测序的均匀性，将小片段文库read利用软件BWA回比到新组装的基因组上，99%以上的read均能比对到相应的基因组上。据此可见组装的三个基因组均具有较高的连续性、完整性和准确性。

4.3　基因组转座子

4.3.1　转座子的分类

转座子可分为三个大的层次：①纲\亚纲（Class\Subclass）；②目（Order）；③超科\科\亚

科（Superfamily\Family\Subfamily），也称为超家族\家族\亚家族。纲的分类主要是依据转座子的复制方式：需要RNA介导，归为Class Ⅰ；不需要RNA介导则归为Class Ⅱ。目的分类是依据转座子编码的酶、整体结构及插入机制进行的，相同目的不同超家族有不同的结构形式，包括编码区和非编码区结构。此外，不同超家族的转座子插入时产生的重复序列（即TSD结构，target site duplication）存在差异。同一超家族中，依据序列相似性进一步分成不同的家族，这种序列相似性既可以是DNA序列，也可以是蛋白质序列。亚家族依据进化数据区分。转座子最小的分类层次是插入（insertion），对应转座子的一次转座或复制，也对应基因组的一个注释。基因组中存在大量转座子拷贝，这些拷贝一般可以归为几百甚至上千个不同的家族，十几个左右的目。

由于一组转座子的序列相似性可能是连续的，因此，严格区分转座子家族可能会遇到一些问题。80-80-80规则是目前家族归类使用较多的一个标准：如果同一超家族中两个转座子DNA序列80%的编码区，或80%的内部结构域，或80%的末端重复序列的序列相似性在80%以上，那么可以将它们归到同一家族（建议序列长度在80bp以上）。将序列相似性阈值定为80%，是因为该值可以在BlastN默认参数的条件下找到明确的结果。80-80-80规则也解决了转座子碎片的分类问题，因为在一些情况下只存在末端重复序列和一些非编码区域，另一些情况下只有编码区，而缺少末端重复序列。

Class Ⅰ类转座子首先由基因组转录出RNA，再经其自身编码的反转录酶催化反转录成DNA，DNA插入基因组完成一次复制循环，添加一份拷贝，造成基因组的扩增。Class Ⅰ没有亚纲，主要分为五个目：LTR（long terminal repeat）反转录转座子、短散在重复序列（short interspersed nuclear element）、长散在重复序列（long interspersed nuclear element）、DIRS（dictyostelium intermediate repeat sequence）和PLE（penelope-like element）。Class Ⅱ与Class Ⅰ在真核生物中都普遍存在，但Class Ⅱ的数量没有Class Ⅰ多。原核生物中Class Ⅱ转座子也以插入序列（insertion sequence，IS）或复杂结构一部分的形式存在。依据DNA是否剪切可以将Class Ⅱ分成以下两个亚纲。

（1）Subclass 1　以“剪切-粘贴”的形式转座，分为TIR（terminal inverted repeat）转座子和Crypton转座子两个目。TIR目具有长度可变的末端反向重复序列，依据末端重复序列和TSD的差异分成9个超家族。TIR目转座子的增殖方式有两种：①在染色体复制过程中，从已复制位置转移到未复制位置；②填补剪切位点的空缺。Crypton目转座子只在真菌中发现，包含一个酪氨酸重组酶编码区。

（2）Subclass 2　以“复制-粘贴”的形式转座，转座过程不涉及DNA双链的断裂。包含Helitron和Maverick两个目。Helitron目通过滚环方式复制，复制过程中一条链被剪切，不产生TSD，包含两个编码区，尾部是TC或CTRR（R表示嘌呤），3′端形成发夹结构。玉米中的Helitron类转座子经常携带宿主的基因片段。Helitron目转座子在植物、动物和真菌中都有分布。Maverick（又名Polintons）目长度可达10～20kb，两端有较长的反向重复序列，最多可编码11个蛋白质，但编码区的数量和顺序都不保守。目前，Maverick在除植物之外的其他真核生物中有零星发现。

4.3.2 自主与非自主转座子

转座子依据自身序列是否编码转座所需要的酶，可以划分为自主转座子与非自主转座子。包含转座必需酶序列的转座子，不管其序列是否具有活性，都可以认为该转座子是自主转座子。在自主转座子家族中，一些成员由于突变、小序列片段的缺失或插入会导致局部的缺陷，但这种有缺陷的转座子不仅保留了大部分编码区，也与本家族其他成员有足够的序列相似性。与有缺陷的自主转座子相比，非自主转座子缺失部分或全部编码区。很多情况下，非自主转座子是由相应的自主转座子通过删减衍生而来的，它们在序列相似性和末端结构上具有一定的保守性。非自主转座子需要由相应的自主转座子协助其完成转座过程，一般情况下，它们属于同一个家族，如果非自主转座子数量多，且彼此间序列相似性也较高，则可以将它们归为一个亚家族。也有一些非自主转座子对应两个不同的自主转座子家族，这种情况需要作为个例进行分析。MITE（miniature inverted repeat transposable element）是一类非自主转座子，不能编码转座酶，具有末端反向重复序列TIR和靶位点重复TSD，并能形成稳定的发夹式二级结构。它倾向于插入基因的内含子区或基因的5′端和3′端，但很少插入基因编码区。MITE包括Tourist和Stowaway两种类型，通过各自相应的自主转座元件编码的反转录酶识别TIR序列完成自身转座。Tourist类MITE由PIF/Harbinger转座元件协助转座，而Stowaway类MITE则由Tc1/marine 转座元件协助转座。

4.3.3 转座子的命名

Wicker提出一个命名纲要，以规范转座子家族和转座子插入的命名：转座子家族的名字可以由字母和数字组成，但不包含下画线和连字符，这是为了避免与转座子插入命名的冲突。名字最好不超过6个音节，以方便发音。由于不同的物种中可能会发现相同的转座子家族，因此，转座子家族的名字中应该避免物种相关的名字。

不断提高的基因组测序技术要求对基因组中的每一个转座子插入实现自动且精确的命名。Wicker提出的转座子插入命名公式为“三字母符号_家族名_数据库ID-流水号”：三字母符号中的三个字母分别表示该复制所属的纲、目和超家族；家族名是该插入所属的家族，可参考上述命名方法；数据库ID为该插入的来源序列ID；流水号是发现的先后次序，流水号不一定是线性排列的数字，能反映注释的顺序即可。如果某级层不确定，可用X代替。例如，从数据库ID为AA123456的序列中挖掘到的第一个转座子（Class Ⅰ纲，LTR目，Copia超家族，Angela家族），应命名为RLC_Angela_AA123456-1；从数据库ID为BB123456的序列中挖掘到的第三个转座子（Class Ⅱ纲，TIR目，CACTA超家族，Caspar家族），应命名为DTC_Caspar_BB123456-3，其中，最前面的D和R分别表示DNA和RNA，即Class Ⅰ和Class Ⅱ转座的介导分子类型。该命名系统已在多物种中应用。

4.3.4 转座子的挖掘方法

（1）依据转座子结构特征的挖掘工具　依据结构特征可以挖掘到基因组中特异的重复序列，但找到的结果在基因组重复次数太少，因此准确性偏低，较早通过结构特征鉴定LTR的工具是LTR_STRUC，该工具在Windows操作系统上运行，敏感性很高，但是鉴定率较低，而同样依据结构特征的挖掘工具LTRharvest（图4.16）的鉴定率则高很多。

（2）依据转座子重复特征的挖掘工具　转座子是重复序列的一种，因此，将基因组自身不同的区域进行比较，就可以找到转座子序列。依据基因组的重复可以得到大量的结果，但是不能确定这些重复序列的分类，且找到的结果比较短。RECON、PILER、MITE-Hunter

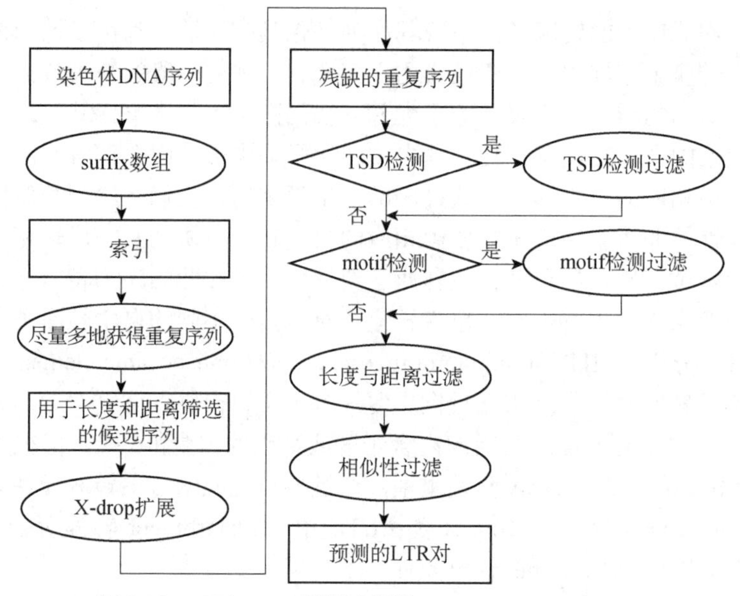

图4.16 LTRharvest预测流程图（David et al.，2008）

MITE-Hunter 安装及使用

和BLASTER suite是这类工具的代表。

（3）*依据转座子序列相似性的挖掘工具* 依据已知序列可以得到相对比较准确的结果，能对所有种类的重复序列进行鉴定，但不能发现基因组中新的重复序列，此方法最经典、最流行的软件是RepeatMasker。

RepeatMasker 使用方法

4.3.5 LTR反转录转座子插入时间计算

LTR反转录转座子通过转录、反转录整合至基因组实现自我复制和拷贝数的增长。LTR反转录转座子两端的LTR序列，在刚插入基因组时是相同的，而随着时间的推移，这两个LTR序列上的突变不断积累，通过这种与时间长短有关的序列差异，利用LTR之间的分化距离计算转座子插入基因组的时间，进而评估不同品种的遗传进化关系。

1）测试数据准备，LTRstruc结果的rprt文件有两个LTR序列，以FASTA格式保存在一个文本文件中，MEGA软件对序列的后缀有要求，因此，将这个文件修改为ltr.fasta（注意文件的后缀是fas或fast，否则MEGA不会打开Align对话框）。

2）打开MEGA软件，File open a file/session，打开ltr.fasta文件，MEGA弹出一个对话框，注意选择“Align”（图4.17）。

3）从Alignment菜单中选择clustal或者MUSCLE程序进行序列比对，比对完成之后注意保存。Data export alignment mega format，保存为MEGA格式的比对文件。弹出对话框问是否为蛋白编码序列，选择“否”。

4）双击上一步骤保存的MEGA文件，Distance菜单，compute pairwise distance，弹出对话框询问是否使用当前数据，选择“是”，这时候弹出一个重要的对话框。

5）黄色部分的参数是可以进行选择的，其中一个Model/Method，可以选择“Kimura 2-parameter model”，还有一个Substitutions to Include，可以选择“d:Transition+Transversions”，点击“Compute”之后，计算得到Kimura 2-parameter model距离值（图4.18）。

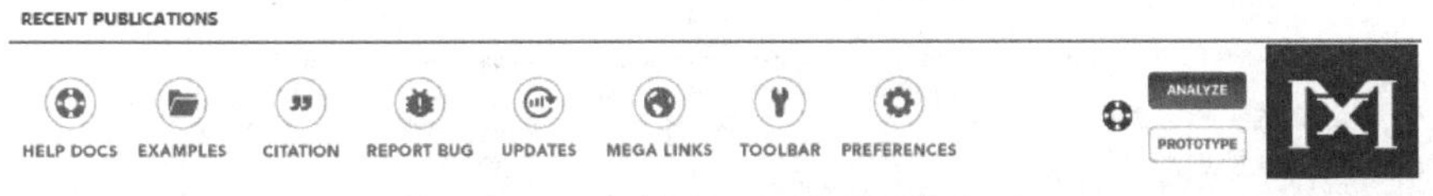

图4.17　LTR转座子两端序列的比对

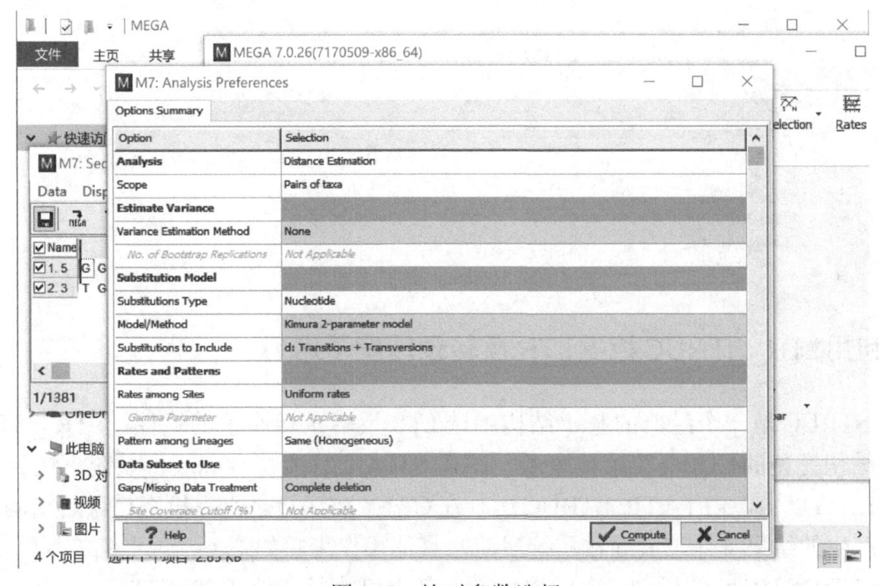

图4.18　比对参数选择

6）依据公式 $d=2rt$ 计算进化分歧时间（t），d 为进化距离，Kimura 2-parameter model就是其中一种进化距离；r 为进化速率，不同的研究有不同的结果，目前常用的有 6.5×10^{-9}、1.3×10^{-8} 等，如果研究对象是进化速率较大的分子，可以参考较大的进化速率，相反则使用较小的进化速率。

MEGA-LTR
使用方法

4.3.6　转座子数据库

一个转座子家族往往包含很多序列，这些序列的相似性很高，因此，可以从转座子家族中筛选完整且与家族内其他成员相似性都很高的一条序列作为本家族的代表，这就很大程度上简化了转座子的分析。将该代表序列与其家族相关的信息一起保存到数据库中，并搭建网络服务器发布，便构建成了某物种自己的转座子数据库。目前已有多个公开的转座子数据库，如RetrOryza、SoyTEdb和GyDB等。Repbase是最著名的重复序列数据库，其对转座子进行了系统的归类和命名，每月报告新的收录情况，依据序列相似性挖掘转座子的参考数据（图4.19）。

图4.19 Repbase数据库主页面

4.3.7 利用LTR_STRUC挖掘LTR反转录转座子序列

LTR_STRUC是一个经典的基于结构筛选LTR反转录转座子的软件，LTR_STRUC的检索目标是结构完整的LTR反转录转座子。LTR_STRUC只能在Windows系统下运行，要求计算机内存在5G以上，由于LTR_STRUC运行在C盘，在运行之前需检查C盘的空间，避免运行过程中产生的结果文件过大导致系统崩溃，具体操作步骤如下。

1）将LTR_STRUC解压到C盘的根目录。其中可执行文件 LTR_STRUC_1_1.exe 的目录应该是C:\LTR_STRUC\LTR_STRUC_1_1.exe。

2）在解压后的文件夹中，有一个input目录和一个flist.txt文本文件。在input文件夹中放入要分析的序列文件，可以是多个序列，在first.txt中写入序列文件的文件名。

3）LTR_STRUC每次运行的过程中，都会在five_p_end.txt、pbs.txt和rt.txt三个文本文件中写入一些信息，因此，如果不是第一次运行，需先检查这三个文件是不是空白的，或者直接从解压后的文件夹中复制这三个文件，替换原来的文件。

4）做好以上准备工作之后，双击 LTR_STRUC_1_1.exe 即可运行程序。

5）运行结果直接保存在C:\LTR_STRUC文件夹中，依据LTR的PBS、LTRs和RT对结果进行归类。每一个结果有4种不同类型的文件进行保存：①报告文件*rprt.txt包含的信息有转座子的长度、LTR的长度、LTR反转录转座子各个元件的序列；②ORF文件*orfs.txt包含的信息是两个LTR序列之间大于50个氨基酸长度的编码区，共6个编码区；③翻译文件*trns.txt直接将6个阅读框翻译，忽略终止子信号等；④FASTA文件*fsta.txt包含的内容是FASTA格式的LTR全长序列，与*orfs.txt文件中的全长序列相比，多了侧翼序列。结果文件中的报告文件是最主要的结果内容，包含了LTR反转录转座子的具体结构信息，内容如下：

```
CUT-OFF SCORE:                                        0.30
LENGTH OF CONTIG:                                     225016
TRANSPOSON IS IN POSITIVE ORIENTATION
PUTATIVE ACTIVE SITE(S): RFDDIIY;
OVERALL LENGTH OF TRANSPOSON:                         4445 bp
LENGTH OF LONGEST ORF: 56
LENGTH OF PUTATIVE 5' LTR:                            511 bp
LENGTH OF PUTATIVE 3' LTR:                            512 bp
LTR PAIR HOMOLOGY:                                    88.4%
DINUCLEOTIDES:AG/TT
DIRECT REPEATS:TTGAA/TTAAA
5' FLANK:TTGCTATATTCGGCCATGGGGTTGAA

3' FLANK:TTAAAATGGACTGTGCAAATAAATGA
POLYPURINE TRACT:GGATTTGAAAAATCACTAAAAATAGT
PBS:TTTTTTTATGGACTGTGAAAACAAT
ID SEQUENCE(LAPS 5' END OF ELEMENT):
TTGCTATATTCGGCCATGGGGTTGAAAGGAATGGAATTAAATAGTGAATAAAT
ID SEQUENCE(LAPS 3' END OF ELEMENT):
ACGCAGTTAGCCAGCTTGTCTGGAAATTTTAAAATGGACTGTGCAAATAAATG
```

4.3.8 利用PILER挖掘基因组重复序列

LTR反转录转座子是基因组的一种重复序列，PILER（http://www.drive5.com/piler/）对基因组自身的序列进行反复比较，发现在基因组中多次出现的序列，从而确定基因组中的重复序列。PILER可以发现各种类型的重复序列，但不能对重复序列进行分类。如果基因组比较大，需要将基因组分成多个部分（chunk），然后分别将每个部分自身进行比较，再将不同部分进行相互比较。

（1）每个chunk自身比对　　pals-self t.fasta -out t_t_hits.gff

（2）chunk之间比对　　pals -target t.fasta -query q.fasta -out t_q_hits.gff

需注意：较小的序列文件作为target会节省内存。

由于GFF格式非常适合拼接，因此，将不同比对的GFF结果直接使用cat命令拼接就将不同的结果合并到一起，可用于后续的PILER的分析。如果数据较大，分成了多个chunk，可以通过以下脚本分析：

```
piler2 -trs a.gff -out G.r_American_trs.gff
mkdir fams
piler2 -trs2fasta G.r_American_trs.gff -seq Graimondii_221.fa -prefix G.r_A -path fams
```

```
mkdir aligned_fams
cd fams
for fam in *
do
muscle -in $fam -out ../aligned_fams/$fam -maxiters 1 -diags1
done
cd ..
mkdir cons
cd aligned_fams
for fam in *
do
piler2 -cons $fam -out ../cons/$fam -label $fam
done
cd ../cons
cat * >../piler_library.fasta
```

PILER的结果是得到重复序列的序列，如果要对这些重复序列进行分类，可以使用REPCLASS（https://sourceforge.net/projects/repclass/）工具，REPCLASS依据Repbase数据库的资源，通过序列相似性的方法确定重复序列的分类。REPCLASS提供很好的报告和视图，为快速响应，REPCLASS可以在计算机集群上工作，将大型计算任务划分为多个并行运行的计算节点。

4.4 LTR反转录转座子的全基因组挖掘

4.4.1 LTR反转录转座子全基因组挖掘概述

转座子是可利用多种机制在基因组中进行扩增的移动遗传元件。转座子在基因扩增、多样性和进化中起着重要作用。此外，它们对真核生物基因组的大小也有重要作用，实际上真核基因组大小与转座子数量之间存在一种线性关系。LTR反转录转座子是植物基因组中数量最多的转座子类型，这种类型的转座子两端具有重复的末端，它们可能还包含病毒外壳类似的ORF结构蛋白、天冬氨酸蛋白酶、反转录酶、RNase H和整合酶，偶尔也包含一些未知功能的ORF。LTR反转录转座子可以分为Gypsy和Copia两类超家族，这两类超家族的主要区别在于反转录酶与整合酶的顺序不同。可以将编码区、内部区域或者末端重复区域的序列相似性大于80%的一组序列定义成一个LTR反转录转座子家族。LTR反转录转座子最底层的分类是一个拷贝，对应于一个转座或插入，同时也是基因组注释的一个单元。

从全基因组层次了解LTR反转录转座子的数量、分类和进化等方面的特征，对认识物种的基因组特征具有重要意义。目前，鉴别LTR反转录转座子主要有三种方法，每种方法都有自己的优势和不足：①依据已知的重复序列数据库，结果可靠，但不能找到物种特异的LTR反转录转座子；②依据LTR反转录转座子的结构特征，只能找到结构完成的LTR反转录转座子；③依据LTR反转录转座子的重复特征，可以得到较多的结果，但不能对重复序列分类。

4.4.2　LTR 反转录转座子的综合挖掘

我们课题组通过综合三种 LTR 反转录转座子挖掘方法，获得了棉属 2 个二倍体（亚洲棉和雷蒙德氏棉）与 2 个四倍体（陆地棉和海岛棉）完整的 LTR 反转录转座子数据。

1）分别对 4 种棉花的基因组本身进行比较，该步骤通过 PILER 软件实现，由于基因组较大而不能对其进行一次比较，可以将基因组分成较小的块从而适应 PALS 程序的要求，之后将每一个块与自身进行比较，再将每一个块与其他所有的块进行比较。

2）依据结构特征挖掘 LTR 反转录转座子的方法通过 LTR_STRU 和 LTRharvest 实现，参数全部采用程序默认的数值。

3）使用 REPCLASS 软件将所有的 LTR 反转录转座子序列归类到超家族级别。在每一个超家族中，使用 CD-HIT 软件将序列相似性大于 80%的序列归成一个小类，同时每一个小类都会产生一个一致序列。将上述方法得到的一致序列与 Repbase 数据库进行比较，删除上述序列中与 Repbase 任意序列相似性大于 80%的序列，这样就构建成了棉属完整的转座子数据库。依据该数据库，利用 RepeatMasker 软件注释 4 种棉花基因组可以得到完成的 LTR 反转录转座子全基因组数据。

CD-HIT 安装及使用

4.4.3　拷贝数与基因组分布

RepeatMasker 软件运行完成后，得到的一个 out 结果文件包含了重复序列在染色体的位置、重复序列的类型及得分等信息。如果在基因组的同一个位置发现了多个拷贝，则保留较长的一个，将基因组分成小段（如 2Mb）统计每一段上的 LTR 反转录转座子的数量，就可以得到 LTR 反转录转座子在整个基因组的分布。我们以陆地棉、海岛棉、亚洲棉和雷蒙德氏棉为研究对象，将基因组分割成 2Mb 长度的区段，依据 LTR 反转录转座子或基因序列的起始位置将它们定位到特定的区段中。利用 Circos 绘制分布图（图 4.20）。从结果中可以看出，不同类型的 LTR 反转录转座子有不同的分布特征。可以进一步通过基因组注释文件获得基因在基因组的位置信息，通过相同的方法，也可以获得基因在染色体上的分布情况，从而获得 LTR 反转录转座子与基因的分布关系。从图 4.20 可以看出不同类型的 LTR 反转录转座子与基因的分布关系是不同的。

4.4.4　LTR 反转录转座子与基因组大小相关性计算

LTR 反转录转座子是植物基因组的一种重要重复序列，在植物基因组中有广泛的分布，对基因组的大小和结构有重要的影响。可以通过皮尔逊（Pearson）相关系数的统计方法了解物种基因组大小与 LTR 反转录转座子的关系。皮尔逊相关系数衡量的是线性相关关系，取值范围是−1～1：系数为 0，说明两组数据没有关系；大于 0 表示正相关；小于 0 表示负相关。系数越接近于 1 或−1，相关度越强；系数越接近于 0，相关度越弱。为了方便区分相关性强弱，一般进一步将皮尔逊相关性划分为极强相关（0.8～1.0）、强相关（0.6～0.8）、中等程度相关（0.4～0.6）、弱相关（0.2～0.4）和极弱相关或无相关（0.2～0.4）。

皮尔逊相关系数可以通过 R 语言 cor 函数计算。例如，陆地棉为四倍体棉，共 26 条染色体，由 RepeatMasker 的结果可以统计出每条染色体包含的 LTR 反转录转座子的个数，将该数据保存到向量 x 中，再通过组装好的基因组数据，可以知道每条染色体的大小，将该数据保存到向量 y 中，需要注意的是，向量 x 和 y 中，相应的染色体要对应。

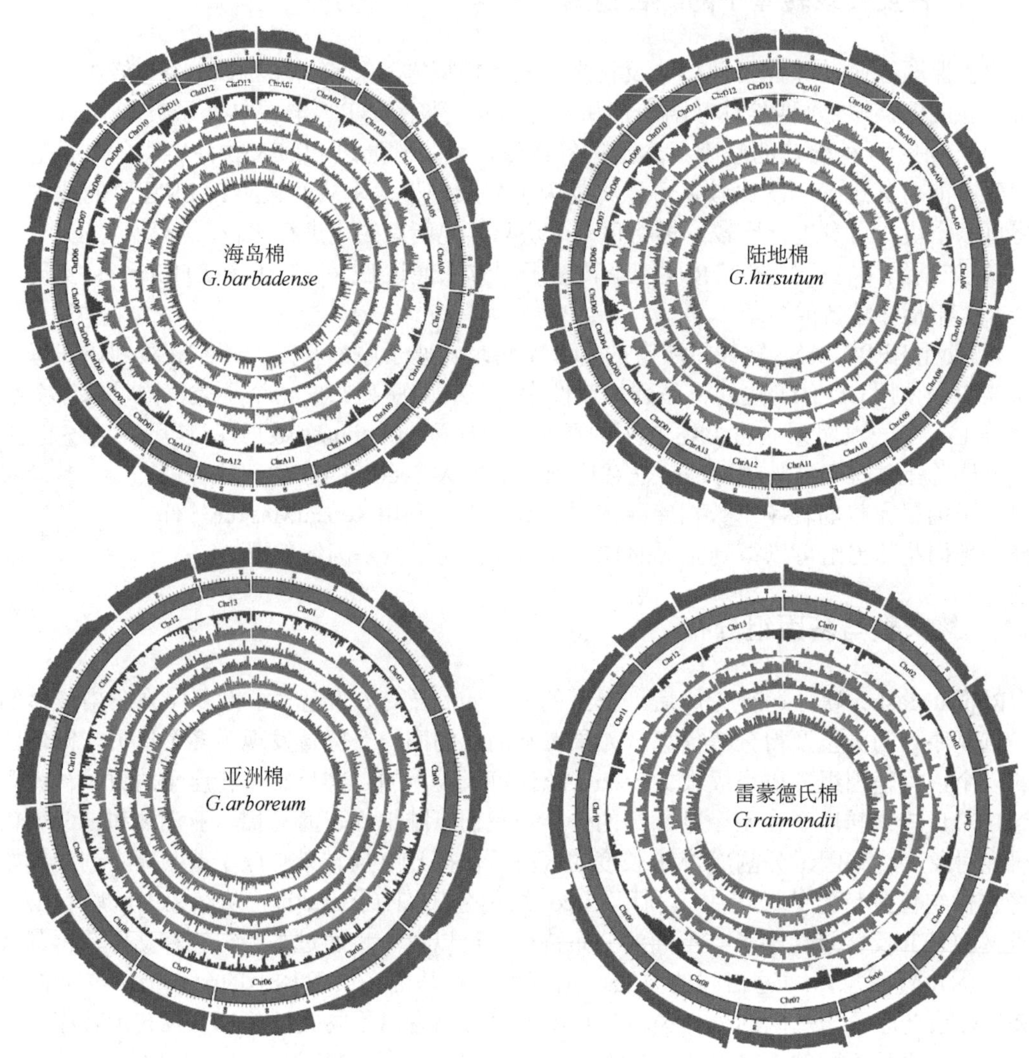

图4.20 陆地棉、海岛棉、亚洲棉和雷蒙德氏棉基因组的LTR反转录转座子和基因的分布（Liu et al.，2018）

不同颜色表示不同的LTR反转录转座子家族

```
x=c(37856,32107,36523,24032,30868,39009,27974,38747,26844,37193,34309,31612,29899,24527,27409,18705,20832,22409,25948,21985,26407,19080,25352,26456,22360,24323);

y=c(99.884701,83.447907,100.263046,62.913773,92.047024,103.170445,78.251019,103.626342,74.999932,100.866605,93.316193,87.484867,79.961122,61.45601,67.284554,46.690657,51.454131,61.933048,64.294644,55.312612,65.894136,50.995437,63.374667,66.087775,59.109838,60.534299);
```

通过cor（*x*，*y*）就可以得到染色体大小与LTR反转录转座子数量的皮尔逊相关系数，上面的例子中，经计算得到的陆地棉转座子数量与染色体大小的皮尔逊相关系数为0.98，由此可见染色体大小与LTR反转录转座子数量的相关性是极强相关。

4.4.5 LTR 反转录转座子家族的活跃时期

LTR 反转录转座子的两端具有相同的 LTR 序列，LTR 反转录转座子的转座需要其两端的 LTR 序列，LTR 反转录转座子在刚插入基因组中时，其两端的 LTR 序列是相同的，随着时间的推移，LTR 序列逐渐发生突变，突变的数量和它插入基因组的时间成正比。因此，可以通过 LTR 序列的差异推测 LTR 反转录转座子的活跃时期。一些软件如 LTRfinder、LTRharvest 等在结果中明确了 LTR 反转录转座子两端的 LTR 序列，可以通过提取这些序列，再经过比对计算出 LTR 序列的差异，并推测其进化时期。此外，RepeatMasker 结果中（.align）还包含了每个 LTR 反转录转座子拷贝的 kimura 距离（K 值），该值可以反映 LTR 序列的差异，LTR 序列的差异与 LTR 反转录转座子的活跃时期相关。低 K 值表示 LTR 反转录转座子是近期活跃的，高 K 值则表示 LTR 反转录转座子家族相对古老。

LTRfinder
安装及使用

参 考 文 献

鲍婧. 2011. 下一代测序数据格式的研究展望. 电脑知识与技术，7（36）：9316-9317，9337.

邓清津. 2018. 高通量 DNA 测序数据的并行快速压缩方法. 深圳：深圳大学硕士学位论文.

冯健，赵雪崴. 2012. 高通量测序技术及其在植物研究中的应用. 辽宁林业科技，4：29-33，37，44.

高东迎，何冰，孙立华. 2007. 水稻转座子研究进展. 植物学通报，5：667-676.

韩迎亚，杨乔乔，王倩楠，等. 2019. 单分子实时测序技术在环境微生物研究中的应用. 微生物学通报，46（11）：3140-3147.

李玉梅，李书娴，李向上，等. 2018. 第三代测序技术在转录组学研究中的应用. 生命科学仪器，16（1）：114-121，113.

刘亚军，张峰，刘宏德，等. 2017. 下一代测序技术在干细胞转录调控研究中的应用. 遗传，39（8）：717-725.

刘振，徐建红. 2015. 高通量测序技术在转座子研究中的应用. 遗传，37（9）：885-898.

刘震，卢全伟，张国强，等. 2017. 陆地棉 LTR 反转录转座子的数量分布与功能分析. 河南师范大学学报（自然科学版），45（6）：72-78.

刘震，张国强，卢全伟，等. 2016. 转座子的分类与生物信息学分析. 农技服务，33（8）：29.

刘震，张树林，史莹慧，等. 2018. 四倍体海岛棉 LTR 反转录转座子的数量与分布. 生物技术通报，34（6）：1-6.

柳延虎，王璐，于黎. 2015. 单分子实时测序技术的原理与应用. 遗传，37（3）：259-268.

陆才瑞，邹长松，宋国立. 2015. 高通量测序技术结合正向遗传学手段在基因定位研究中的应用. 遗传，37（8）：765-776.

聂志扬，肖飞，郭健. 2009. DNA 测序技术与仪器的发展. 中国医疗器械信息，15（10）：13-16.

彭桂兰，陈嘉慧. 2017. 第四代测序技术. 明日风尚，14：366.

彭仁海，刘震，刘玉玲. 2017. 生物信息学实践. 北京：中国农业科学技术出版社.

沈圣，屈彦纯，张军. 2014. 下一代测序技术在表观遗传学研究中的重要应用及进展. 遗传，36（3）：256-275.

唐琴，唐秀华，孙威江. 2018. 转录组学技术及其在茶树研究中的应用. 天然产物研究与开发，30（5）：900-906，874.

陶然，宋晓峰. 2018. 高通量测序数据比对算法研究进展. 计算机与应用化学，35（1）：45-52.

田李，张颖，赵云峰. 2015. 新一代测序技术的发展和应用. 生物技术通报，31（11）：1-8.

王云生. 2016. 基于高通量测序的植物群体基因组学研究进展. 遗传，38（8）：688-699.

乌日拉嘎，徐海燕，冯淑贞，等. 2016. 测序技术的研究进展及三代测序的应用. 中国乳品工业，44（4）：33-37.

乌云毕力格，顾婷玉，何志颖，等. 2013. ChIP-Seq技术在研究转录因子调控干细胞分化中的应用. 中国细胞生物学学报，35（6）：870-879.

谢浩，赵明，胡志迪，等. 2015. DNA测序技术方法研究及其进展. 生命的化学，35（6）：811-816.

解增言，林俊华，谭军，等. 2010. DNA测序技术的发展历史与最新进展. 生物技术通报，8：64-70.

熊筱晶. 2010. NCBI高通量测序数据库SRA介绍. 生命的化学，30（6）：959-963.

闫绍鹏，杨瑞华，冷淑娇，等. 2012. 高通量测序技术及其在农业科学研究中的应用. 中国农学通报，28（30）：171-176.

杨烨，刘娟. 2012. 第二代测序序列比对方法综述. 武汉大学学报（理学版），58（5）：463-470.

姚亭秀. 2017. 四代DNA测序技术简述. 生物学通报，52（2）：5-8.

岳桂东，高强，罗龙海，等. 2012. 高通量测序技术在动植物研究领域中的应用.中国科学：生命科学，42（2）：107-124.

张得芳，马秋月，尹佟明，等. 2013. 第三代测序技术及其应用. 中国生物工程杂志，33（5）：125-131.

张书翠. 2013. 基于高通量测序的*Klebsiella pneumoniae*基因组拼接的研究. 上海：上海师范大学硕士学位论文.

张小珍，尤崇革. 2016. 下一代基因测序技术新进展. 兰州大学学报（医学版），42（3）：73-80.

朱大强，李存，陈斌，等. 2011. 四种常用高通量测序拼接软件的应用比较. 生物信息学，9（2）：106-112.

Alicia O，Mark D R，Matthew D Y. 2010. From RNA-seq reads to differential expression results. Genome Biology，11（12）：220.

Bao W，Kojima K K，Kohany O，et al. 2015. Repbase Update，a database of repetitive elements in eukaryotic genomes. Mob DNA，6（1）：11.

Bredenoord A L，Bijlsma R M，Delden H V，et al. 2015. Next generation DNA sequencing：always allow an opt out. Am J Bioeth，15（7）：28-30.

Cain A K，Barquist L，Goodman A L，et al. 2020. A decade of advances in transposon-insertion sequencing. Nat Rev Genet，21（9）：526-540.

Chaisson M，Pevzne P，Tang H，et al. 2004. Fragment assembly with short reads. Bioinformatics，20（13）：2067-2074.

David E，Kurtz S，Willhoeft U. 2008. LTRharvest，an efficient and flexible software for *de novo* detection of LTR retrotransposons. BMC Bioinformatics，9（1）：1-14.

Edgar R C，Myers E W. 2005. PILER：identification and classification of genomic repeats. Bioinformatics，21（1）：152-158.

Elizabeth G，Wilbanks，David J，et al. 2012. A Workflow for genome-wide mapping of archaeal transcription factors with ChIP-seq. Nucleic Acids Research，40（10）：74.

Ellinghaus D，Kurtz S，Willhoeft U，et al. 2008. LTRharvest，an efficient and flexible software for *de novo* detection of LTR retrotransposons. BMC Bioinformatics，9（1）：1-14.

Gigante S，Gouil Q，Lucattini A，et al. 2019. Using long-read sequencing to detect imprinted DNA methylation. Nucleic Acids Res，47（8）：46.

Goodwin S，McPherson J D，McCombie W R，et al. 2016. Coming of age：ten years of next-generation sequencing technologies. Nat Rev Genet，17（6）：333-351.

Havecker E R，Gao X，Voytas D F，et al. 2004. The diversity of LTR retrotransposons. Genome Biology，5（6）：225.

Heather J M，Chain B. 2016. The sequence of sequencers：the history of sequencing DNA. Genomics，107（1）：1-8.

Huang G，Wu Z G，Precy R G，et al. 2020. Genome sequence of *Gossypium herbaceum* and genome updates of *Gossypium arboreum* and *Gossypium hirsutum* provide insights into cotton A-genome evolution. Nature Genetics，52：516-524.

Lee H C，Lai K，Lorenc M T，et al. 2012. Bioinformatics tools and databases for analysis of next-generation sequence data. Brief Funct Genomics，11（1）：12-24.

Li H，Handsaker B，Wysocker A，et al. 2009. The sequence alignment/map format and SAMtools. Bioinformatics，25（16）：2078-2079.

Liu Z，Liu Y L，Liu F，et al. 2018. Genome-wide survey and comparative analysis of long terminal repeat（LTR）retrotransposor families in four *Gossypium* species. Scientific Reports，8：9399.

Mardis E R. 2008. The impact of next-generation sequencing technology on genetics. Trends Genet，24（3）：133-141.

Martin J A，Wang Z. 2011. Next-generation transcriptome assembly. Nat Rev Genet，12（10）：671-682.

Maupetit-Mehouas S，Vaury C. 2020. Transposon reactivation in the germline may be useful for both transposons and their host genomes. Cells，9（5）：1172.

McCarthy E M，McDonald J F. 2003. LTR_STRUC：a novel search and identification program for LTR retrotransposons. Bioinformatics，19（3）：362-367.

McCombie W R，McPherson J D，Mardis E R. 2019. Next-generation sequencing technologies. Cold Spring Harb Perspect Med，9（11）：a036798.

Metzker M L. 2010. Sequencing technologies - the next generation. Nat Rev Genet，11（1）：31-46.

Mohorianu I，Bretman A，Smith D T，et al. 2017. Comparison of alternative approaches for analysing multi-level RNA-seq data. PLoS One，12（8）：e182694.

Morganti S，Tarantino P，Ferraro E，et al. 2019. Complexity of genome sequencing and reporting：next generation sequencing（NGS）technologies and implementation of precision medicine in real life. Crit Rev Oncol Hematol，133：171-182.

Nestorova G G，Guilbeau E J. 2011. Thermoelectric method for sequencing DNA. Lab Chip，11（10）：1761-1769.

Niedringhaus T P，Milanova D，Kerby M B，et al. 2011. Landscape of next-generation sequencing technologies. Anal Chem，83（12）：4327-4341.

Oliver K R，McComb J A，Greene W K，et al. 2013. Transposable elements：powerful contributors to angiosperm evolution and diversity. Genome Biol Evol，5（10）：1886-1901.

Oshlack A，Robinson M D，Robinson，et al. 2010. From RNA-seq reads to differential expression results. Genome Biol，11（12）：220.

Paterson A H，Wendel J F，Gundlach H，et al. 2012. Repeated polyploidization of *Gossypium* genomes and the evolution of spinnable cotton fibres. Nature，492：423-427.

Payne A C，Chiang Z D，Reginato P L，et al. 2021. *In situ* genome sequencing resolves DNA sequence and structure in intact biological samples. Science，371（6532）：eaay3446.

Pollier J，Rombauts S，Goossens A，et al. 2013. Analysis of RNA-seq data with TopHat and Cufflinks for genome-wide expression analysis of jasmonate-treated plants and plant cultures. Methods Mol Biol，1011：305-315.

Rothberg J M，Hinz W，Rearick T M，et al. 2011. An integrated semiconductor device enabling non-optical genome sequencing. Nature，475（7356）：348-352.

Schloss J A，Gibbs R A，Makhijani V B，et al. 2020. Cultivating DNA sequencing technology after the human genome project. Annu Rev Genomics Hum Genet，21：117-138.

Svensen N，Peersen O B，Jaffrey S R，et al. 2016. Peptide synthesis on a next-generation DNA sequencing platform. Chembiochem，17（17）：1628-1635.

Tempel S. 2012. Using and understanding RepeatMasker. Methods Mol Biol，859：29-51.

Tran V T，Souiai O，Romero-Barrios N，et al. 2016. Detection of generic differential RNA processing events from RNA-seq data. RNA Biol，13（1）：59-67.

Trapnell C，Hendrickson D G，Sauvageau M，et al. 2013. Differential analysis of gene regulation at transcript resolution with RNA-seq. Nat Biotechnol，31（1）：46-53.

Trapnell C，Roberts A，Goff L，et al. 2012. Differential gene and transcript expression analysis of RNA-seq experiments with TopHat and Cufflinks. Nat Protoc，7（3）：562-578.

van Opijnen T，Levin H L. 2020. Transposon insertion sequencing，a global measure of gene function. Annu Rev Genet，54：337-365.

Wang M J，Tu L L，Yuan D J，et al. 2019. Reference genome sequences of two cultivated allotetraploid cottons，*Gossypium hirsutum* and *Gossypium barbadense*. Nature Genetics，51：224-229.

Wicker T，Sabot F，Hua-Van A，et al. 2007. A unified classification system for eukaryotic transposable elements. Nat Rev Genet，8（12）：973-982.

Yeh C M，Liu Z J，Tsai W C，et al. 2018. Advanced applications of next-generation sequencing technologies to orchid biology. Curr Issues Mol Biol，27：51-70.

Yohe S，Thyagarajan B. 2017. Review of clinical next-generation sequencing. Arch Pathol Lab Med，141（11）：1544-1557.

Zerbino D R，Birney E. 2008. Velvet：algorithms for *de novo* short read assembly using de Bruijn graphs. Genome Res，18（5）：821-829.

Zheng X，Moriyama E N. 2013. Comparative studies of differential gene calling using RNA-Seq data. BMC Bioinformatics，14（13）：7.

Zhou Y H，Xia K，Wright F A，et al. 2011. A powerful and flexible approach to the analysis of RNA sequence count data. Bioinformatics，27（19）：2672-2678.

第5章

分子进化与比较基因组研究

本章彩图

分子进化树是生物信息学中描述不同物种之间相互关系的一种方法。分子进化研究的目的就是要通过破译 DNA 序列中记录的生物进化信息去了解基因进化及生物系统发育的内在规律，分子进化研究的两个基本任务是重建基因或物种的进化历史，以及阐明基因或物种的进化机制。

比较基因组学是指在基因组图谱和序列分析的基础上，对已知基因和基因的结构进行比较，了解基因的功能、表达调控机制和物种进化过程的学科。一般包括以下两方面内容：①近缘物种进行成对基因组比对。可以利用两基因组之间编码顺序和结构上的同源性，通过已知基因组的作图信息定位另一个基因组中的基因，从而揭示基因潜在的功能及基因组的内在结构的变化。②近缘物种进行多基因组比对。在两种以上的基因组间进行序列比较时，实质上就得到了序列在系统发生树中的进化关系。基因组信息的增多使得在基因组水平上研究分子进化和基因功能成为可能。通过对多种生物基因组数据及其垂直进化、水平演化过程进行研究，就可以了解对生命至关重要的基因的结构及其调控作用。

5.1　分子进化的相关概念

5.1.1　分子进化

分子进化是指进化过程中生物大分子的演变现象，包括蛋白质分子的演变、核酸分子的演变和遗传密码的演变。分子进化的研究可以为生物进化过程提供佐证，为深入研究进化机制提供重要依据。广义的分子进化有两层含义：一是原始生命出现之前的进化，即生命起源的化学演化；二是原始生命产生之后，在进化发展过程中生物大分子结构和功能的变化，以及这些变化与生物进化的关系，这就是通常所说的分子进化。生物信息学中通常利用DNA和蛋白质的序列差异来推测物种进化的信息。

生物的变异与适应及与之相关的选择问题一直都是进化生物学家关注的焦点，这种变异既可以是较微观的基因层次，也可以是较宏观的形态层次。DNA序列分析技术的发展不断更新着人们对遗传变异的适应性的看法。20世纪60年代，日本群体遗传学家和进化生物学家木村资生提出了分子进化中性理论，认为在分子水平上的大部分突变并没有被自然选择所淘汰（即自然选择对它们呈中性），群体中的中性等位基因是通过突变的随机漂变的平衡来固定的，其保存下来是随机（而非受到选择作用）的结果。中性学说认为由蛋白质和DNA序列的比较研究所揭示的分子水平上的大多数进化变异，是由选择中性的或近于中性的突变的随机漂变造成的。这个学说并不否认自然选择在决定适应进化的进程中的作用，但认为进化中的DNA变异只有很小一部分在本质上是适应的，而大多数是表型上缄默的分子代换，对生存和繁衍不发生影响而在物种中随机漂变。

5.1.2 分子进化树

在生物学中，常用进化树来表示物种之间的进化关系。生物分类学家和进化论者根据各类生物间亲缘关系的远近，把各类生物安置在有分枝的树状图上，简明地表示生物的进化历程和亲缘关系。在进化树上每个叶子结点代表一个物种，如果每一条边都被赋予一个适当的权值，那么两个叶子结点之间的距离长短就可以表示相应的两个物种之间的差异程度。由于物种的进化关系无法通过实验验证，因此，进化树只能通过一定的方法进行推导。例如，可以用免疫学方法测定各种生物的蛋白质的亲缘关系，用人的清蛋白注射家兔，从家兔取得抗血清，把抗血清分别与人、大猩猩、黑猩猩等的清蛋白进行沉淀反应测定，可以看到亲缘关系越近的清蛋白沉淀反应越强。

在漫长的进化过程中，生物的DNA经历了各种各样的变化，包括基因突变、基因重组、染色体易位等。根据蛋白质序列或DNA序列的差异关系构建的进化树称为分子进化树。DNA或蛋白质序列分析结果可以为生物的亲缘关系研究提供更多的资料。细胞色素c是从人到酵母很多生物中都存在的一种蛋白质，便于进行广泛比较。细胞色素c由140个氨基酸构成，把各种生物的细胞色素c的氨基酸成分和人的相比较，可以看到亲缘关系越近的生物的细胞色素c和人的越近似。利用生物大分子序列差异构建的分子进化树，更多展示的是特定同源分子的进化关系。

5.1.3 分子钟假说

分子钟假说最早由Zuckerkandl和Paining于1965年提出。分子钟假说认为生物的分子进化过程中普遍存在有规律的钟，即分子进化速率近似恒定。因此，分子钟假说成立的先决条件是对于任意给定的大分子在所有进化谱系中的进化速率是近似恒定的。严格地说，对长期进化而言，基因或者基因产物蛋白质都不可能以恒定速率变化，因为一个基因的功能可能发生改变，特别是在从简单有机体向复杂有机体的进化过程中，或者环境条件发生变化使基因组的基因数增加更是如此。此外，DNA损伤及其修复机制也因有机体类型而异。正因为如此使得任何试图发现具有通用分子钟的基因都是徒劳的，因此分子钟不必具有通用性。

分子钟假说提出后，一些传统分类学家对其提出了质疑，认为分子钟的相关理论是在对“虚拟”的自然过程进行的分析和检验，但这个假说仍然激起了科学家利用大分子研究进化问题的极大兴趣。原因在于：首先，如果大分子进化速率恒定，就可用来测定物种分歧时间和其他类型的进化条件，这类似于利用放射性同位素测定地质年代。而且，速率恒定条件下重建系统发育关系也比速率不恒定条件要简单得多。另外，谱系间变异速率的程度对分子进化机制的研究提供更多的观点。根据分子钟假设，可以通过基因序列间的分歧度及序列的平均置换速率来估计速率恒定分支间的分歧时间，这一间接时间数据，可与化石记录所反映的直接数据进行比较。因此，分子钟研究为探究化石生物类群的分歧时间提供了一个新的途径，它不仅可用来对基于化石记录的传统结论加以验证，同时对于化石记录不完整的生物类群的起源历史推测具有特殊意义。

分子钟假说与中性理论的提出，极大地推动了进化尤其是分子进化研究，填补了人们对分子进化即微观进化认识上的空白，推动进化论的研究进入分子水平，并建立了一套依赖于核酸、蛋白质序列信息的理论方法。分子进化研究有助于进一步阐明物种进化的分子基础，探索基因起源机制，从基因进化的角度研究基因序列与功能的关系。

5.2 进化树的构建方法

5.2.1 进化树构建方法分类

基于分子水平的进化树构建方法可以分为两大类，即基于特征的方法和基于距离的方法，这两种方法都建立在序列比对的基础之上。①基于特征的方法是通过搜索各种可能的树，从中选出最能够解释物种之间进化关系的树，这类方法利用统计技术定义一个最优化标准，对树的优劣进行评价，包括最大简约法（maximum parsimony method，MP）、最大似然法（maximum likelihood method，ML）和贝叶斯法（Bayesian method）。②距离法的理论基础是最小进化原理（minimum evolution，ME），首先计算序列两两之间的距离矩阵，然后基于这个距离矩阵，采用聚类算法不断重复合并距离最短的两个序列，最终构出最优树，计算速度较快。距离法包括非加权组平均（unweighted pair-group method with arithmetic mean，UPGMA）、邻接法（neighbor-joining，NJ）、距离变换法（transformed distance method）和邻接关系法（neighbors relation method）等（图5.1）。

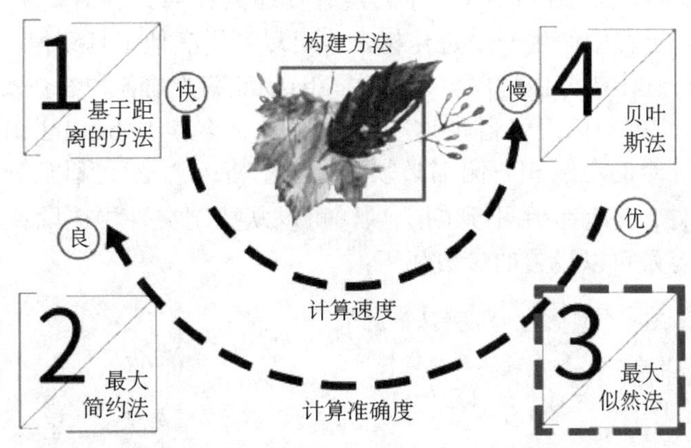

图5.1 进化树构建方法比较（https://www.icourse163.org/）

5.2.2 最大简约法

最大简约法的关键是找信息位点，由最多信息位点支持的那个树就是最大简约树，不用计算序列之间的距离。最大简约法完全基于统计的系统发生树重建方法。该法在每组序列比对中考虑了每个核苷酸替换的概率。概率总和最大的那棵树就可能是最真实的系统发生树。最大简约法的优点在于它不需要在处理核苷酸或者氨基酸替代的时候引入假设。

5.2.3 最大似然法

最大似然法也称为最大概似估计、极大似然估计，是一种具有理论性的点估计法，此方法的基本思想是从模型中随机抽取n组样本观测值后，最合理的参数估计量应该使得从模型中抽取该n组样本观测值的概率最大。PAML（phylogenetic analysis by maximum likelihood）是一个用最大似然法来对DNA和蛋白质序列进行系统发育分析的软件包。该软件包由著名华裔科学家、英国皇家科学院院士、伦敦大学统计遗传学教授杨子恒开发并免费提供给学术研究使用。

PAML软件包含如下程序：baseml、basemlg、codeml（包括 codonml和aaml）、evolver、pamp、yn00、mcmctree 和 chi2。这些程序分别代表一系列复杂替代模型。①baseml、codonml和aaml使用类似的算法，它们的区别是马尔可夫模型中“位点”的概念不同：baseml将一个核苷酸位点看成一个位点；codonml将一个三联体密码看成一个位点；aaml将一个氨基酸看成一个位点。②evolver这个程序基于核酸、密码子和氨基酸替代模型模拟序列，它还具备一些其他的选项，如生成随机树、计算树之间的分隔距离等。③basemlg执行连续的gamma模型。④mcmctree执行的是bayesian，利用MCMC算法来估算物种的分歧时间。⑤pamp执行的是Yang和Kumar的基于简约的分析。⑥yn00用来成对估算蛋白质编码DNA序列中同义和非同义替代率（ds和dn）。⑦chi2执行似然率测试，它计算chi平方临界值。

PAML软件有图形界面的形式pamlX，该图形界面在Window下不需要安装，但是图形界面只是一个框架，需要将命令行软件的整个bin文件夹复制到pamlX目录下才可以运行。PAML在Linux环境下安装需要解压，删除bin文件夹中的exe文件，然后将当前目录转移到scr，进行编译，产生Linux系统下的可执行文件，将这些可执行文件剪切到bin路径下，设置PATH路径就可以了。

PAML输入格式需要利用PRANK等工具进行序列比对，保存成PAML识别的比对格式。可以在序列比对过程中产生一个进化树，也可以利用其他工具获得一个进化树，或直接在PAML中设置没有进化树，由程序自己产生。baseml需要的各种参数及输入和输出都通过一个配置文件运行，PAML程序自带这个配置文件，名字是baseml.ctl。PAML控制文件有4个要求：①在等号的左侧和右侧都必须有一个空格；②空行及以“*”起始的行都会被软件识别为注释文件；③有些用不到的选项，可以从控制文件中删除；④变量的顺序不重要。baseml.ctl的内容及可以设置的参数如下：

```
    seqfile = ayit.phy  * 多序列比对结果文件
    treefile = ayit.tre  * 系统发育树文件
    outfile = ayit.mlc  * 输出文件

    noisy = 9  *  设置屏幕上输出的信息多少, 0,1,2,3,9
    verbose = 1  * 结果文件的信息输出方式, 0:精简; 1:详细
    runmode = 0  * 进化树拓扑结构的获取方式, 0:从输入文件中获得; 1:以输入文件中的树形结构为起始树，采用分解算法搜索最优树;  2:系统从星状树开始搜索最优树
    seqtype = 1  * 指定序列类型, 1:密码子序列; 2:氨基酸序列; 3:被翻译成蛋白质的密码子序列
    CodonFreq = 2  *设置密码子频率的计算算法, 0:除三种终止密码子频率为 0, 其他均为 1/61; 1:F1X4; 2:F3X4; 3:直接使用观测到的各密码子的总的频数/所有密码值的总数, 得到所有密码子的频率
    *   ndata = 10  * 输入的多序列比对文件中的数据个数
```

```
    clock = 0  * 设置进化树分支的变异速率是否一致，以及是否服从分子钟理论，0:变异速率不一致，不服从分子钟理论；1:变异速率一致，服从分子钟理论；2:指定分支具有不同的变异速率，进化树局部符合分子钟理论；3:对多基因数据进行联合分析
    model = 0  * 选取不同的碱基替换模型，1-8: JC69, K80, F81, F84, HKY85, T92, TN93, REV(GTR)
    NSsites = 0  * 输入数据是密码子时生效，用于设置序列各位点 omega 值的分布
    icode = 0  * 设置遗传密码
    Mgene = 0  * 设置是否有多个基因的多系列比对信息输入，0:输入文件仅包含 1 个基因或多个基因具有相同的 kappa 和 pi 值；1:多个基因具有不同的 kappa 和 pi 值，且进化树枝长也不相关；2:多个基因具有相同的 kappa 值，不同的 pi 值；3:多个基因具有不同的 kappa 值，相同的 pi 值；4: 多个基因具有不同的 kappa 和 pi 值
    fix_kappa = 0  * 设定是否给定一个 kappa 值，1:使用下一个参数设置一个固定的 kappa 值；0:通过 ML 迭代来估算 kappa 值
        kappa = 2  * 设置一个固定的 kappa 值

    fix_omega = 0  * 给定一个 omega 值，1: 使用下一个参数设置一个固定的 omega 值；0:使用最大似然法进行计算
        omega = .4  * 设置一个固定的 kappa 值

    Malpha = 0  * 当输入数据是多基因时，设置这些基因之间的 alpha 是否不一致，0:一致；1:不一致
    ncatG = 8  * 设置参数，序列条数越多，设置越大
    getSE = 0  * 是否利用 S.E.s 作为大样本方差的平方根来计算，0:不需要；1:需要
    RateAncestor = 1  * 是否计算序列中每个位点的碱基替换率，0:不需要；1:需要
    Small_Diff = .5e-6
    cleandata = 1  * 是否移除序列中模糊的字符或位点，0:不需要；1:需要
*   fix_blength = 1  * 如果树有枝长时程序应该怎么进行，0: 忽略；-1: 随机；1: 最大似然迭代的初始值；2: 树文件的指定枝长
    method = 0  * 迭代算法，0: PAML 的老算法，更新所有参数及枝长；1: 新算法，依次更新枝长
```

PAML的每一个程序都有一个对应的配置文件，软件附带该配置文件的模板，用户需要根据自己的需要修改该配置文件，PAML程序在运行时，后面直接跟上该配置文件就可以了，如果配置文件在当前目录下，也可以省略该配置文件名，直接输入相应的程序名即可。

5.3　分子进化常用软件

5.3.1　PHYLIP

PHYLIP（Phylogeny Inference Package）是由美国华盛顿大学的Felsenstein用C语言编写的系统发生推断软件包，它提供免费的源代码，由35个子程序组成，可以实现DNA序列和

ClustalX 制备
PHYLIP 输入文件

PHYLIP 安装
及使用

蛋白质序列最大似然法、最大简约法和距离法建树：如果是DNA序列，选择dna开头的程序；如果是蛋白质序列，则选择pro开头的程序。最大似然法有两类程序：带生物钟的建树子程序（dnamlk、promlk），可对进化似然距离进行估计；不带生物钟的建树程序（dnaml、proml）。距离法建树由dnadist、prodist、fitch、kitsch、neighbor等子程序组成。每种建树方法都带有许多不同的选项供研究人员选择。软件包带有画树的子程序：可以画三角形有根树及矩形有根树，也可以画无根树。子程序seqboot使用自举检验法或刀切法对构建的树进行标准误估计及可靠性检验，提供分析报告。此程序包还可以实现一致树的构建（consensus），以及树的重构（retree）等（图5.2）。

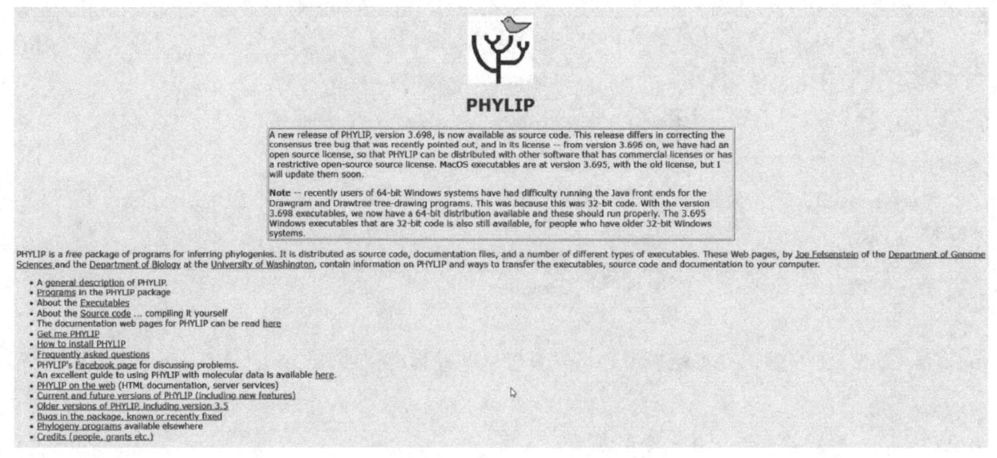

图5.2 PHYLIP主页面

5.3.2 PAML

PAML（Phylogenetic Analysis by Maximum Likelihood）是杨子恒教授开发的一款将DNA或蛋白质序列通过最大似然法进行系统发育分析的软件。该软件在构建系统发育树方面并不是最好的，但包含的一些特殊功能能够在系统发育树的基础上进一步分析，如进化假说检验、进化参数估计、进化选择压力估计、分歧时间估计等（图5.3）。

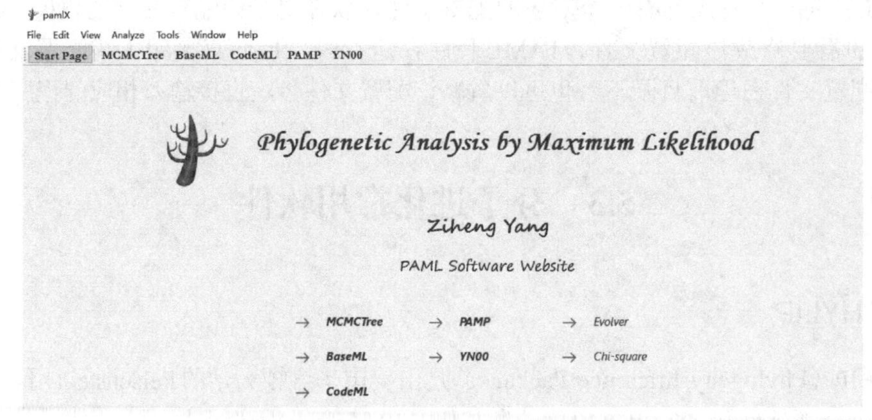

图5.3 PAML软件界面

5.3.3　MEGA

MEGA（Molecular Evolutionary Genetics Analysis）能对核酸序列及氨基酸序列进行系统发生分析。在建树方法上，提供了距离法中的非加权组平均、邻接法及MP法，对构建的树可进行自举检验及标准误估计的可靠性检验，并提供分析报告。该软件不仅可以通过用户友好的图形界面进行各种进化分析，也可以通过命令行的形式进行高效分析，同时，MEGA集成了序列比对工具Clustal和Muscle，且具有进化树可视化工具（图5.4）。

图5.4　MEGA软件界面

MEGA
建模及构建
进化树

5.3.4　PAUP

PAUP（Phylogenetic Analysis Using Parsimony）是一款用于构建进化树及进行相关检验的软件，包含众多分子进化模型和方法，可利用最大似然法、最大简约法、距离法等分析分子数据（DNA和蛋白质序列）、形态学数据及其他类型的数据（如行为学数据），是一个简单、带有菜单界面、拥有多种功能（包括进化树图）的程序（图5.5）。PAUP分析使用的是Nexus文件，该软件不是免费软件。

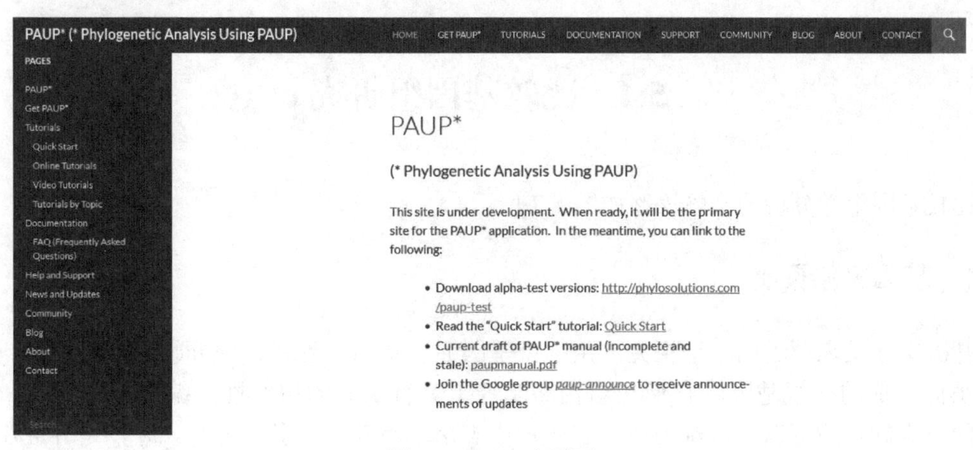

图5.5　PAUP主页面

5.3.5 RAxML

RAxML 安装及使用

RAxML（Randomized Axelerated Maximum Likelihood）是一款利用最大似然法对数据进行分析并构建进化树的软件。相比于其他软件，其采用了一种更为专业的建树方法，常用来处理超大规模的序列数据，可以在本地使用也可以在线使用（图 5.6）。

EVOLUTION AND GENOMICS
Intensive and immersive training opportunities

WORKSHOPS LEARNING PEOPLE APPLY INFORMATION

RAXML

Table of contents

- Expected learning outcomes
- Getting started
- Exercise 1: Produce an ML phylogeny of 16s
- Exercise 2: Produce an ML phylogeny of rag1
- Exercise 3: Compare results

Expected learning outcomes

This exercise is supposed to teach you only the most important functions of RAxML. You will learn how to bootstrap Maximum Likelihood (ML) trees in order to assess node support, and how to partition alignment files to allow different substitution models for different regions of the alignment.

Getting started

We are going to work with the 16s and rag1 alignments that we built during the Multiple Sequence Alignment exercise, and we will produce bootstrapped ML phylogenies for both alignments. Please make sure that you are logged in to the Workshop's Amazon Machine Image (AMI) using a console window of either the Terminal application (if you're on Linux or Mac OSX), or PuTTY (if you're on Windows).

1. Using this console window, navigate to the directory for the RAxML activity:

```
cd ~/wme_jan2015/activities/RAxML/
```

2. Make sure that RAxML is installed:

```
which raxml
```

(if you see '/usr/local/bin/raxml', things are looking good)

3. Next, have a look at the impressive help text of RAxML:

```
raxml -h
```

Scroll back up to the beginning of the RAxML help text. Close to the top, you'll see that raxml could be started as easily as

图 5.6 RAxML 主页面

5.4 比较基因组研究

比较基因组学分析的一般思路如图 5.7 所示。

5.4.1 基因家族聚类

基因家族是来源于同一个祖先，由一个基因通过基因重复和物种分歧而产生两个或更多的拷贝而构成的一组基因。它们在结构和功能上具有明显的相似性，编码相似的蛋白质产物，同一家族基因可以紧密排列在一起，形成一个基因簇，但多数时候，它们是分散在同一

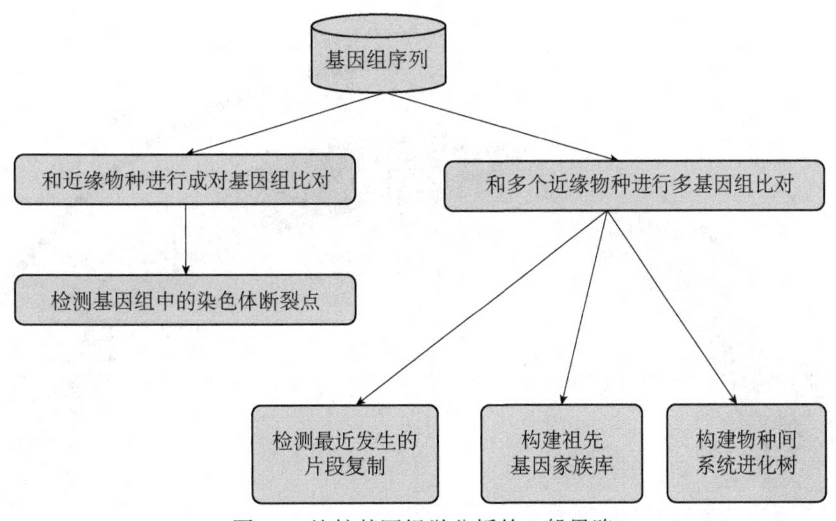

图5.7　比较基因组学分析的一般思路

染色体的不同位置，或者存在于不同的染色体上，各自具有不同的表达调控模式。基因家族的鉴定是进化分析很重要的一个方面。OrthoMCL（http://orthomcl.org/orthomcl/）流程是较常用的基因家族鉴定流程。

1）对各个物种的基因集进行过滤。首先，一个基因存在多个可变剪接转录本时，仅留取编码区最长的转录本用于进一步分析；其次，将编码蛋白质小于50个氨基酸的基因排除。

2）通过 blastp 比对获得所有物种蛋白质序列之间的相似性关系；*E*-value 值为 1e-5；再用 solar 连接断开片段。

3）使用 OrthoMCL 软件对比对结果进行聚类，膨胀系数使用 1.5；通过这个分析，可以得到单拷贝基因家族和多拷贝基因家族，它们在物种之间都是比较保守的；还可以得到物种特有的基因家族，它们可能与物种的特异性有关。

4）用 MUSCLE 进行多序列比对，并对结果进行处理（一个位点上若只有一个物种含有碱基，就删除这个位点），并进行格式转化（每个物种为一行，物种名称在前、序列在后，每个物种碱基位点一一对应）。

5.4.2　系统进化分析

在“5.4.1 基因家族聚类”的第 4 步流程中，利用单拷贝基因家族的序列对各个家族进行 MUSCLE（http://www.drive5.com/muscle/）比对，之后将比对结果合并，形成一个 super alignment matrix，然后使用 RAxML（http://sco.h-its.org/exelixis/web/software/raxml/index.html）软件利用最大似然法（ML TREE）对所分析的物种进行系统发育树的构建。我们根据这个方法进行了棉属 PEPC 基因家族的系统进化分析，得到了很好的结果（图 5.8）

5.4.3　物种分歧时间的估算

用单拷贝基因家族，使用 PAML 软件包中的 mcmctree（http://abacus.gene.ucl.ac.uk/software/paml.html）进行分歧时间估计，利用 TimeTree（http://www.timetree.org/）网站及相关文章，将文献中的分歧时间和 r8s 得到的时间校正点进行校正。mcmctree 的运行参数为：

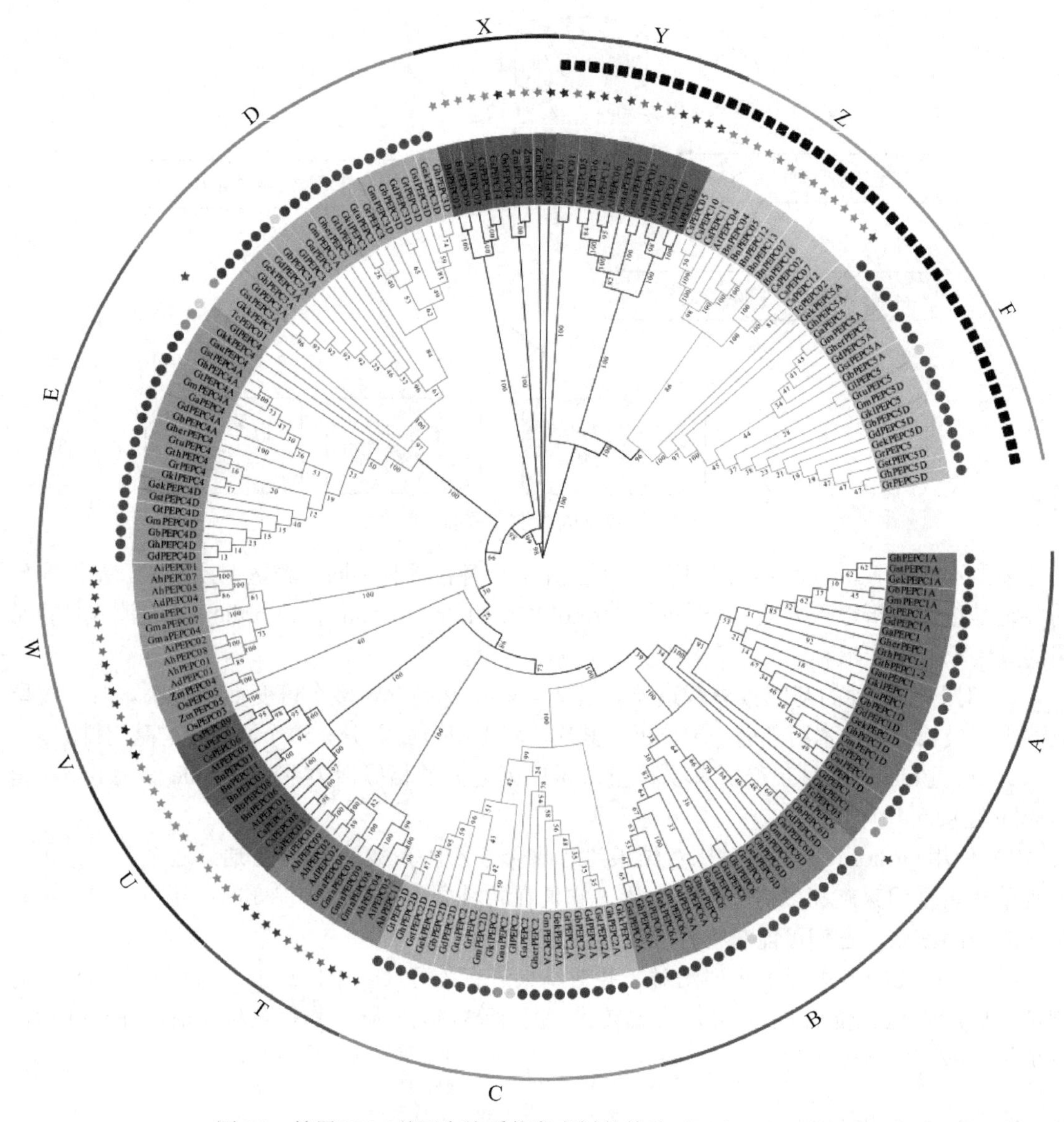

图5.8　棉属PEPC基因家族系统发育树的构建（Wei et al.，2022）

burn-in=10 000，sample-number=100 000，sample-frequency=2；运行r8s得到一部分矫正点，查阅相关文献并结合TimeTree和r8s的结果，使用mcmctree进行分歧时间的估算。我们根据相关方法，在深度测序的基础上估算了棉属物种分歧时间，为相关研究提供了重要参考（图5.9）。

5.4.4　基因家族的扩张与收缩

根据基因家族的聚类分析结果，过滤基因数在个别物种中存在异常的基因家族，使用CAFE（http://sourceforge.net/projects/cafehahnlab/）软件进行基因家族扩张和收缩分析；进行扩张和收缩分析之前，过滤掉在物种之前数目变化太大的基因家族，例如，有一个基因家族的基因数目超过了200，此基因家族在所有物种中的数目小于2（图 5.10）。

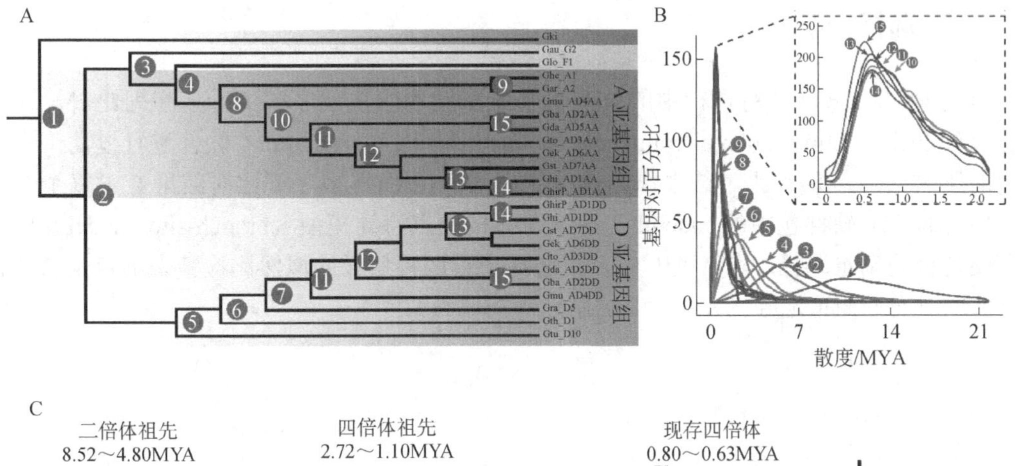

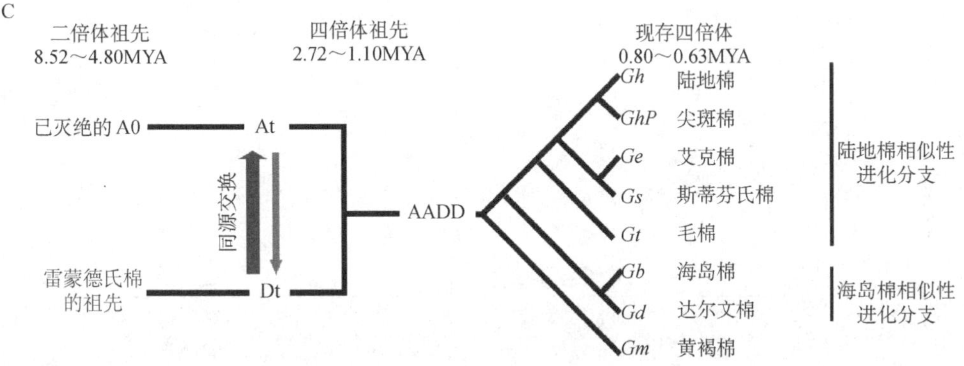

图 5.9　棉属及其近缘物种分歧时间（Peng et al.，2022）

A. 四倍体棉系系统发育分析。B. 棉属分化时间分析。C. 四倍体棉分化历史，At 和 Dt 分别表示四倍体棉花的 A 亚基因组和 D 亚基因组；A0 表示 A 基因组和 A 亚基因组的祖先种；AADD 表示四倍体棉种。MYA. 百万年前

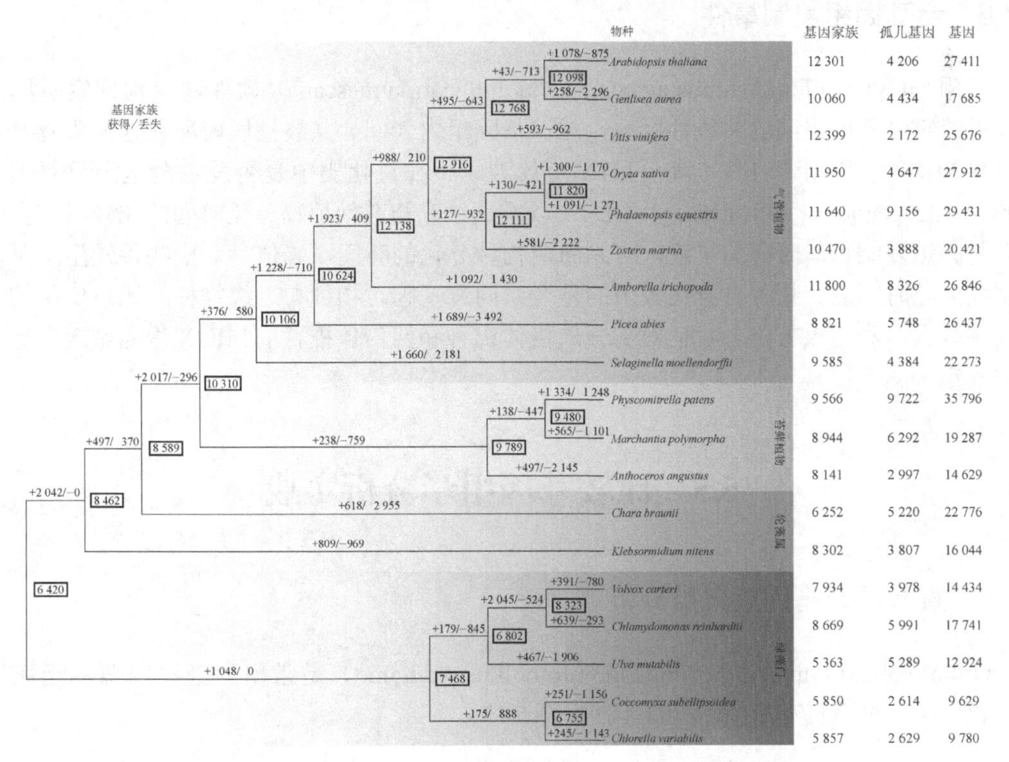

图 5.10　基因家族扩张和收缩分析（Zhang et al.，2020）

5.4.5 正选择分析

通过MUSCLE软件对物种中的单拷贝基因家族的蛋白质序列进行多序列比对，比对结果通过Gblocks（http://molevol.cmima.csic.es/castresana/Gblocks.html）软件进行过滤，去除低质量的比对区域，剩余比对结果作为模板生成对应的CDS多序列比对结果。对每个基因家族，使用PAML软件包中的codeml工具，选择枝位点特异模型（branch-site model）检测基因家族是否受到正选择。在PAML中，正选择通过两种假设的似然比检验来确定是否存在正选择情况，而非简单地寻找Ka/Ks>1的基因（图5.11）。

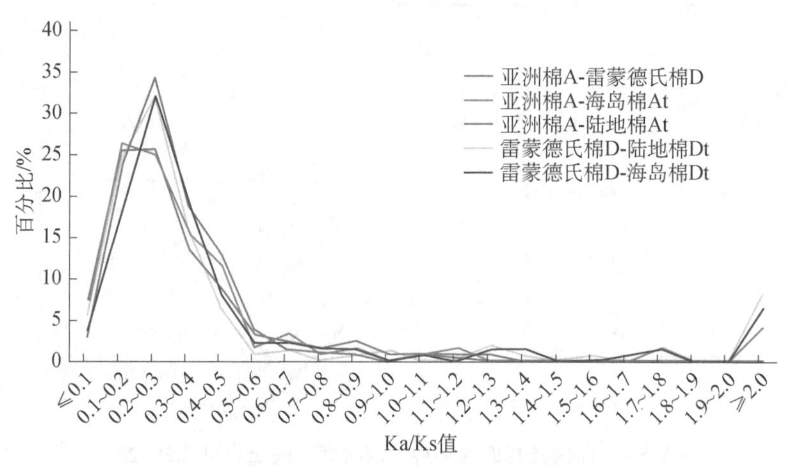

图5.11 基因家族正选择压力分析（Li et al.，2020）

5.4.6 全基因组复制事件

利用MCscan（http://chibba.agtec.uga.edu/duplication/mcscan/）软件，分别搜索基因组内部及近缘物种基因组间的共线性区段，对该基因组内（间）共线性区段所包含的重复基因对进行序列比对，并计算4dTV值。4dTV可反映物种在进化史中是否发生全基因组复制事件（word-wide genome duplication，WGD），以及通过它与其他植物分化时间的比较，来区分发生全基因组复制相对时间的早晚，可判断两物种分化的时间，峰值为对应物种发生全基因组复制或分歧时间点。物种自身比较用的是旁系同源基因，物种与近缘物种的比较使用的是直系同源基因。利用该方法，我们对部分二倍体棉种和四倍体棉种的MIOX基因家族进行了挖掘与鉴定（图5.12）。

5.5 比较基因组学分析实战

5.5.1 直系同源基因簇聚类分析

OrthoVenn2（https://orthovenn2.bioinfotoolkits.net/home）是常用的直系同源基因簇聚类分析软件，其页面直观清楚，一目了然（图5.13）。

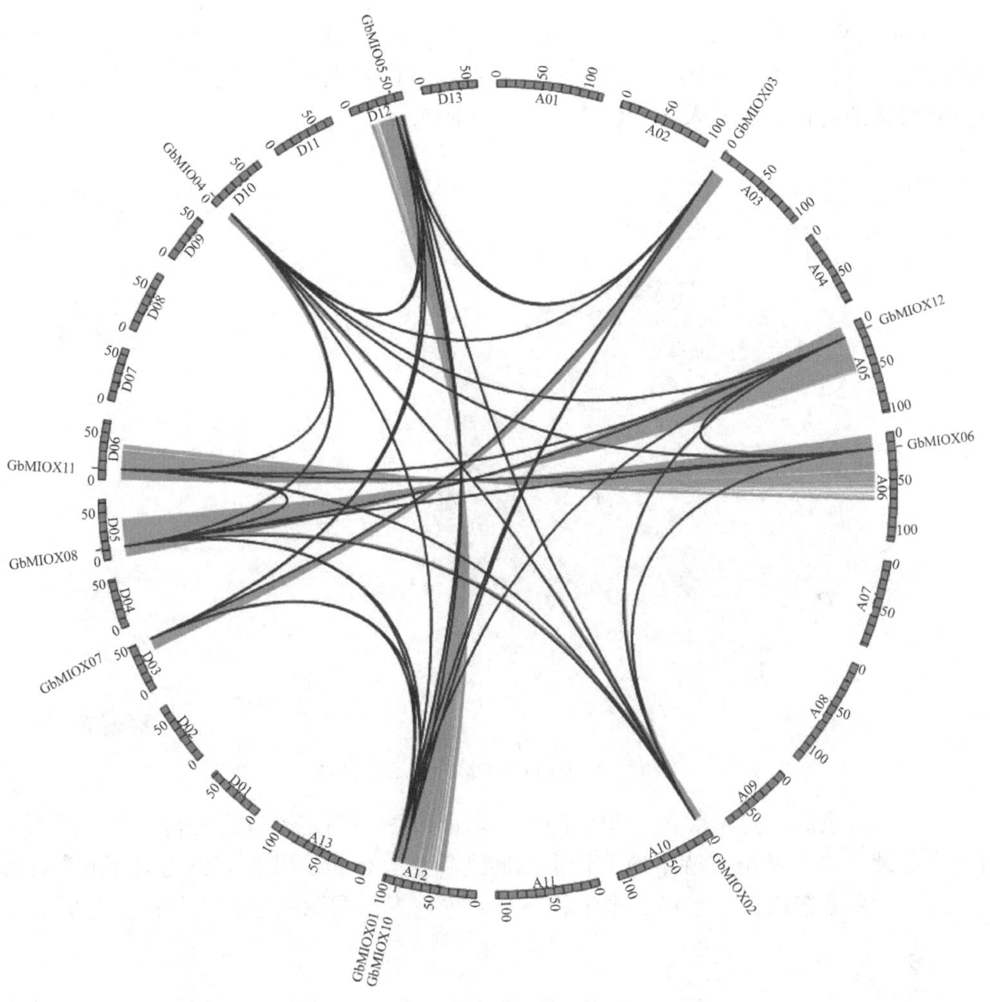

图5.12　棉属MIOX基因家族同源基因对（Li et al.，2021）

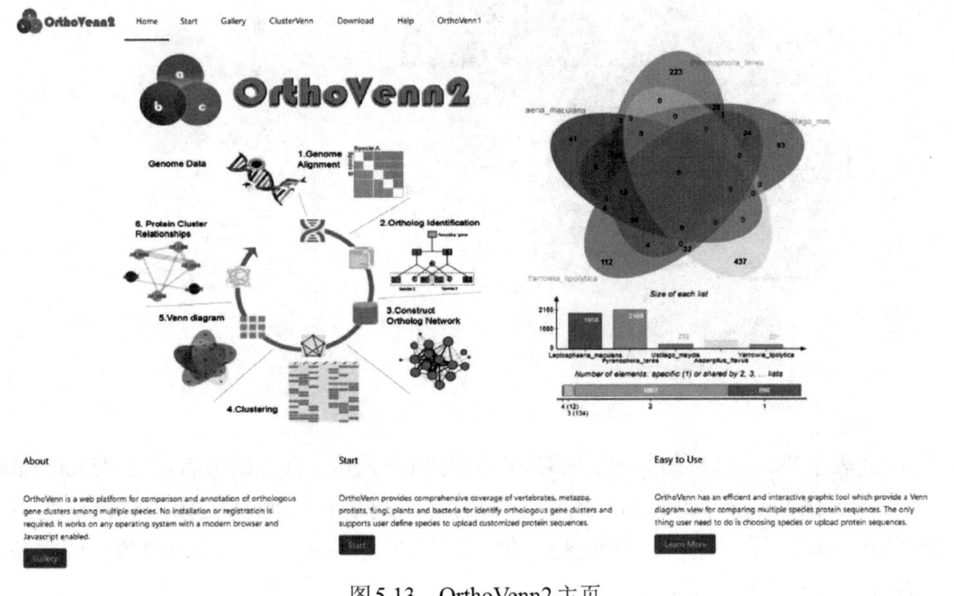

图5.13　OrthoVenn2主页

在OrthoVenn2主页面点击下方的“start”进入分析页面，在上方可以看到可分析物种包括脊椎动物、植物、后生动物、原生生物、真菌和细菌六大类。首先选择植物，在下方圈图点击相应的详细物种类别进入下一级物种目录（图5.14）。

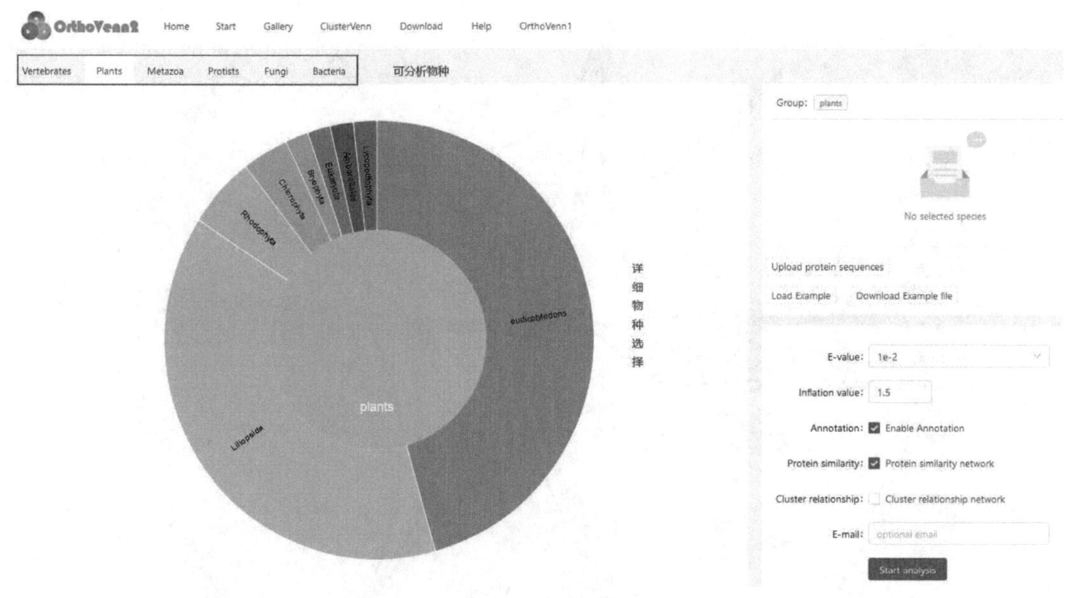

图5.14　OrthoVenn2物种选择目录

进入最终目录后，点击圈图中相应的物种名即可添加到右侧进行分析，点击圈图中央可返回上一目录。该工具也支持本地上传蛋白质文件进行分析。我们最终选择了6个物种（拟南芥、大豆、雷蒙德氏棉、水稻、玉米和小米）进行直系同源基因聚类分析（图5.15）。

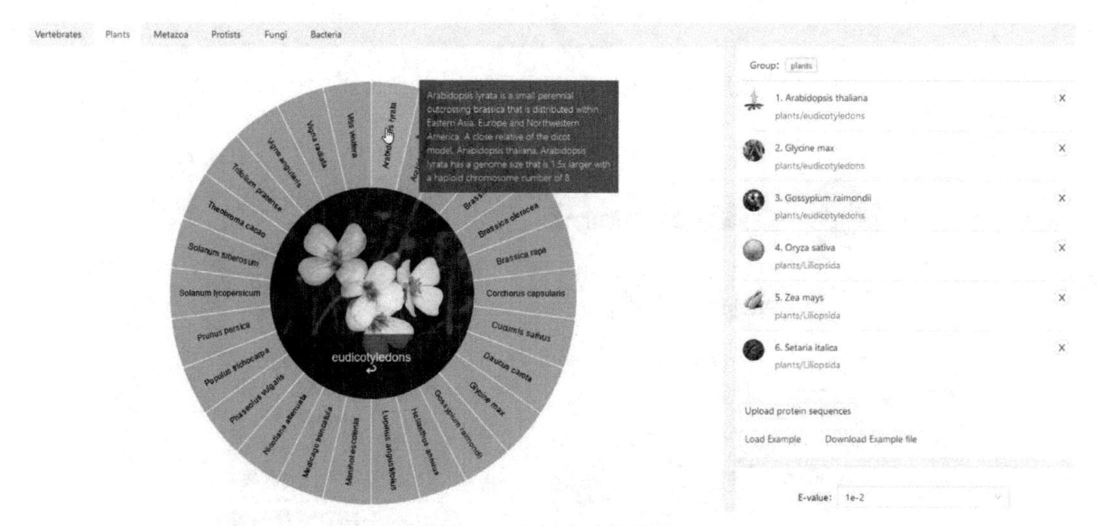

图5.15　分析物种的选择

在物种列表下方，可以对E-value和膨胀系数进行修改，输入邮箱后点击“Start analysis”开始分析（图5.16）。分析完成后，首先看到的是不同物种同源基因簇的统计信息及存在或缺失情况的可视化。左侧图中，绿色表示存在，灰色表示缺失；右图为同源基因数量及对应蛋白质的占比（图5.17）。

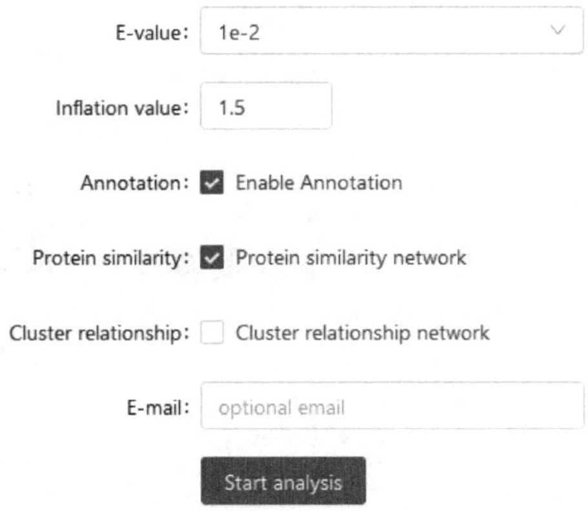

E-value: 1e-2

Inflation value: 1.5

Annotation: Enable Annotation

Protein similarity: Protein similarity network

Cluster relationship: Cluster relationship network

E-mail: optional email

Start analysis

图5.16　参数选择

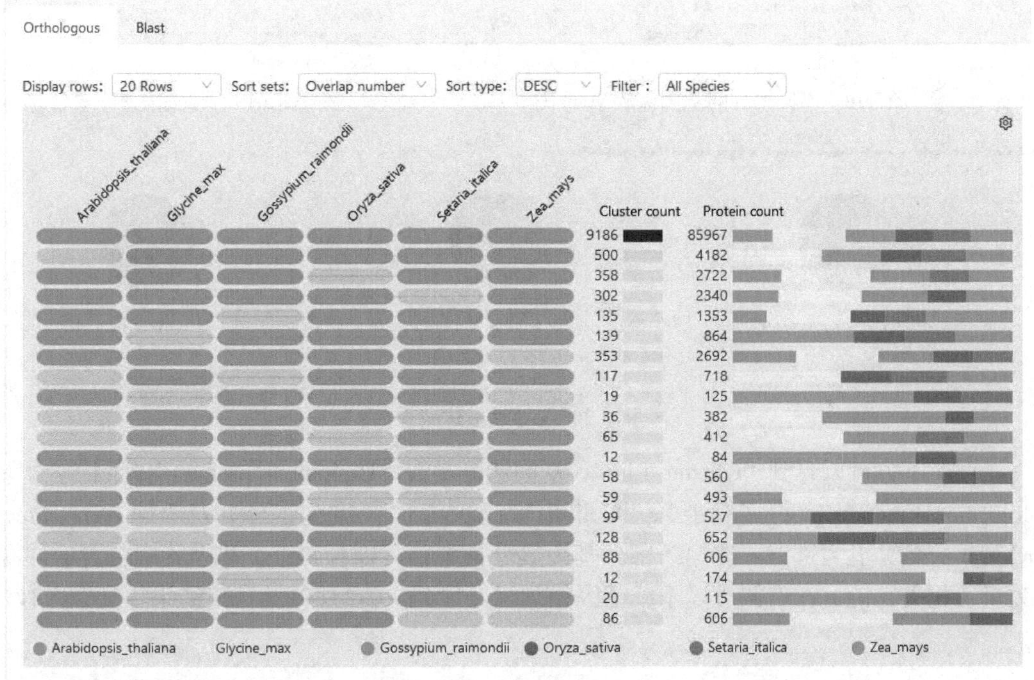

图5.17　同源基因簇统计信息

在统计信息下方，可以看到展示了不同物种全基因组基因家族交集信息的Venn图及直方图，可以点击图中的数字以进一步查看详细信息。在右侧可以通过勾选特定物种的方式对不同数量的物种进行可视化（图5.18）。在输出结果右侧为文本类型的详细统计信息及相关文件下载方式（图5.19）。

5.5.2　系统进化分析

在前文的Venn图（图5.18）中点击所有物种都具有交集的“9186”个基因，页面打开后，可以看到上方有三个展示着不同GO功能类别的饼状图，从左到右分别是生物学过程、分子功能及细胞组分（图5.20）。

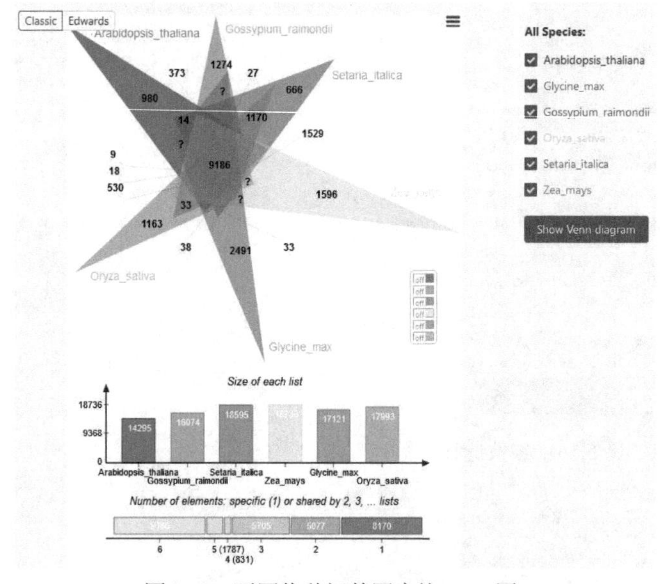

图5.18　不同物种间基因家族Venn图

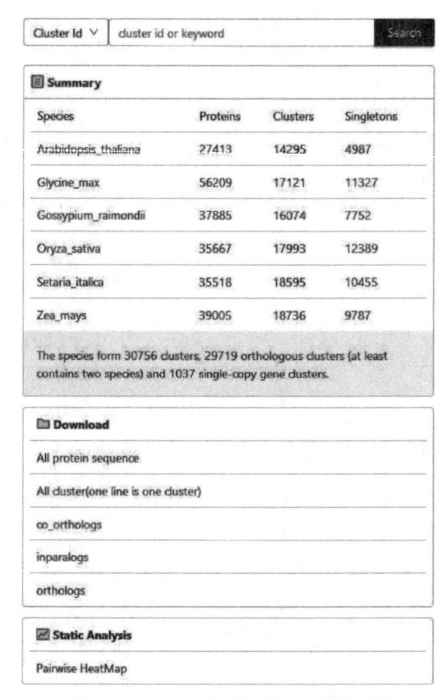

图5.19　相关信息下载链接

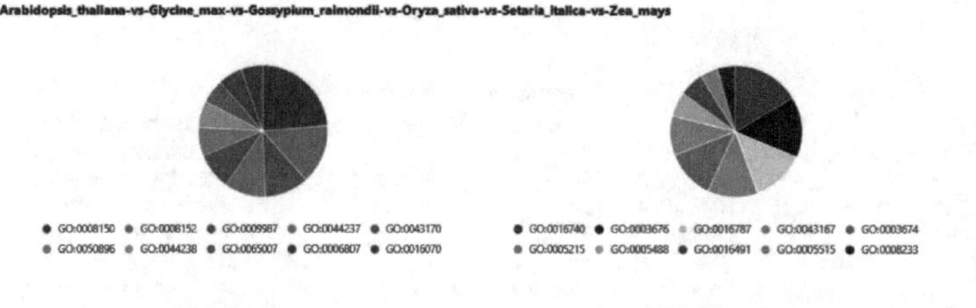

图5.20　GO功能饼状图

在页面下方可以看到“Cluster List”（基因簇分类）、“Biological process”（生物学过程）、“Molecular function”（分子功能）、“Cellular component”（细胞组分）及“GO enrichment”（GO富集分析）五大部分，在第一部分基因簇分类中，可以看到每个基因簇中包含的同源基因数量及相关功能。在右侧可以下载基因簇列表、序列、GO注释及富集结果等（图5.21）。

Cluster List | Biological process | Molecular function | Cellular component | GO Enrichment

ID	Protein Count	Swiss-Prot Hit	GO Annotation
cluster8	130	Q7PC86	GO:0055085; P:transmembrane transport; IBA:GO_Central
cluster15	107	Q9LK64	GO:0055085; P:transmembrane transport; IBA:GO_Central
cluster20	89	Q9M8X6	GO:0045735; F:nutrient reservoir activity; IEA:InterPro
cluster21	88	Q941L0	GO:0009834; P:plant-type secondary cell wall biogenesis; IMP:TAIR
cluster23	85	C0LGP4	GO:0004674; F:protein serine/threonine kinase activity; IEA:UniProtKB-KW
cluster24	84	Q9LTG5	GO:0008360; P:regulation of cell shape; IEA:UniProtKB-KW
cluster27	78	Q9SH76	GO:0051453; P:regulation of intracellular pH; IBA:GO_Central
cluster33	68	F4I5Q6	GO:0030048; P:actin filament-based movement; TAS:TAIR
cluster40	60	Q60EW9	GO:0005886; C:plasma membrane; IEA:UniProtKB-SubCell
cluster54	50	Q5SVZ6	GO:0006357; P:regulation of transcription by RNA polymerase II; IBA:GO_Central

< 1 2 3 4 5 ··· 919 >

Download
- Download the cluster list
- Download all sequences in the cluster list
- Download biological process summary
- Download molecular function summary
- Download cellular component summary
- Download GO Enrichment result

图5.21　基因簇分类结果

我们选择 cluster15 这个涉及跨膜运输功能的基因簇进行系统进化分析。首先点击“cluster15”，跳转页面左侧可以看到这个基因簇中所包含的蛋白 ID，右侧为物种间基因家族的相似性网络图，图中不同物种的相关蛋白质用不同颜色进行表示，线条粗细表示相似度的高低，线条越粗，相似度越高（图5.22）。页面下方包含了多种工具，可以通过点击工具进一步查看基因簇的蛋白质序列、多重序列比对结果、motif分析及系统发育进化树（图5.23）。

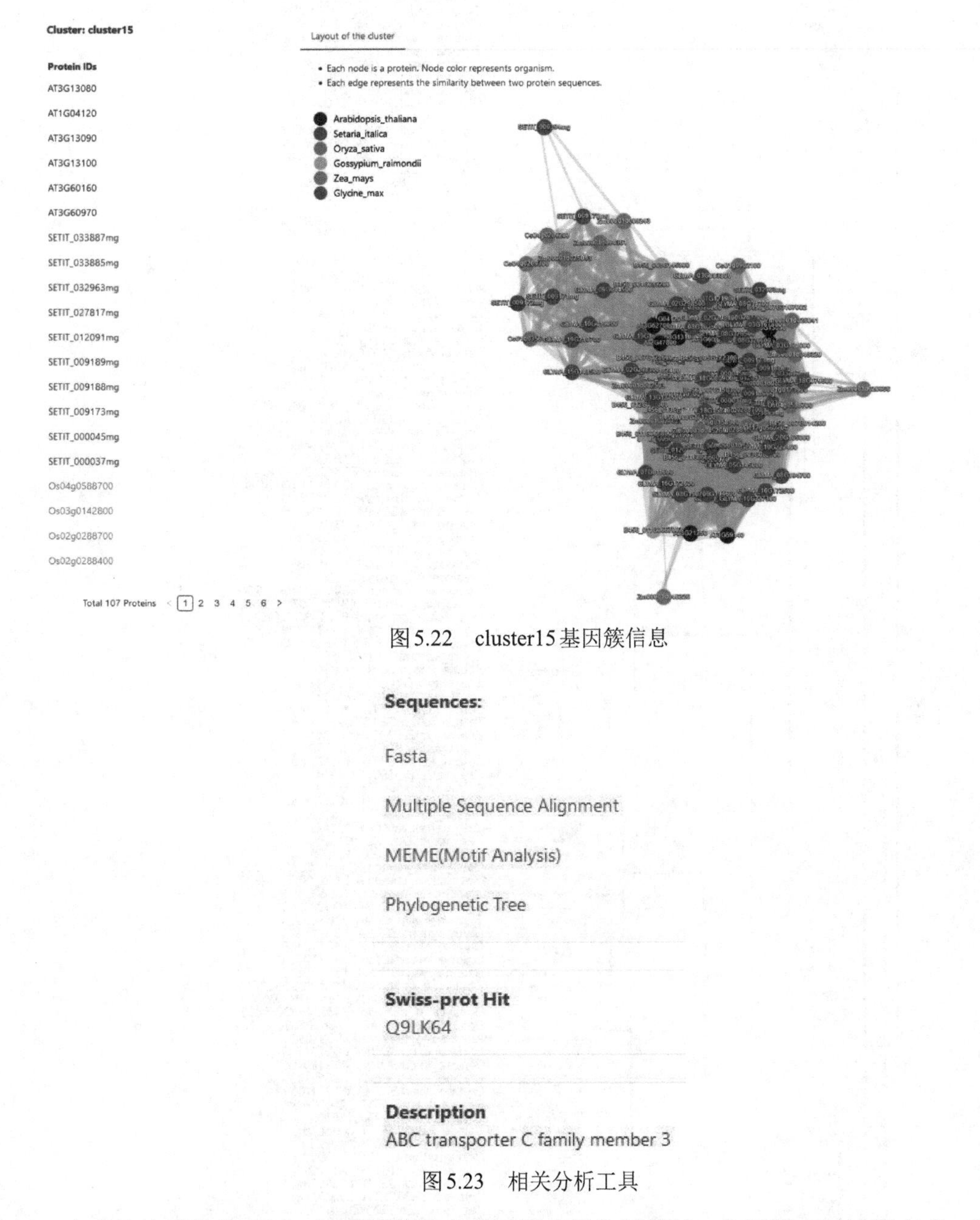

图5.22　cluster15基因簇信息

图5.23　相关分析工具

点击构建系统发育树，结果页面上方可以调节进化树的长、宽及蛋白质排序方式，另外还可以选择可视化方法：“Linear”为线性进化树，“Radial”为圈状进化树。进化树中蛋白质间连线的长短表示亲缘关系的远近：连线越短，表示亲缘关系越近（图5.24）。之后返回上一界面点击“Fasta”，对所有cluster15的蛋白质序列进行复制并保存文件all_protein_seq.fasta。

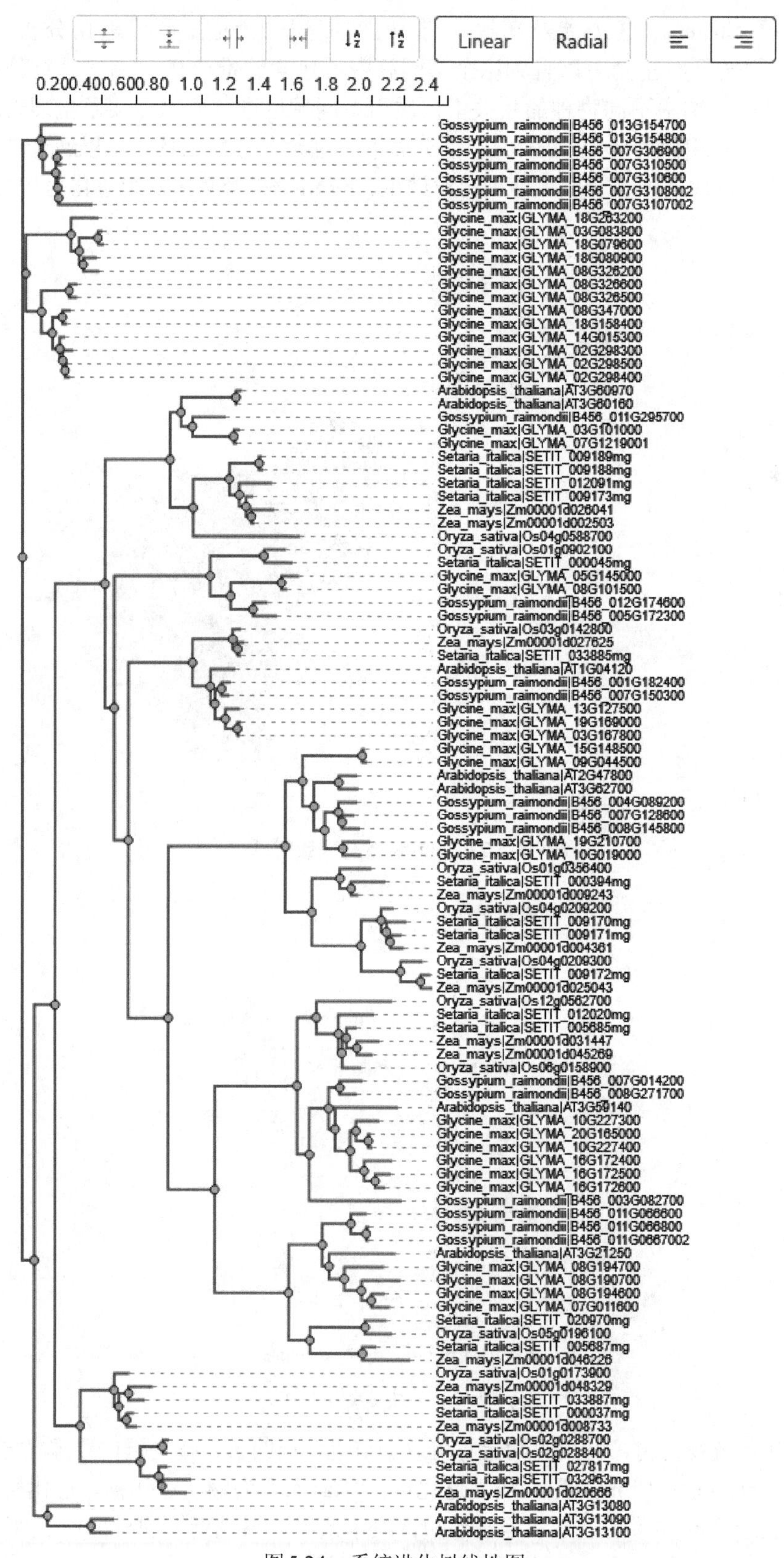

图5.24　系统进化树线性图

5.5.3 物种分歧时间估算

基因组材料：亚洲棉（*Gossypium arboreum*）、草棉（*Gossypium herbaceum*）、雷蒙德氏棉（*Gossypium raimondii*）、陆地棉（*Gossypium hirsutum*）、海岛棉（*Gossypium barbadense*）、达尔文棉（*Gossypium darwinii*）、黄褐棉（*Gossypium mustelinum*）及用于比较分析棉花演化关系的外部类群拟南芥（*Arabidopsis thaliana*），外部类群基因组的选定要求其与内类群在演化关系上最为接近并且具有最相近的祖先。选用的基因家族为已经在多个棉花物种中进行过系统的生物信息学分析的磷酸烯醇丙酮酸羧化酶（phosphoenolpyruvate carboxylase，PEPC）家族，在每个材料物种中随机筛选一个PEPC家族基因制备为材料文件（图5.25）。

图5.25 家族基因材料文件

利用MEGA-X软件对材料文件进行序列比对。首先打开MEGA-X软件，点击左上方“File”—“Open A File”，将材料文件输入，在跳转窗口“Align/Analyze”中点击“Align”，点击上方“Alignment”—“Align by ClustalW”进行多序列比对，参数选择默认参数，点击“OK”，比对完成后点击上方“Data”—“Export Alignment”—“MEGA Format”，保存后即可关闭序列比对窗口（图5.26）。

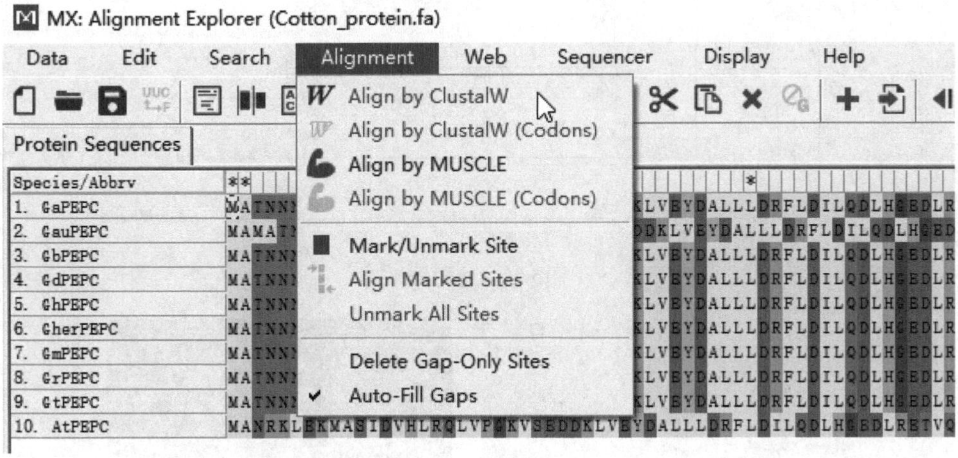

图5.26 多序列比对

再次通过“File”—“Open A File”将上步输出的meg格式的序列比对文件输入，点击“PHYLOGENY”—“Construct/Test Maximum Likelihood Tree”以最大似然法构建系统进化树（图5.27），参数选择默认参数，输出结果点击上方“File”—“Export Current Tree（Newick）”（图5.28），勾选“Branch Lengths”，在跳转窗口中进行保存，保存后即可关闭窗口。

进行物种分歧时间分析。在MEGA主页面找到“CLOCKS”，在下拉选项找到“Compute Timetree”，可以看到有三种方法：RelTime-ML、RelTime-OLS和RelTime-Branch Lengths，通常选择RelTime-ML方法即可（图5.29）。在跳转界面，可以看到在提交分析前需要5个步

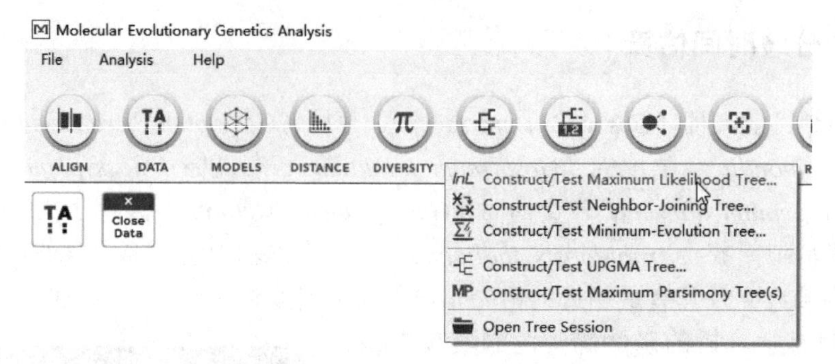

图5.27　最大似然法构建进化树

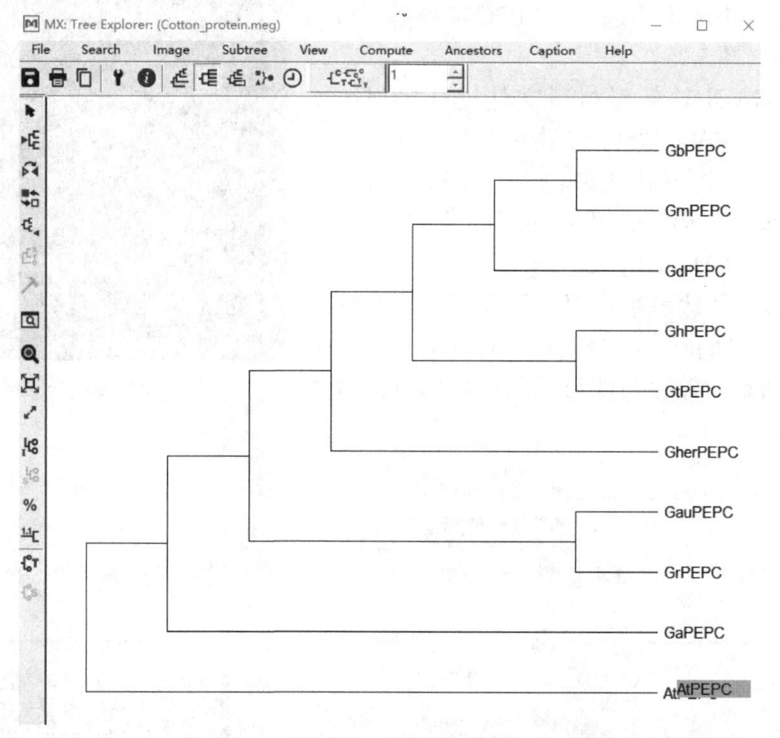

图5.28　建树结果

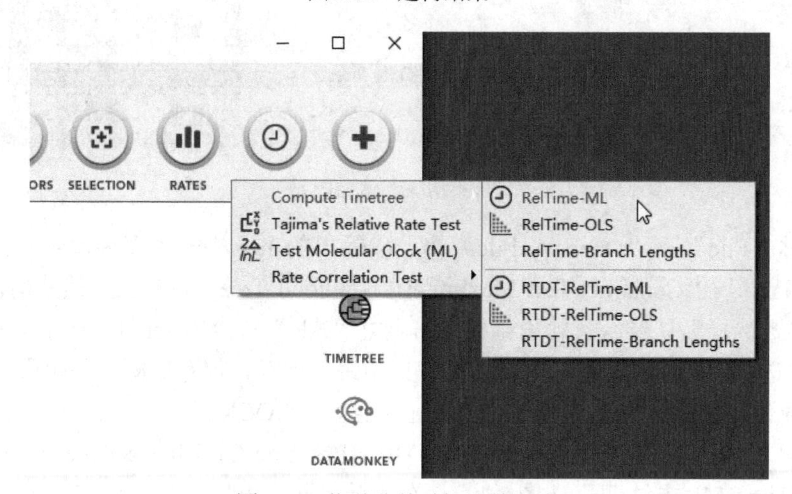

图5.29　物种分歧时间计算方式

骤上传文件或进行参数设置（图5.30）。第1步：LOAD SEQUENCE DATA，将序列比对输出结果meg文件输入。第2步：LOAD TREE FILE，将最大似然法建树结果nwk文件输入。第3步：SPECIFY OUTGROUP，此步需要将材料文件中添加的外类群序列标记出来，点击右侧“Select Taxa”，将设置的外类群拟南芥的PEPC基因（AtPEPC）添加到左侧的TAXA IN OUTGROUP，之后点击下方“OK”即可（图5.31）。第4步：SPECIFY CALIBRATIONS，手动添加校准点。通过检阅文献或利用网络数据库所提供的物种分歧时间，可以设置校准点分化时间的最大值和最小值，以使物种分歧时间分析更精确。在弹出页面右侧，可以点击两个物种连线的结点部分，然后点击左上方时钟符号，添加分化时间等相关信息（图5.32）。

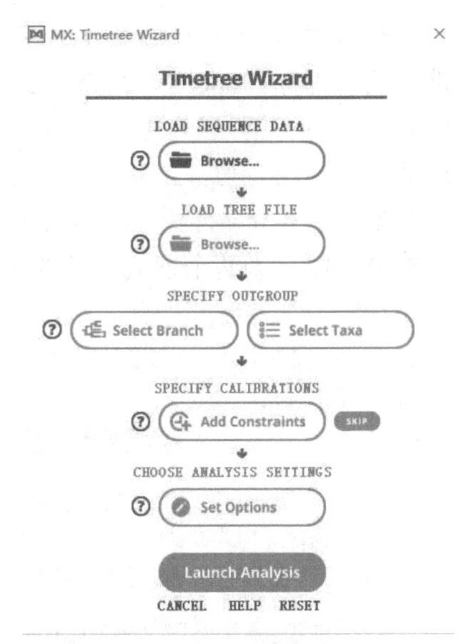

图5.30　物种分歧分析步骤

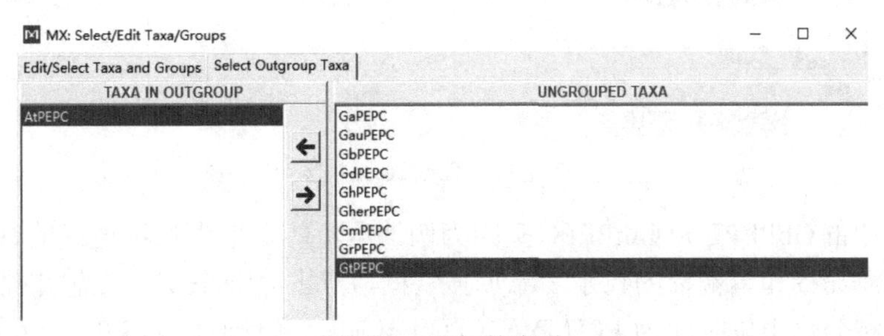

图5.31　添加外类群

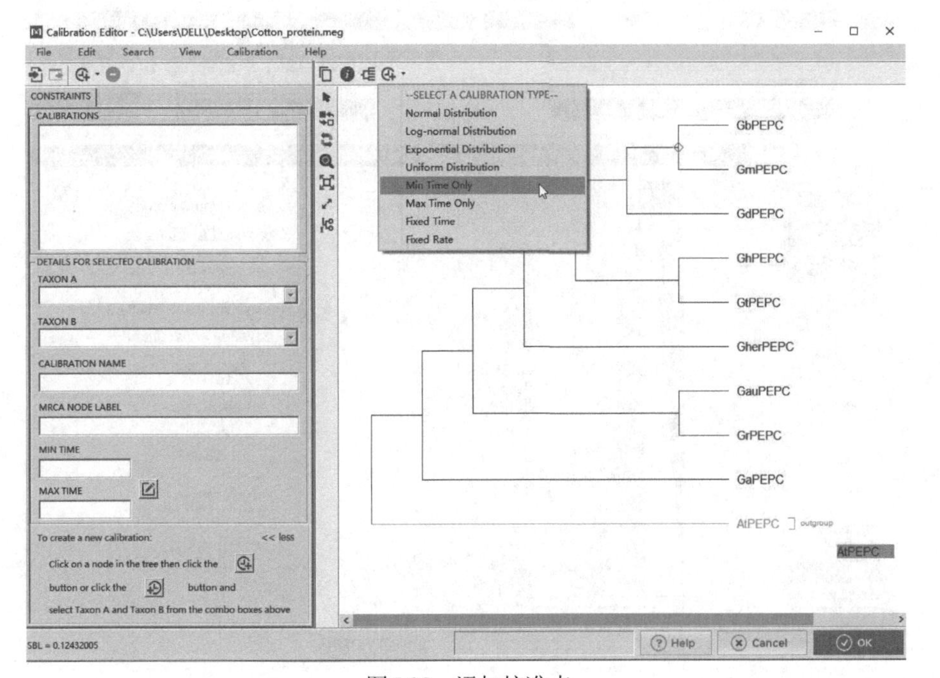

图5.32　添加校准点

在这里介绍一个网络数据库TimeTree（http://timetree.org/），这个数据库具有三部分功能。第一部分：Specify 2 Taxon Names，可以添加两个物种的拉丁名，以推断它们之间分化的时间节点。第二部分：Specify a Taxon Name，输入一个物种全名，以推断它在自然界中出现的时间。第三部分：Specify a Group of Taxa，输入一个在属水平之上的物种，以推断其下级分类学单位的物种之间分化的时间节点（图5.33）。在物种分歧时间分析中，可以使用第一部分功能，为两个连线物种的分化时间节点添加校准点。

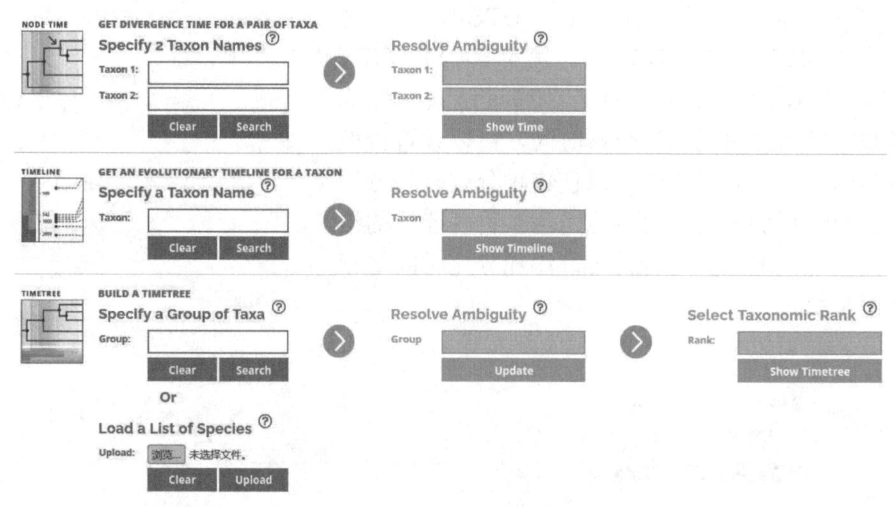

图5.33　TimeTree功能

以图5.32中的GbPEPC和GmPEPC基因为例，尽可能多地为物种连线的时间节点添加校准点。首先将海岛棉和黄褐棉的拉丁名添加搜索框，点击“Search”，在输出结果右侧可以看到推断的两物种分化中位时间为3.05MYA（百万年前），预计时间为3.05MYA（图5.34）。

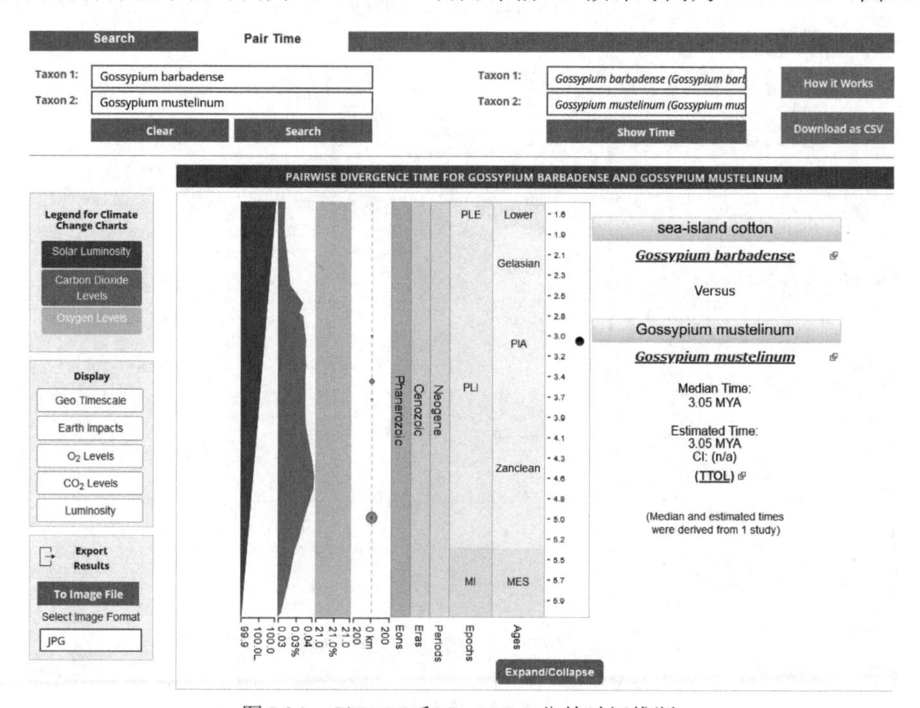

图5.34　GbPEPC和GmPEPC分歧时间推断

得到预计分化时间后，在MEGA页面中点击GbPEPC和GmPEPC连线节点处，然后点击时钟图标，点击“Fixed Time”，将预计分化时间输入，之后点击“OK”即可看到左侧出现了两物种的校准信息。同理，尽可能多地添加校准信息（图5.35）。

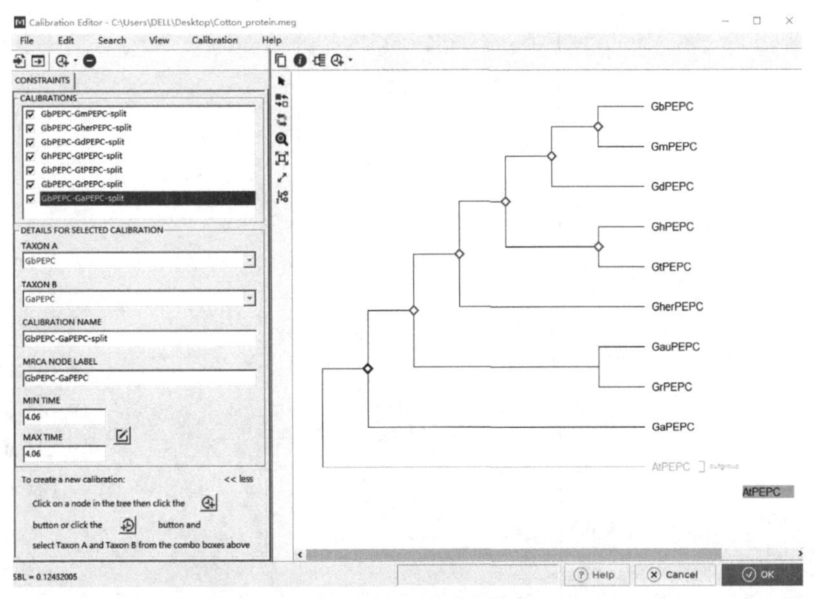

图5.35　校准点添加信息

第 5 步：在校准点添加完毕后点击“OK”，在最后一步参数设置选择默认参数，然后点击“Launch Analysis”即可完成分析。

5.5.4　选择压力分析

在进行选择压力分析之前，要准备物种之间的同源基因对文件，可以利用TBtools的One Step MCScanX工具，将物种基因组文件及GFF注释信息文件输入，设置输出文件路径后点击“Start”即可进行分析（图5.36）。

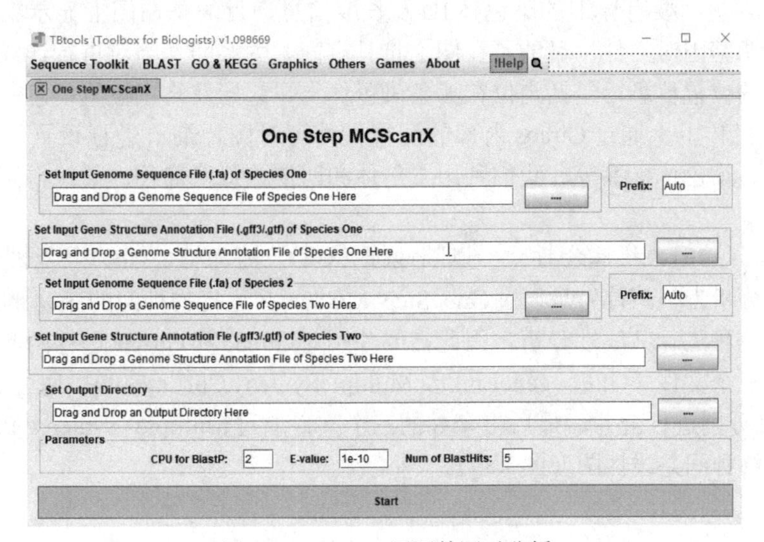

图5.36　TBtools同源基因对分析

得到同源基因对文件后，利用TBtools的Simple Ka/Ks Calculator工具，将基因家族基因CDS序列及同源基因对文件输入，就可以得到物种间基因家族同源基因对的Ka/Ks值，并通过相关R包进行可视化，得到最终图片（图5.37）。

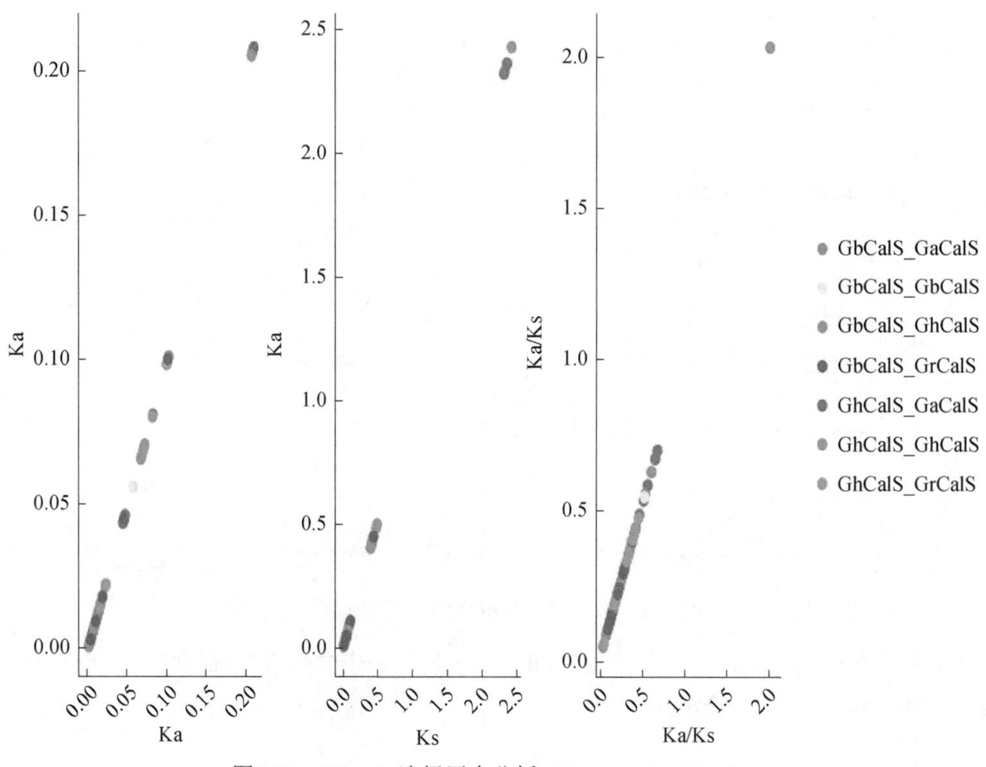

图5.37 TBtools选择压力分析（Feng et al.，2021）

5.5.5 共线性分析

（1）Circos共线性圈图 利用Circos绘制共线性圈图，需要几个输入文件：首先是染色体数据文件，里面要有详细的染色体ID及长度信息，目的是在图上显示染色体；然后是基因家族的同源基因对文件，目的是在图上将具有同源关系的基因对进行连线；最后是具有同源关系基因的位置信息，包括定位在哪条染色体上、起始及终止位置信息，目的是将基因定位在图中染色体上。通过Circos内部的配置文件可对图片细节进行设置，包括颜色、字体、连线半径、染色体标签等。我们利用二倍体和四倍体栽培棉种，最终得到棉属的共线性圈图（图5.38）。

（2）TBtools种间共线性分析 以陆地棉（Gh）、海岛棉（Gb）及亚洲棉（Ga）三个物种的共线性分析为例。首先是通过One Step MCScanX进行物种间的序列比对，TBtools每次只能对两个物种进行共线性分析，因此需要分别对Gb-Ga和Gh-Ga进行两两分析，两次分析输出结果的三个文件（GFF、geneLink及MultipleSynteny.ChrLayout），通过Test Merge for MCScanX工具分别进行合并，最后将合并的三个文件通过Multiple Synteny Plot工具进行可视化，得到最终种间共线性图（图5.39）。

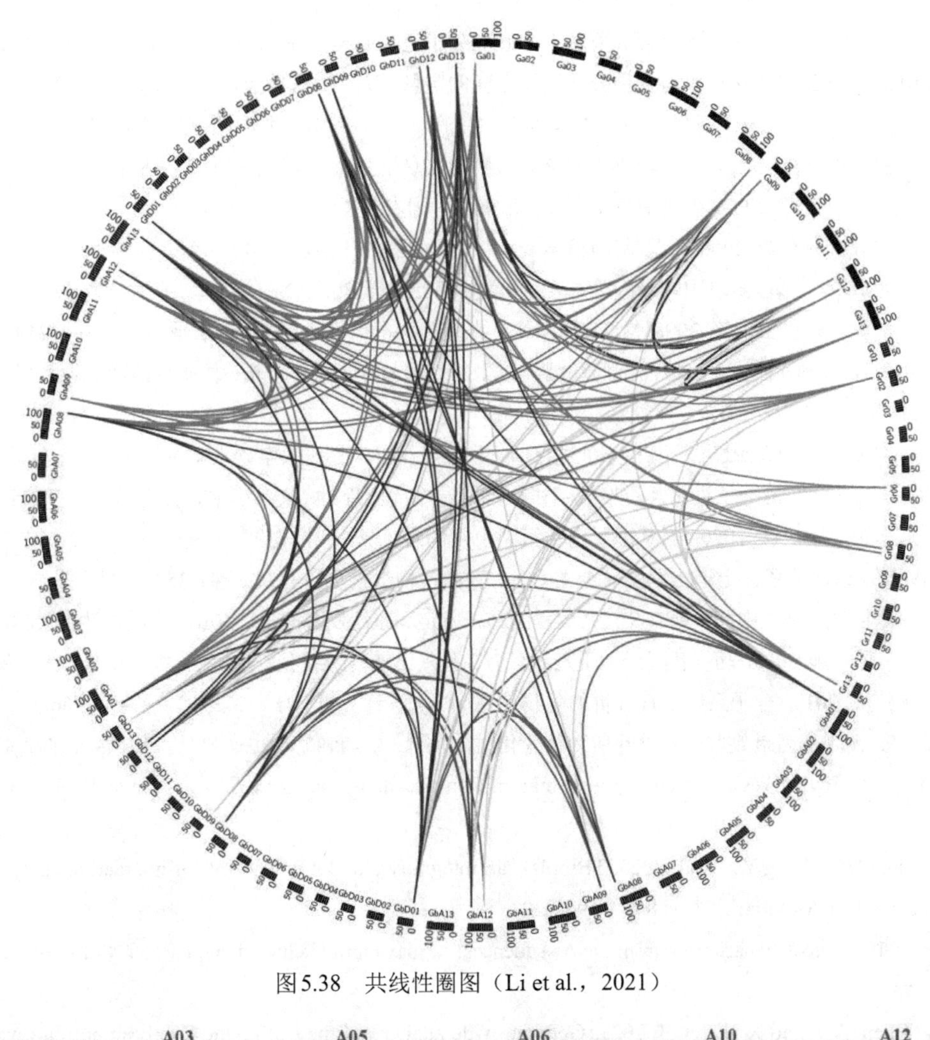

图5.38　共线性圈图（Li et al.，2021）

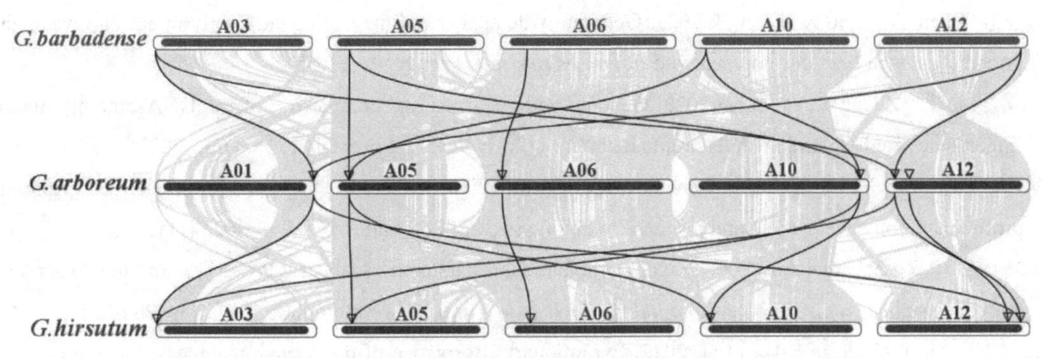

图5.39　亚洲棉、陆地棉和海岛棉种间共线性分析结果（Li et al.，2021）

参 考 文 献

车振凯. 2012. 一种红球菌全基因组范围的顺式调控结合位点的预测研究. 天津：天津师范大学硕士学位论文.

傅明川. 2014. 氨基酸自身及氨基酸替代的邻近效应研究. 杨凌：西北农林科技大学博士学位论文.

侯婷. 2016. 泡桐属植物的系统发育研究. 郑州：河南农业大学硕士学位论文.

江琴. 2018. 单双子叶植物中纤维素合成酶基因家族的分子进化研究. 福州：福建农林大学硕士学位论文.
李可群. 2015. 分子绝对进化速率与物种分歧时间之间的定量关系. 生物学杂志，32（2）：70-75，79.
刘晓枫，张爱兵. 2016 分子钟假说的基本原理及在古生物等学科中的应用. 古生物学报，55（3）：393-402.
刘震，张国强，卢全伟，等. 2016. 转座子的分类与生物信息学分析. 农技服务，33（8）：29.
彭仁海，刘震，刘玉玲. 2017. 生物信息学实践. 北京：中国农业科学技术出版社.
宋雪梅，李宏滨，杜立新. 2006. 比较基因组学及其应用. 生命的化学，5：425-427.
汪珩. 2014. 酵母菌全基因组范围转录因子结合位点的从新计算预测. 天津：天津师范大学硕士学位论文.
温小杰，张学勇，郝晨阳，等. 2008. MITE转座元件在植物中的研究进展. 中国农业科学，8：2219-2226.
习珺珺. 2012. 竹亚科4种竹子*NBS*类抗病基因类似物的克隆与分子进化分析. 昆明：西南林业大学硕士学位论文.
向福. 2004. 红豆杉的18S rRNA基因的分子进化研究. 武汉：华中科技大学硕士学位论文.
向福. 2007. 基于CA等的分子进化及对接技术在药物筛选中的应用. 武汉：华中科技大学博士学位论文.
苑克俊，葛福荣，牛庆霖. 2020. 杏基因组全新组装及杏的进化分析. 植物生理学报，56（10）：2187-2200.
张驰. 2019. MrBayes分子钟定年之程序（英文）. 古脊椎动物学报，57（3）：241-252.
张青. 2011. 不同生长基质中叶状地衣及其共生藻的分子鉴定和系统发育分析. 苏州：苏州大学硕士学位论文.
张森，李辉，顾志刚. 2005. 功能基因组学研究的有力工具—比较基因组学. 东北农业大学学报，5：124-128.
张树波，赖剑煌. 2010. 分子系统发育分析的生物信息学方法. 计算机科学，37（8）：47-51，66.
朱天琪. 2019. 使用基因组数据进行贝叶斯物种分化时间估计. 中国科学：生命科学，49（4）：472-483.
Albrecht U. 2002. Invited review：regulation of mammalian circadian clock genes. J Appl Physiol，92（3）：1348-1355.
Chen C，Chen H，Zhang Y，et al. 2020. TBtools：an integrative toolkit developed for interactive analyses of big biological data. Mol Plant，13（8）：1194-1202.
Felsenstein J. 1981. Evolutionary trees from DNA sequences：a maximum likelihood approach. J Mol Evol，17（6）：368-376.
Feng J J，Chen Y，Xiao X H，et al. 2021. Genome-wide analysis of the CalS gene family in cotton reveals their potential roles in fiber development and responses to stress. Peer J，9：el2557.
Li Y Z，Liu Z，Zhang K Y，et al. 2020. Genome-wide analysis and comparison of the DNA-binding one zinc finger gene family in diploid and tetraploid cotton（*Gossypium*）. PLoS One，15（6）：e0235317.
Li Z，Liu Z，Wei Y，et al. 2021. Genome-wide identification of the MIOX gene family and their expression profile in cotton development and response to abiotic stress. PLoS One，16（7）：e0254111.
Matthews L J，Rosenberger A L. 2008. Taxon combinations，parsimony analysis（PAUP*），and the taxonomy of the yellow-tailed woolly monkey，*Lagothrix flavicauda*. Am J Phys Anthropol，137（3）：245-255.
Peng R H，Xu Y C，Tian S L，et al. 2022. Evolutionary divergence of duplicated genomes in newly described allotetraploid cottons. PNAS，in press.
Retief J D. 2000. Phylogenetic analysis using PHYLIP. Methods Mol Biol，132：243-258.
Rosenberger A L. 2010. Platyrrhines，PAUP，parallelism，and the long lineage hypothesis：a reply to Kay et al.（2008）. J Hum Evol，59（2）：214-217，218-222.
Saitou N，Nei M. 1987. The neighbor-joining method：a new method for reconstructing phylogenetic trees. Mol Biol Evol，4（4）：406-425.
Shimada M K，Nishida T. 2017. A modification of the PHYLIP program：a solution for the redundant cluster

problem，and an implementation of an automatic bootstrapping on trees inferred from original data. Mol Phylogenet Evol，109：409-414.

Wei Y Y，Li Z G，Wedegaertner T C，et al. 2022. Conservation and divergence of phosphoenolpyruvate carboxylase gene family in cotton. Plant，DOI：10.3390/plants11111482.

Wilgenbusch J C，Swofford D. 2003. Inferring evolutionary trees with PAUP. Curr Protoc Bioinformatics，6：4-6.

Wolf M J，Easteal S，Kahn M，et al. 2000. TrExML：a maximum-likelihood approach for extensive tree-space exploration. Bioinformatics，16（4）：383-394.

Zhang J，Fu X X，Li R Q，et al. 2020. The hornwort genome and early land plant evolution. Nature Plants，6：107-118.

Zhang W，Sun Z. 2008. Random local neighbor joining：a new method for reconstructing phylogenetic trees. Mol Phylogenet Evol，47（1）：117-128.

Zhao Z，Shuang J，Li Z，et al. 2021. Identification of the Golden-2-like transcription factors gene family in *Gossypium hirsutum*. PeerJ，9：e12484.

第 6 章

多组学关联分析

本章彩图

生命发展机制包含了多层次、多水平和多功能的复杂结构体系，借助高通量技术的发展积累了大量的组学数据和信息，整合多组学数据可以在不同水平上对生物系统进行更全面的了解。目前，多组学联合分析的应用领域包括生物医药、农林牧渔、微生物、环境科学、海洋生物等。

6.1 多组学关联分析简介

系统生物学是通过整合生物系统中诸多相互联系和作用的组分来研究复杂生物过程的机制，即研究生物系统中所有组成成分（基因、RNA、蛋白质、表观遗传和代谢产物等）的构成，以及在特定条件下这些组分间的相互作用和关系，并分析生物系统在某种或某些因素干预扰动下在一定时间内的动力学过程及其规律。高通量的组学（omics）技术为系统生物学提供了海量的实验数据，多组学联合分析技术是一种结合两种或两种以上组学的研究方法，如将基因组、转录组、蛋白质组、表观组和代谢组等多组学的数据加以整合，通过对数据的拼接及挖掘，关联分析并深入挖掘其生物学意义，为基础生物学及疾病研究提供新思路（图 6.1）。

6.2 几种常用的组学技术

6.2.1 基因组学

基因组学是对生物体所有基因进行集体表征、定量研究及不同基因组比较研究的一门交叉生物学学科。基因组学主要研究基因组的结构、功能、进化、定位和编辑等，以及它们对生物体的影响，目的是对一个生物体的所有基因进行集体表征和量化，并研究它们之间的相互关系及对生物体的影响，包括基因组测序和分析，通过使用高通量 DNA 测序和生物信息学来组装和分析整个基因组的功能和结构，同时也研究基因组内的一些现象，如上位性（一个基因对另一个基因的影响）、多效性（一个基因影响多个性状）、杂种优势（杂交活力），以及基因组内基因座和等位基因之间的相互作用等。基因组学包括功能基因组学、结构基因

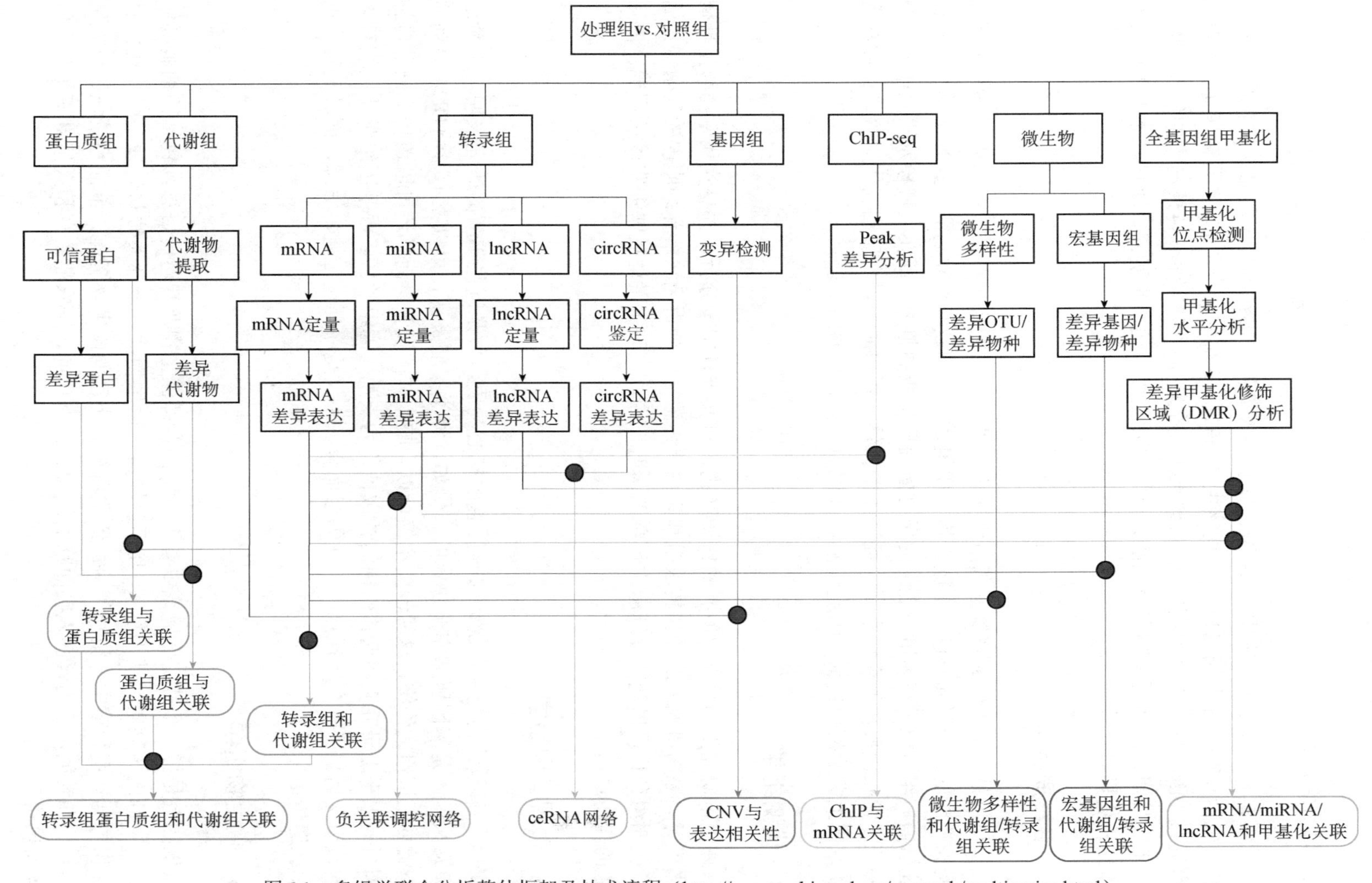

图6.1 多组学联合分析整体框架及技术流程（http://www.oebiotech.cn/research/multiomics.html）

ceRNA.竞争性内源RNA；CNV.拷贝数变异

组学、表观基因组学和宏基因组学等。

6.2.2 转录组学

转录组是指特定类型的细胞、组织、器官或发育阶段的细胞群所转录出来的所有RNA的总和，包括mRNA和非编码RNA。真核生物mRNA 3′端的poly（A）依据碱基互补配对原理，可通过Oligo（dt）富集特定组织或细胞在某个特定时空条件下转录出来的所有mRNA序列和丰度信息。从而解读基因组功能元件，进行基因表达水平研究、新转录本发现研究和转录本结构变异研究等。

6.2.3 蛋白质组学

蛋白质组是一个组织或细胞基因组中所表达的全部蛋白质的总和。蛋白质组学是对蛋白质结构和功能的系统研究，包括细胞内蛋白质组成、结构及其特异功能模式等内容，目标在于阐述蛋白质组对应于基因组所表达的所有蛋白质构成的整体，即在大规模水平上研究蛋白质的特征，包括蛋白质的表达水平、翻译后的修饰、蛋白质与蛋白质相互作用等，由此获得蛋白质水平上关于疾病机制、细胞代谢等过程的整体、全面的认识。

6.2.4 代谢组学

代谢组学研究生物系统中所有的代谢产物，对其进行定量分析，并寻找代谢物与生理病理变化相对关系的研究方法。当转录组和蛋白质组数据的分析无法解释细胞内的复杂调控活动时，代谢组分析可以获得该细胞生理学的瞬时快照，实时定量地反映细胞或组织器官内正在发生的代谢过程。

6.2.5 表观基因组学

DNA一直被认为是决定生命遗传信息的核心物质，但是近些年新的研究表明，生命遗传信息从来就不是基因所能完全决定的。例如，科学家们发现，可以在不影响DNA序列的情况下改变基因组的修饰，这种改变不仅可以影响个体的发育，而且还可以遗传下去。这种在基因组的水平上研究表观遗传修饰的领域被称为表观基因组学。表观基因组学使人们对基因组的认识又增加了一个新视点：对基因组而言，不仅是序列包含遗传信息，而且其修饰也可以记载遗传信息。

6.2.6 微生物组学

微生物组是指一个特定环境或生态系统中的全部微生物及其遗传信息，包括其细胞群体和数量、全部遗传物质（基因组）。其不仅涵盖了微生物群及全部遗传与生理功能，还内涵了微生物与其环境和宿主的相互作用，蕴藏着极为丰富的微生物资源。全面系统地解析微生物组的结构和功能，将为解决人类面临的能源、生态环境、工农业生产和人体健康等重大问题带来新思路。

6.2.7 脂质组学

脂质是一类疏水性或两性小分子，是生物所需要的重要营养素之一，供给机体所需的能量，脂质参与调节多种生命活动，脂质代谢的异常可能引发诸多疾病，如动脉硬化糖尿病等。脂质组学是一种基于液相色谱与串联色谱（LC-MS/MS）的高通量分析技术，通过研究脂质在组织或细胞等生物样品中的组成、结构及定量等方式来系统性解析生物体脂质组成与表达变化的研究模式，拟阐明脂质在细胞水平上的代谢方式、寻找生物标志物、研究脂质分子总体水平在各种生命现象中的作用机制的综合学科。

6.3 多组学联合分析的优势

单一组学分析方法可以提供不同生命进程或者疾病组与正常组相比的生物学过程中包含的差异信息。但是，这些分析往往有局限性。多组学方法整合几个组学水平的信息，为生物机制提供了更多证据，从深层次挖掘候选关键因子。通过将基因、mRNA、调控因子、蛋白质、代谢等不同层面之间的信息进行整合，构建基因调控网络，深层次理解各个分子之间的调控及因果关系，从而更深入地认识生物进程和疾病过程中复杂性状的分子机制和遗传基础。多组学数据的整合不仅为基础研究及临床应用提供可供参考的数据信息，还可以为人们提供更为广阔的视野，加深对生物现象及疾病发生发展的全面认识。

6.4 多组学联合分析的应用领域

1）生物医药：通过对基因组、转录组、蛋白质组、微生物组和代谢组实验数据进行整合分析，可获得应激扰动、病理生理状态或药物治疗疾病后的变化信息，富集和追溯到变化最大、最集中的通路，通过对从基因到RNA、蛋白质，再到体内小分子的综合分析，包括原始通路的分析及新通路的构建，反映组织器官功能和代谢状态，从而对生物系统进行全面的解读。在生物医药领域可应用于生物标志物、疾病机制、药物靶标、疾病分型和个性化治疗等研究。

2）农林牧渔：生长发育研究、胁迫和非胁迫机制、作物育种、珍稀物种保护研究、药用植物研究等。

3）微生物：致病机制、耐药机制、病原体—宿主相互作用研究等。

4）畜牧业：生长发育研究、畜禽重要经济性状功能基因的挖掘、致病机制研究、牧草生物胁迫和逆境转录因子挖掘等。

5）环境科学：发酵过程优化、生物燃料生产、环境风险评估研究等。

6）海洋水产：生长发育研究、生物进化研究、毒理学和水产品安全等。

6.5 多组学联合分析的研究方向

6.5.1 基因组、转录组和表观基因组学

基因组测序技术可以从DNA层面筛选出遗传变异信息，将研究对象的表型进行系统性研究，转录组测序可以从RNA层面分析显著差异表达基因及关键基因的通路富集分析。通过基因组测序得到的物种全基因组序列图谱，结合不同组织的转录组测序，可以深入植物的发育状态、基因的差异表达等生物学问题。表观基因组是在基因组水平上研究表观遗传修饰的学科。表观遗传修饰作用于细胞内的DNA和组蛋白，用来调节基因组功能，表现为DNA甲基化和组蛋白的翻译后修饰，这些分子标志影响了染色体的架构、完整性和装配，同时也影响了其相关的调控元件。而表观基因组即是研究在核酸序列不变的情况下基因的表达，调控和性状发生的可遗传性变化。在此基础上与基因组研究相辅相成，旨在研究不同时期、不同细胞类型中表观遗传修饰的位置，找到其功能相关性，再结合转录组数据则更直观地揭示表观遗传和基因表达变化的分子机制和生物学意义。

6.5.2 转录组和蛋白质组学

转录组学和蛋白质组学都是系统地研究生物学规律和机制过程中基因表达动态调控的重要工具。转录组代表了基因表达的中间状态，可以反映转录调控、转录后调控的机制；蛋白质是功能的最终执行者，蛋白质功能的改变是所有生理病理过程变化的直接原因，蛋白质组的研究有着不可替代的优势。将这两个组学的数据整合起来分析，不仅能揭示转录组和蛋白质组之间的相互调控作用或者关联，更能在蛋白质水平及转录水平两个不同层次上全面探究生命活动和疾病发生的机制，精确研究重要基因的表达模式和调控过程，进而透视生命活动的规律与本质，解释生物学问题（图6.2）。

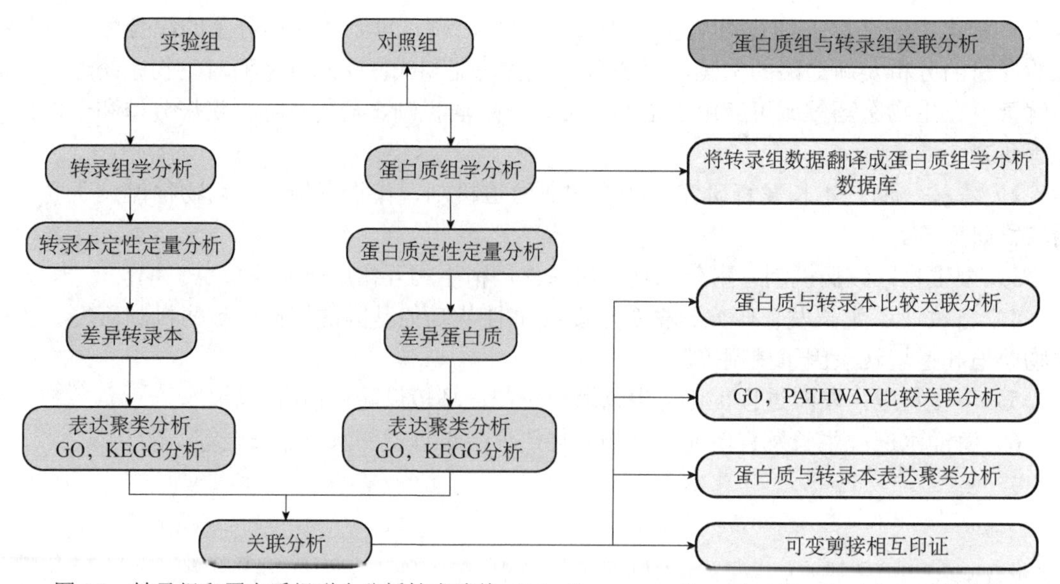

图6.2 转录组和蛋白质组联合分析技术路线（http://www.annsci.com/multiomics-joint-analysis/）

6.5.3 转录组和代谢组学

转录组是获得生物体内基因表达的重要方法，代谢组是生物体表型的基础和直接体现者。转录组测序可以得到大量差异表达基因和调控代谢通路，但由于基因与表型之间很难直接关联，导致关键的信号通路难以确定，因此往往达不到预期的研究目的。代谢产物是生物体在内外调控下基因转录的最终结果，是生物体表型的物质基础。因此，利用转录组的数据获得大量差异表达的基因，与代谢组检测得到的差异代谢物进行关联分析，可以从原因和结果两个层次对生物体的内在变化进行分析，鉴定关键基因靶点、代谢物及代谢通路，构建核心调控网络，系统全面地解析疾病发生发展的复杂机制，从整体上解释生物学问题（图6.3）。

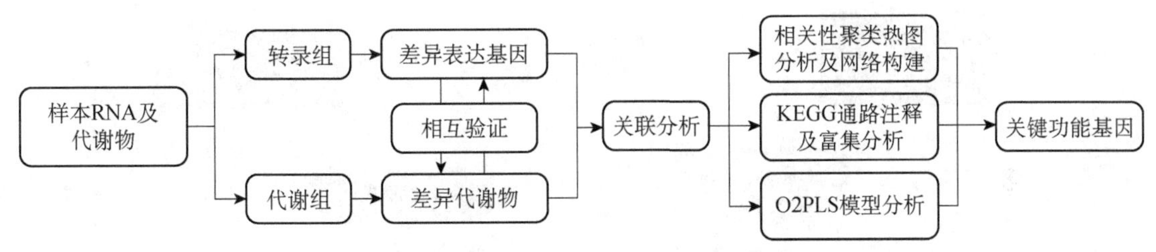

图6.3 转录组和代谢组联合分析技术路线

6.5.4 蛋白质组和代谢组学

蛋白质组学和代谢组学整合分析，是指对来自蛋白质组和代谢组的批量数据进行归一化处理及统计学分析，同时结合代谢通路富集、相关性等分析，实现下游代谢物变化与代谢酶调控机制的分子模型构建，从而更系统全面地解析生物分子功能和调控机制，实现对生物变化大趋势及方向的了解，为后续进行深入实验与分析提供数据基础（图6.4）。

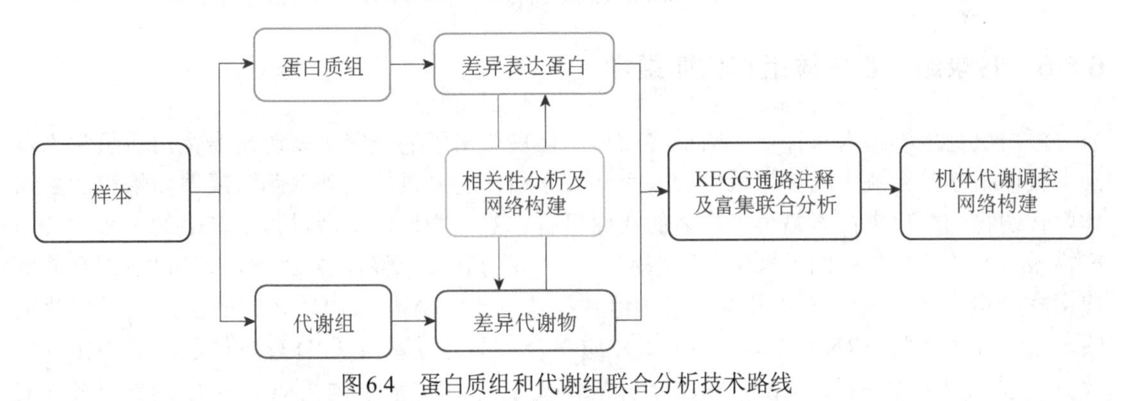

图6.4 蛋白质组和代谢组联合分析技术路线

6.5.5 微生物组和代谢组学

随着微生物组学研究的不断发展和持续火热，越来越多的研究者开始将微生物组学和代谢组学联合起来，从物种、基因及代谢物等水平共同解释科学问题，更好地理解疾病病变过程及机体内物质的代谢途径，有助于发现疾病的生物标记以进一步应用于临床辅助诊断（图6.5）。

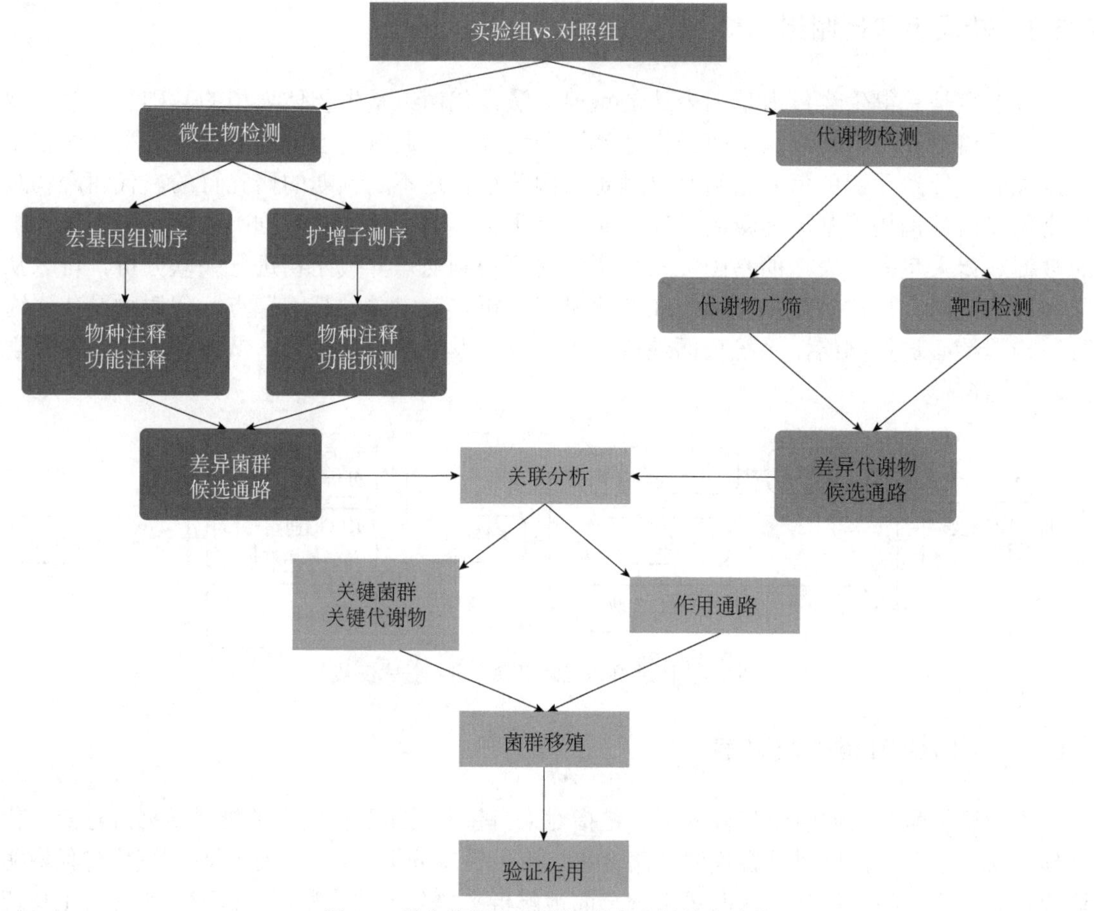

图6.5 微生物组和代谢组联合分析技术路线
（https://www.metware.cn/product/84.html）

6.5.6 转录组、蛋白质组和代谢组学

蛋白质是生物体内执行功能的最终载体，蛋白质组学的研究主要以质谱蛋白质组学为基础。代谢组学是系统生物学领域中的一个新兴学科，它通过检测外源刺激或遗传修饰后生物体内代谢物的变化来探索整个生物体的代谢机制。对生物体内生命过程中产生的一系列代谢产物做全面的分析，有助于揭示基因型和表型之间的联系，整合多组学分析是目前综合分析代谢物的最有效方法。转录组与蛋白质组数据依据mRNA与蛋白质之间的翻译关系彼此关联，通过此关系将mRNA与其翻译的蛋白质整合，即通过蛋白质ID查找与之匹配的转录本数据。蛋白质组学和代谢组学整合分析最常见的思路是基于同一条KEGG通路（KEGG pathway）的数据整合，通过找到参与某条重要的代谢通路的差异表达的蛋白质，并在代谢组学分析结果中重点关注该通路中代谢物的变化关系，基于该KEGG通路进一步探讨代谢物的改变是否由蛋白质的变化所引起，据此找到参与同一生物进程中发生显著性变化的蛋白质和代谢物，快速锁定关键蛋白，挖掘相关靶标分子。转录组、蛋白质组及代谢组联合分析技术路线见图6.6。

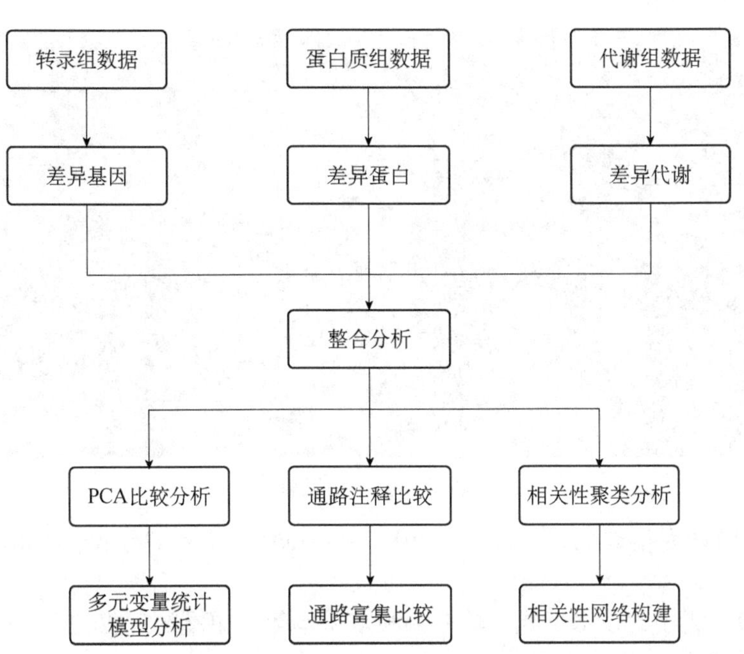

图6.6　转录组、蛋白质组及代谢组联合分析技术路线
（http://www.verygenome.com/multi-omics-integrate.html）

6.6　多组学分析实战

6.6.1　基因组和转录组分析

（1）转录组数据的获取　　本实践采用的数据为小麦‘yug1’和‘yug18’两个品种的转录组数据，数据为双端测序，每个品种取两个重复进行分析（图6.7）。选取数据为 R1_L1_318318、R1_L1_319319、R18_L1_316316、R18_L1_317317。

R1_L1_315315.R1.clean.fastq.gz	2019/4/8 15:08	好压 GZ 压缩文件	1,827,789...
R1_L1_315315.R2.clean.fastq.gz	2019/4/8 15:01	好压 GZ 压缩文件	1,969,341...
R1_L1_318318.R1.clean.fastq.gz	2019/4/8 15:04	好压 GZ 压缩文件	1,782,954...
R1_L1_318318.R2.clean.fastq.gz	2019/4/8 15:08	好压 GZ 压缩文件	1,938,784...
R1_L1_319319.R1.clean.fastq.gz	2019/4/8 15:01	好压 GZ 压缩文件	1,921,768...
R1_L1_319319.R2.clean.fastq.gz	2019/4/8 15:05	好压 GZ 压缩文件	2,087,592...
R18_L1_314314.R1.clean.fastq.gz	2019/4/8 15:00	好压 GZ 压缩文件	1,869,839...
R18_L1_314314.R2.clean.fastq.gz	2019/4/8 15:04	好压 GZ 压缩文件	2,033,597...
R18_L1_316316.R1.clean.fastq.gz	2019/4/8 15:07	好压 GZ 压缩文件	1,544,241...
R18_L1_316316.R2.clean.fastq.gz	2019/4/8 15:00	好压 GZ 压缩文件	1,670,347...
R18_L1_317317.R1.clean.fastq.gz	2019/4/8 15:04	好压 GZ 压缩文件	1,598,907...
R18_L1_317317.R2.clean.fastq.gz	2019/4/8 15:07	好压 GZ 压缩文件	1,772,697...
R18_L2_316316.R1.clean.fastq.gz	2019/4/8 15:00	好压 GZ 压缩文件	206,333 KB
R18_L2_316316.R2.clean.fastq.gz	2019/4/8 15:04	好压 GZ 压缩文件	214,082 KB

图6.7　转录组实践数据

（2）fastp去除低质量数据、fastqc质控

1）对每一组双端测序数据进行fastp过滤（图6.8）。

```
Read1 before filtering:
total reads: 24234518
total bases: 3635177700
Q20 bases: 3580755519(98.5029%)
Q30 bases: 3477741909(95.6691%)

Read1 after filtering:
total reads: 23696105
total bases: 3553469679
Q20 bases: 3508753711(98.7416%)
Q30 bases: 3410532636(95.9775%)

Read2 before filtering:
total reads: 24234518
total bases: 3635177700
Q20 bases: 3506345569(96.4505%)
Q30 bases: 3325047568(91.4686%)

Read2 aftering filtering:
total reads: 23696105
total bases: 3553459349
Q20 bases: 3464178554(97.4877%)
Q30 bases: 3295269504(92.7344%)

Filtering result:
reads passed filter: 47392210
reads failed due to low quality: 1072142
reads failed due to too many N: 0
reads failed due to too short: 4684
reads with adapter trimmed: 149316
bases trimmed due to adapters: 3306876

JSON report: R1_L1_319319.json
HTML report: R1_L1_319319.html
```

图6.8 fastp输出结果

fastp运行的命令格式为：fastp -i <in1> -o <out1> -I <in2> -O <out2> [options]。

fastp的安装及使用

-i -o/-I -O：测序的技术形式，单末端和双末端等。单端测序仅使用-i和-o，双端测序则全部使用。

-j/-h：输出文件形式。-j输出json格式报告文件名，-h输出html格式报告文件名，可以直接使用浏览器查看。

-w：设置线程数。

命令举例：

```
ls R1_L1_318318.* |sed 's#.R1.clean.fastq.gz##g' | sed 's#.R2.clean.fastq.gz##g' |xargs -t -i sh -c 'fastp -i {}.R1.clean.fastq.gz -o {}.R1.clean.fq.gz -I {}.R2.clean.fastq.gz -O {}.R2.clean.fq.gz -w 4 -j {}.json -h {}.html'
```

2）创建fastqc文件夹：mkdir fastqc。

3）对fastp过滤结果进行fastqc质控。

fastqc运行的命令格式为：fastqc-o <outdir> [options] <infile>。

-o：fastqc输出的报告文件的储存路径。

-t：设置线程数。

-f：有效的格式文件有BAM、SAM和FASTQ。

infile：输入文件。

fastqc安装及使用

命令举例：

```
ls *.fq.gz |sed 's#.fq.gz##g' |xargs -t -I  sh -c 'fastqc -o fastqc -t 4 {}.fq.gz'
```

4）查看fastqc质控结果。

Basic Statistics为基本信息。可以看到输入文件的read数量为18 907 387，测序长度为40～150bp，GC含量为56%（图6.9）。

Per base sequence quality为序列测序质量统计。如图6.10所示横轴表示测序序列第1个碱基到第150个碱基，纵轴表示质量得分，图中红线表示中位数，蓝线表示各个位置的平均值的连线。可以看到蓝线都处于绿色区域，则过滤数据没问题，可以进行下步分析。

Basic Statistics

Measure	Value
Filename	R18_L1_316316.R1.clean.fq.gz
File type	Conventional base calls
Encoding	Sanger / Illumina 1.9
Total Sequences	18907387
Sequences flagged as poor quality	0
Sequence length	40-150
%GC	56

图6.9　Basic Statistics模块

Per base sequence quality

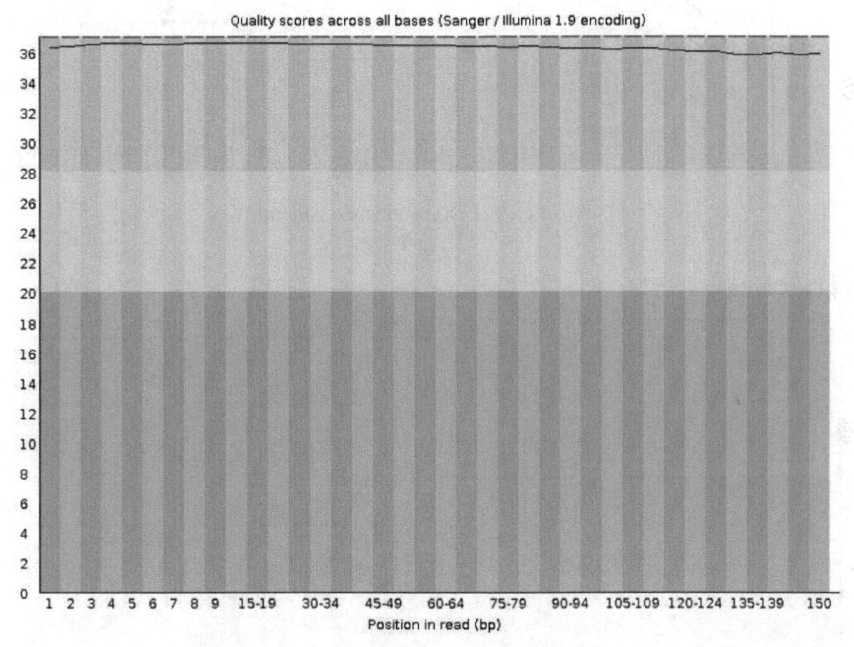

图6.10　Per base sequence quality模块

Per base sequence content为碱基分布统计。如图6.11所示，横轴表示碱基长度区域，纵轴为百分比，图中4条线分别表示A、T、C、G在每个位置的平均含量。理论上A和T、C和G应该相等。可以看到在测序初始的10bp内，曲线不稳定，因此需要去除部分起始序列信息。

Adapter Content为序列接头。如图6.12所示衡量的是两端接头的情况，所有的接头都已经去除。

5）使用cutadapt去除起始5bp片段（图6.13和图6.14）。

cutadapt运行的命令格式为：cutadapt [options] -o <out1.fastq> <input.fastq>。

-u：截去起始*n*bp片段长度的碱基。

-o：输出文件。

input.fastq：输入文件。

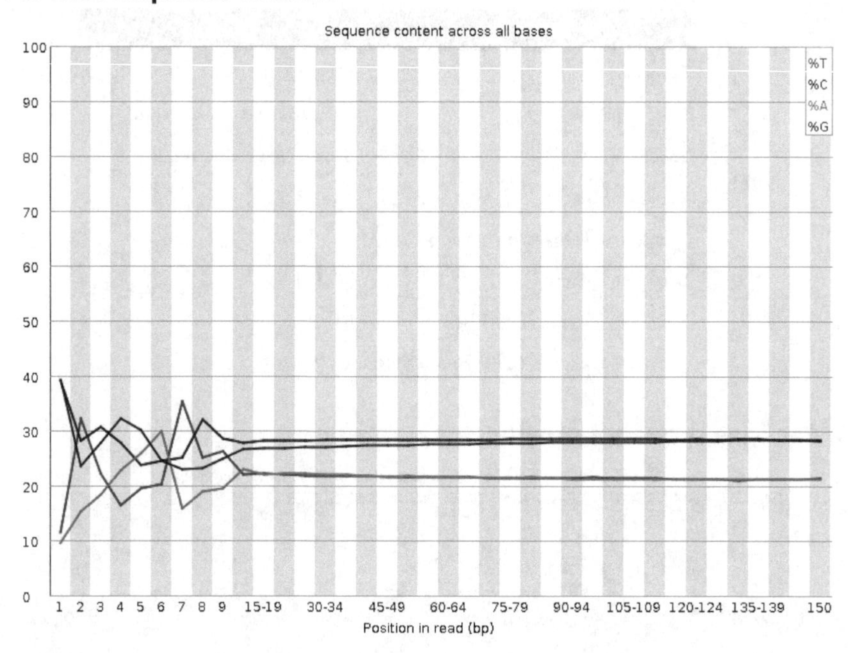

图6.11 Per base sequence content模块

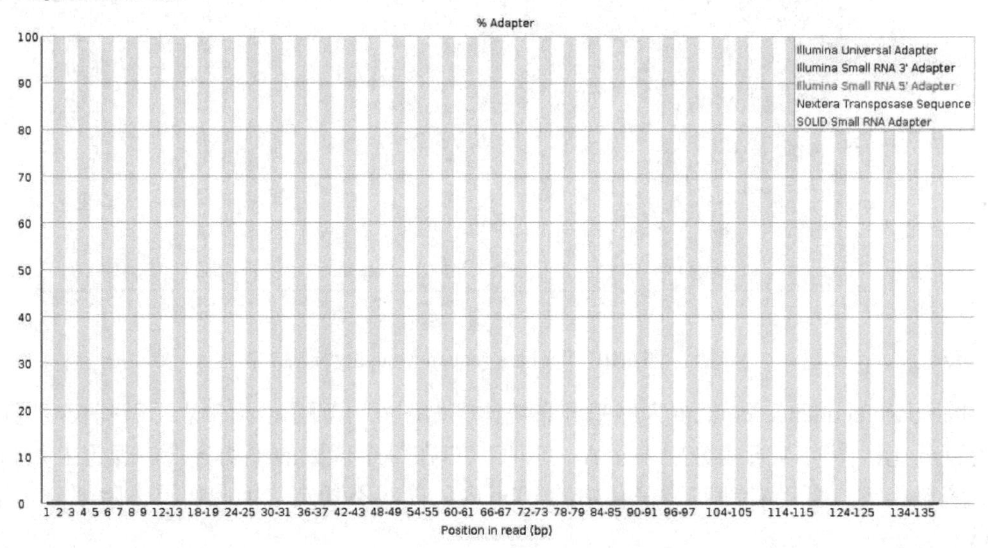

图6.12 Adapter Content模块

```
@A00262:146:H5CVNDSXX:1:1101:6732:1000 1:N:0:GCATTGGA+GCATTGG
NAAGAAGTCAATGTATGTCAGCACAGCGGTGATCATGCCTGCCTGCAAGCACTGGGTAGGCTGCCGCCGTGATATCTTCTCAAATGCTTGCAAGCACTGCTCAGCGACATCAAGGTACTCGATGGCAAGGAGCCGAGAGCAGAGCAAGGG
+
#FFFFFFFFFFFFFFFFFFFFFFFFFFFFFFFFFFFFFFFFFFFFFFFFFFFFFFFFFFFFFFFFFFFFFFFFFFFFFFFFFF:FFFFFFFFFFFFFFFFFFFFFFFFFFFFFFFFFFFFFFFFFFFFFFFFFFFFFFFFFFFFFFFFFF
@A00262:146:H5CVNDSXX:1:1101:8232:1000 1:N:0:GCATTGGA+GCATTGG
NTAATCCTTTATATGACGTTTTGACTAAGTTGCTACACAAAACAAGACCAGGGCATAGGTCAAAGAAAACAAGGATAAGTTTAGTTACAAAAGACGTTGGCCTAAATATGCTGTCAGATGATTCTAAAATCCAGGCAGTCGAGTCTCTAT
+
#FFFFFFFFFF:FFFFFFFFFFFFFFFFFFFFFFFFFFFFFFFFF:FFFFFFFFFFFFFFFFFFFFFFFFFFFFFFFFFFFFFFFFFFFFFFFFFFFFFFFFFFFFFFFFFFFFFFFFFFFFFFF:FFFFFFFFFFFFFFFFFFFFFFFFFF
@A00262:146:H5CVNDSXX:1:1101:3757:1016 1:N:0:GCATTGGA+GCATTGG
TCTCTCTTCCTTCTGTTTCAAGTACAATCCCTCCATCAACAATTTCATCGAGGCATAATAGGATCAGGTCCAGATTCTCGAGTGCTGTTCTTTTGTCAACCATGTTTTTGAGAAGTCGATCAACAGCATCAGAGAATCCCTGAAGAACTG
+
FFFFFFFFFFFFFFFFFFFFFFFFFFFFFFFFFFFF:FFFFFFFFFFFFFFFFFFFFFFF:FFFFFFFFFFFFFFFFFFFFFFFFFFFFFFFFFFFFFFFFFFFFFFFFFFFFFFFFFFFFFFFFFFFFFFFFFF:FFFFFFFFFFFFFFF
```

图6.13 去起始5bp前

```
@A00262:146:H5CVNDSXX:1:1101:6732:1000 1:N:0:GCATTGGA+GCATTGG
AGTCAATGTATGTCAGCACAGCGGTGATCATGCCTGCCTGCAAGCACTGGGTAGGCTGCCGCCGTGATATCTTCTCAAATGCTTGCAAGCACTGCTCAGCGACATCAAGGTACTCGATGGCAAGGAGCCGAGAGCAGAGCAAGGG
+
FFFFFFFFFFFFFFFFFFFFFFFFFFFFFFFFFFFFFFFFFFFFFFFFFFFFFFFFFFFFFFFFFFFFFFFFFFFFFFFF:FFFFFFFFFFFFFFFFFFFFFFFFFFFFFFFFFFFFFFFFFFFFFFFFFFFFFFFFFFFFFFFF
@A00262:146:H5CVNDSXX:1:1101:8232:1000 1:N:0:GCATTGGA+GCATTGG
CCTTTATATGACGTTTTGACTAAGTTGCTACACAAAACAAGACCAGGGCATAGGTCAAAGAAAACAAGGATAAGTTTAGTTACAAAAGACGTTGGCCTAAATATGCTGTCAGATGATTCTAAAATCCAGGCAGTCGAGTCTCTAT
+
FFFFFF:FFFFFFFFFFFFFFFFFFFFFFFFFFFFFFFFF:FFFFFFFFFFFFFFFFFFFFFFFFFFFFFFFFFFFFFFFFFFFFFFFFFFFFFFFFFFFFFFFFFFFF:FFFFFFFFFFFFFFFFFFFFFFFFFFFF
@A00262:146:H5CVNDSXX:1:1101:3757:1016 1:N:0:GCATTGGA+GCATTGG
CTTCCTTCTGTTTCAAGTACAATCCCTCCATCAACAATTTCATCGAGGCATAATAGGATCAGGTCCAGATTCTCGAGTGCTGTTCTTTTGTCAACCATGTTTTTGAGAAGTCGATCAACAGCATCAGAGAATCCCTGAAGAACTG
+
FFFFFFFFFFFFFFFFFFFFFFFFFFFFFFFFF:FFFFFFFFFFFFFFFFFFFFFFFFF:FFFFFFFFFFFFFFFFFFFFFFFFFFFFFFFFFFFFFFFFFFFFFFFFFFFFFFFFFFFFFFF:FFFFFFFFFFFFFFFF
```

图6.14　去起始5bp后

命令举例：

```
ls *.fq.gz |sed 's#.fq.gz##g' |xargs -t -i sh -c 'cutadapt -u 5 -o {}.fq1.gz {}.fq.gz'
```

（3）hisat2序列比对

1）利用hisat2-build构建基因组索引文件（图6.15）。

```
-rwxrwxrwx 1 lzg lzg  137918453 Sep  8 20:00 Sitalica_312_v2.1.ht2*
-rwxrwxrwx 1 lzg lzg  100227620 Sep  8 20:00 Sitalica_312_v2.2.ht2*
-rwxrwxrwx 1 lzg lzg      61127 Sep  8 19:54 Sitalica_312_v2.3.ht2*
-rwxrwxrwx 1 lzg lzg  100227614 Sep  8 19:54 Sitalica_312_v2.4.ht2*
-rwxrwxrwx 1 lzg lzg  178881647 Sep  8 20:00 Sitalica_312_v2.5.ht2*
-rwxrwxrwx 1 lzg lzg  102047496 Sep  8 20:00 Sitalica_312_v2.6.ht2*
-rwxrwxrwx 1 lzg lzg         12 Sep  8 19:55 Sitalica_312_v2.7.ht2*
-rwxrwxrwx 1 lzg lzg          8 Sep  8 19:55 Sitalica_312_v2.8.ht2*
-rwxrwxrwx 1 lzg lzg  410813853 Jul  8 10:58 Sitalica_312_v2.fa*
```

图6.15　基因组索引文件

hisat2-build运行的命令格式为：hisat2-build [options] <reference_in> <ht2_index_base>。

reference_in：输入的基因组文件。

ht2_index_base：输出的索引文件名。

命令举例：

```
hisat2-build Sitalica_312_v2.fa Sitalica_312_v2
```

2）hisat2进行序列比对（图6.16）。

```
(base) lzg@DESKTOP-MPDKH8M:/mnt/f/1111111yug/RNA/raw_data$ hisat2 -p 4 --dta -x Sitalica_312_v2 -1 R1_L1_318318.R1.clean.fq1.gz -2 R1_L1_318318.R2.clean.fq1.gz -S R1_L1_318318.sam
Warning: Unsupported file format
21925302 reads; of these:
  21925302 (100.00%) were paired; of these:
    1134512 (5.17%) aligned concordantly 0 times
    20050135 (91.45%) aligned concordantly exactly 1 time
    740655 (3.38%) aligned concordantly >1 times
    ----
    1134512 pairs aligned concordantly 0 times; of these:
      179824 (15.85%) aligned discordantly 1 time
    ----
    954688 pairs aligned 0 times concordantly or discordantly; of these:
      1909376 mates make up the pairs; of these:
        1028017 (53.84%) aligned 0 times
        844323 (44.22%) aligned exactly 1 time
        37036 (1.94%) aligned >1 times
97.66% overall alignment rate
```

图6.16　hisat2序列比对结果

hisat2
序列比对

hisat2运行的命令格式为：hisat2 [options] -x <ht2_index_base> <-1 in1> <-2 in2> -S <out.sam>。

-p：设置线程数。

-dta：输出报告形式。

-x：基因组索引文件。

-1/-2：双端测序序列比对输入文件。

-S：输出SAM文件。

命令举例：

```
hisat2 -p 4 --dta -x Sitalica_312_v2 -1 R1_L1_318318.R1.clean.fq1.gz -2
R1_L1_318318.R2.clean.fq1.gz -S R1_L1_318318.sam
```

以R1_L1_318318样品为例，在输出结果中可以看到总read数为21 925 302，比对率为97.66%。

（4）利用samtools将生成的SAM文件转变为BAM文件并排序　samtools view运行的命令格式为：samtools view［options］<infile>。

-bS：输出BAM格式文件。

infile：输入文件。

命令举例：

samtools
安装及使用

```
vim convert.sh
    list="R1_L1_318318 R1_L1_319319 R18_L1_316316 R18_L1_317317"
for i in $list
do
samtools view -bS ${i}.sam | samtools sort - -o ${i}.bam
done
sh convert.sh
```

（5）samtools merge合并相同材料的测序结果　samtools merge运行的命令格式为：samtools merge［options］–f <outfile> <infile1> <infile2>。

-f：如果文件存在，则覆盖并输出BAM文件。

命令举例：

```
samtools merge -f yug1.bam R1_L1_318318.bam R1_L1_319319.bam
samtools merge -f yug18.bam R18_L1_316316.bam R18_L1_317317.bam
```

（6）featureCounts统计mapping的read数（图6.17）

```
//================================= Running ==================================\\
||
|| Load annotation file Sitalica_312_v2.2.gene.gtf ...
||    Features : 206146
||    Meta-features : 25231
||    Chromosomes/contigs : 59
||
|| Process BAM file yug1.bam...
||    Paired-end reads are included.
||    Total alignments : 49739480
||    Successfully assigned alignments : 37687186 (75.8%)
||    Running time : 4.73 minutes
||
|| Write the final count table.
|| Write the read assignment summary.
||
|| Summary of counting results can be found in file "Counts/yug1.feature_out
|| .txt.summary"
||
```

图6.17　featureCounts统计结果

featureCounts
安装及使用

featureCounts运行的命令格式为：featureCounts［options］-a <annotation_file> -o <output_file> <input_file>。

-T：设置线程数。

-p：在双末端测序情况下，统计fragment而不统计read。

-B：在-p的前提条件下，只有两端read都比对上的fragment才会被统计。

-C：在-p的前提条件下，比对到多个不同染色体上的fragment不会被统计。

-t：设置读取GTF中的特定信息类型，只有read在这一区域内才被统计。

-g：对应到读取参考GTF文件中的这一特定列名的信息。

-a：参考组GTF文件。

-o：输出文件。

input_file：输入文件。

命令举例：

```
ls *.bam |sed 's#.bam##g' |xargs -t -i sh -c 'featureCounts -T 6 -p -B -C -t exon -g gene_id -a Sitalica_312_v2.2.gene.gtf -o Counts/{}.feature_out.txt {}.bam'
```

统计总的read数：

```
featureCounts -T 6 -p -B -C -t exon -g gene_id -a Sitalica_312_v2.2.gene.gtf -o Counts/yug.feature_out.txt R1_L1_318318.bam R1_L1_319319.bam R18_L1_316316.bam R18_L1_317317.bam
```

（7）使用Rstudio进行DESeq2 差异分析（图6.18和图6.19）

Group	Replicate	sampleid
yug1	Rep1	R1_L1_318318
yug1	Rep2	R1_L1_319319
yug18	Rep1	R18_L1_316316
yug18	Rep2	R18_L1_317317

图6.18 metadata文件

	A	B	C	D	E	F	G	H	I	J	K
1	Row.names	baseMean	log2FoldChan	lfcSE	stat	pvalue	padj	R1_L1_318318	R1_L1_319319	R18_L1_31631	R18_L1_317317
2	Seita.1G1175	16020.92207	-1.377403884	0.035000957	-39.35332049	0	0	23172.73543	23100.80708	8678.891068	9131.254701
3	Seita.1G2402	5987.636878	-2.235842156	0.048930416	-45.69432157	0	0	9814.422117	9942.402809	2014.259765	2179.462821
4	Seita.2G3423	1564.06173	-5.258093968	0.13889652	-37.85619667	0	0	3014.482538	3082.575278	72.09878354	87.0903201
5	Seita.J02910	4893.241397	-1.931809783	0.049411967	-39.09599062	0	0	7818.958699	7689.65232	1996.235069	2068.1195
6	Seita.5G2400	38628.21102	1.110944312	0.028540354	38.92538667	0	0	24317.62794	24580.54651	52050.81554	53563.85409
7	Seita.7G2915	10307.0924	-1.471604146	0.037202465	-39.55663044	0	0	15244.56306	15057.36017	5527.948919	5398.497437
8	Seita.8G0326	9576.396841	-2.540313179	0.040530757	-62.67618339	0	0	16209.90088	16476.84261	2772.423536	2846.420335
9	Seita.8G1555	6866.645061	-6.585456024	0.098987287	-66.52830119	0	0	13808.12557	13375.32942	145.3241106	137.8011394
10	Seita.8G2263	4210.028574	-5.450058935	0.090904605	-59.95360664	0	0	8181.77023	8281.892418	179.1204153	197.3312316
11	Seita.8G2530	3407.230469	-4.095247023	0.075026171	-54.58424701	0	0	6317.733437	6557.681784	386.404418	367.1022353
12	Seita.9G2873	2018.563366	-6.362850574	0.16668624	-38.17262039	0	0	3943.724315	4033.774854	39.42902225	57.32527399
13	Seita.1G0111	2338.909572	-2.674674585	0.071468624	-37.42445884	1.56E-306	2.77E-303	4073.299862	4015.697758	616.2192905	650.4213779
14	Seita.7G2648	9458.673475	1.442863016	0.038773029	37.21305882	4.20E-303	6.87E-300	5049.74416	5124.426314	13583.86144	14076.66199
15	Seita.9G4682	1543.658161	-5.436965514	0.146641038	-37.07669811	6.67E-301	1.01E-297	2990.418508	3044.699458	79.98458798	59.53009222
16	Seita.8G1626	1894.91974	-6.392745364	0.173086549	-36.93380807	1.33E-298	1.88E-295	3763.24409	3727.325036	42.80865272	46.30118284
17	Seita.3G2479	315086.5338	0.864038874	0.023766632	36.35512509	2.18E-289	2.90E-286	224851.5205	222060.7691	404734.4072	408699.4385
18	Seita.4G1806	1629.044896	-3.391148208	0.093561478	-36.2451329	1.19E-287	1.48E-284	2907.119942	3042.117015	271.4969818	295.4456429
19	Seita.6G1810	4056.543372	-2.086633124	0.058700447	-35.54714182	9.20E-277	1.09E-273	6640.746764	6493.98154	1454.367649	1637.077536
20	Seita.4G2461	9123.922233	-1.381325567	0.038985531	-35.43174916	5.54E-275	6.21E-272	13232.43993	13140.32718	4968.056803	5154.865022
21	Seita.8G2290	1465.709838	-5.704368641	0.161082183	-35.41278453	1.09E-274	1.16E-271	2900.641165	2851.8771	55.20063114	55.12045576
22	Seita.3G1102	1527.833595	-3.346224051	0.09534412	-35.09628128	7.68E-270	7.79E-267	2844.183248	2720.172543	265.8642643	281.1143244
23	Seita.8G2505	3271.6162	1.992868483	0.057189107	34.84699414	4.73E-266	4.58E-263	1345.734606	1282.613003	5228.28835	5229.828842
24	Seita.1G0084	1324.515097	-5.373360614	0.15584265	-34.47939701	1.63E-260	1.51E-257	2657.224245	2516.159603	56.32717464	68.34936514
25	Seita.9G3320	1486.243378	-3.189311881	0.094352872	-33.80195853	1.85E-250	1.64E-247	2744.22497	2613.431596	296.2809386	291.0360064
26	Seita.3G3937	1707.563866	-6.760948977	0.20374775	-33.18293805	1.90E-241	1.62E-238	3349.52788	3418.292775	32.66976129	29.76504611

图6.19 上下调基因输出文件

1）分析差异基因：输出结果可以看到上调基因有3188个，下调基因有3332个，并将所有的上下调基因输出文件至“Total_diff.csv”。

```
> library(DESeq2)
> library(dplyr)
> data <- read.table('F:/1111111yug/RNA/raw_data/Counts/yug.feature_out.txt',header=TRUE,quote="\t",skip=1)
> countdata <- as.matrix(data[7:10])
```

```
> head(countdata)
                    R1_L1_318318.bam    R1_L1_319319.bam    R18_L1_316316.bam
R18_L1_317317.bam
Seita.1G000100.v2.2        760         902          472          488
Seita.1G000200.v2.2        4382        4557         5337         5632
Seita.1G000300.v2.2        1662        1776         1376         1451
Seita.1G000400.v2.2        2666        2873         2217         2152
Seita.1G000500.v2.2        1128        1283         978          997
Seita.1G001100.v2.2        637         732          378          412
> rownames(countdata)<- data$Geneid
> metadata <- read.table("F:/1111111yug/RNA/raw_data/Counts/metadata.txt",
header=TRUE)
> rownames(metadata)<- metadata$sampleid
> dds <- DESeqDataSetFromMatrix(countData=countdata,colData=metadata,design=
~Group)
> dds <- DESeq(dds)
> res <- results(dds,pAdjustMethod="fdr",alpha=0.05)
> res <- res [order(res$padj),]
> summary(res)
out of 23068 with nonzero total read count
adjusted p-value < 0.05
LFC > 0(up)     :3188,14%
LFC < 0(down)   :3332,14%
outliers [1]      :0,0%
low counts [2]    :1780,7.7%
(mean count < 2)
[1] see 'cooksCutoff' argument of ?results
[2] see 'independentFiltering' argument of ?results
> mcols(res,use.names=TRUE)
DataFrame with 6 rows and 2 columns
                   type          description
              <character>         <character>
baseMean       intermediate mean of normalized c..
log2FoldChange      results log2 fold change(ML..
lfcSE             results standard error:Grou..
stat              results Wald statistic:Grou..
pvalue            results Wald test p-value:G..
padj              results  fdr adjusted p-values
> resdata <- merge(as.data.frame(res),as.data.frame(counts(dds,normalized=
TRUE)),by="row.names",sort=FALSE)
> write.csv(resdata,file="F:/1111111yug/RNA/raw_data/Counts/Total_up_down.
csv",row.names=FALSE)
```

2）TPM值计算并输出文件（图6.20）。

```
KB <- data$Length / 1000
RPK <- countdata / KB
TPM <- t(t(RPK)/ colSums(RPK)* 1000000)
write.table(TPM,"F:/1111111yug/RNA/raw_data/Counts/final_featureCounts.TPM.
txt",sep="\t",quote=FALSE,row.names=TRUE)
```

final_featureCounts.TPM.txt - 记事本

文件(F)　编辑(E)　格式(O)　查看(V)　帮助(H)

GeneID	R1_L1_318318.bam	R1_L1_319319.bam	R18_L1_316316.bam	R18_L1_317317.bam
Seita.1G000100.v2.2	21.0724209939765	23.1370506321147	15.3545787532707	15.3520455757557
Seita.1G000200.v2.2	400.878528818267	385.673739478118	572.839149368288	584.58633044678
Seita.1G000300.v2.2	69.9919936901017	69.1928029399176	67.9877775058314	69.3314597847223
Seita.1G000400.v2.2	102.539628178665	102.22752272907	100.044300495515	93.9116448646437
Seita.1G000500.v2.2	53.0192478596898	55.7894059040734	53.9334725104431	53.1698222203276
Seita.1G001100.v2.2	29.8830053716506	31.7684875413555	20.8051909476836	21.9294451592924
Seita.1G001200.v2.2	2.36659497316966	2.65032290713428	0.292277509514671	0.42397200265958
Seita.1G001300.v2.2	261.965661386503	262.607052114439	436.121865152054	435.4738173852
Seita.1G001500.v2.2	61.5014404300886	61.2559436661324	66.3034240467857	64.1779302884665
Seita.1G001600.v2.2	9.71549515301231	10.9667644499297	8.59165007446484	6.99237407371402
Seita.1G001700.v2.2	0.150978945656757	0	0	0
Seita.1G001800.v2.2	0.0550141288392543	0.101789938823415	0	0.0624194341401425
Seita.1G001900.v2.2	238.424430521804	239.416710119202	222.807379912182	222.088420191751
Seita.1G002000.v2.2	99.8827189864646	98.4175542373425	81.4396186009696	74.344529068515
Seita.1G002100.v2.2	20.4137254242981	18.7743840947312	17.9044010557137	16.4986473403384
Seita.1G002200.v2.2	85.8419190654298	84.4889536251182	95.5667012761732	94.751908117316
Seita.1G002300.v2.2	34.2539098722075	31.6891629834089	32.3771794805026	39.0635340232247

图6.20　TPM输出文件

3）输出差异基因（图6.21）。

```
> diff_gene <- subset(res,padj < 0.05 &(log2FoldChange > 1 | log2Fold
Change < -1))
> write.table(x=as.data.frame(diff_gene),file="F:/1111111yug/RNA/raw_data/
Counts/Total_diff_gene.txt",sep="\t",quote=F,col.names=NA)
```

Total_diff_gene.txt - 记事本

文件(F)　编辑(E)　格式(O)　查看(V)　帮助(H)

```
                    baseMeanlog2FoldChange   lfcSE       stat         pvalue      padj
Seita.1G117500.v2.2  16020.9220709834   -1.37740388446819  0.0350009571553991 -39.353320492143   0     0
Seita.1G240200.v2.2  5987.63687795097   -2.2358421555034   0.0489304158328818 -45.6943215675859  0     0
Seita.2G342300.v2.2  1564.06172993019   -5.25809396844123  0.138896519760271  -37.8561966672488  0     0
Seita.J029100.v2.2   4893.24139699934   -1.93180978321856  0.0494119666135749 -39.0959906195644  0     0
Seita.5G240000.v2.2  38628.2110198162   1.11094431181295   0.0285403539137284 38.9253866707859   0     0
Seita.7G291500.v2.2  10307.0923958875   -1.47160414621984  0.0372024646672028 -39.5566304379072  0     0
Seita.8G032600.v2.2  9576.39684136677   -2.54031317926586  0.0405307573278723 -62.6761833911977  0     0
Seita.8G155500.v2.2  6866.64506147876   -6.58545602380048  0.0989872866965958 -66.5283011947327  0     0
Seita.8G226300.v2.2  4210.02857361      -5.45005893452103  0.0909046050765463 -59.9536066399695  0     0
Seita.8G253000.v2.2  3407.23046859062   -4.09524702288306  0.0750261705015111 -54.5842470101894  0     0
Seita.9G287300.v2.2  2018.56336641042   -6.3628505742661   0.166686240267025  -38.1726203918995  0     0
Seita.1G011100.v2.2  2338.9095721178    -2.67467458514072  0.0714686242057944 -37.424458842792   1.56384898476151e-306
2.77426809896693e-303
Seita.7G264800.v2.2  9458.67347501043   1.44286301646098   0.0387730292043074 37.2130588213285   4.19644542961995e-303
6.87184079274997e-300
Seita.9G468200.v2.2  1543.65816149483   -5.43696551439415  0.14664103846747   -37.0766981140839  6.6714371734261e-301
1.01443967534211e-297
Seita.8G162600.v2.2  1894.91974028233   -6.39274536441819  0.173086548592049  -36.9338080654977  1.32527259276442e-298
1.88082686365126e-295
Seita.4G180600.v2.2  1629.04489560238   -3.39114820830017  0.0935614781100644 -36.2451328987222  1.18558467101086e-287
1.48463096920466e-284
```

图6.21　差异基因输出文件

4）差异基因PCA主成分分析（图6.22）。

```
> library(ggplot2)
> dds_rlog <- rlog(dds,blind=FALSE)
> plotPCA(dds_rlog,intgroup="sampleid")+
  theme_bw()+ # 修改主体
```

```
geom_point(size=5)+ # 增加点大小
scale_y_continuous(limits=c(-5,5))+
ggtitle(label="Principal Component Analysis(PCA)",
      subtitle="Total variable genes")
```

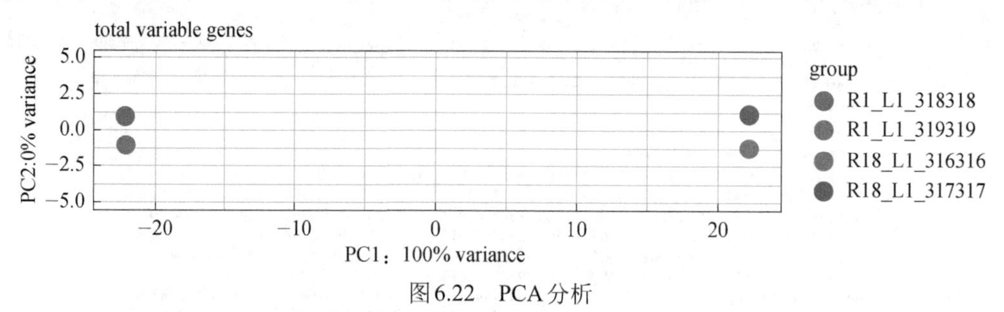

图6.22 PCA分析

5）Top40差异基因热图如图6.23所示。

```
> library(pheatmap)
> library(RColorBrewer)
> annotation_coll <- data.frame(
  Group = factor(colData(dds_rlog)$Group),
  Sampleid = factor(colData(dds_rlog)$sampleid))
```

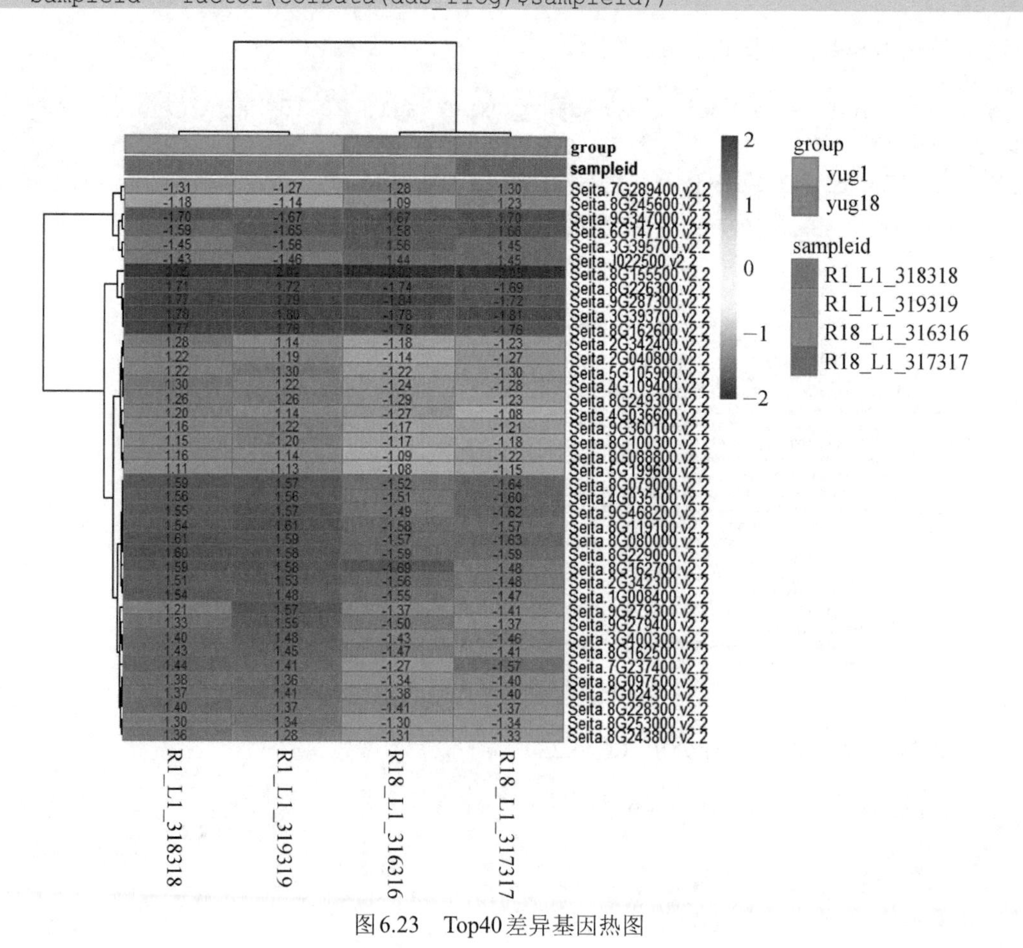

图6.23 Top40差异基因热图

```
> rld <- rlog(dds,blind=T)
> topVarGenes <- head(order(rowVars(assay(rld)),decreasing = T),40)
> mat <- assay(rld)[topVarGenes,]
> mat <- mat - rowMeans(mat)
> df <- as.data.frame(colData(rld)[,c("sampleid","Group")])
> pheatmap(mat,annotation_col = df,display_numbers = TRUE)
```

6）差异基因火山图如图 6.24 所示。

```
> library(dplyr)
> vol_data <- data.frame(gene=row.names(res),pval=-log10(res$padj),lfc=
res$log2FoldChange)
> vol_data <- na.omit(vol_data)
> vol_data <- mutate(vol_data,color=case_when(
    vol_data$lfc > 1 & vol_data$pval > 0.05~ "up",
    vol_data$lfc < -1 & vol_data$pval > 0.05 ~ "down",
    vol_data$pval < 0.05 ~ "nonsignificant"))
> vol <- ggplot(vol_data,aes(x=lfc,y=pval,color=color))
> vol + ggtitle(label="Volcano Plot",subtitle="Colored by fold-change
direction")+
  geom_point(size=1.5,alpha=0.8,na.rm=T)+
  scale_color_manual(name="Directionality",
  values = c(up="#008B00",down="#CD4F39",
  nonsignificant="darkgray"))+theme_bw(base_size=14)+theme(legend.position=
"right")+xlab(expression(log[2]("yug1"/"yug18")))+ylab(expression(-log[10]
("adjusted p-value")))+geom_hline(yintercept=1.3,colour="darkgrey")+scale_y_
continuous(trans="log1p")
```

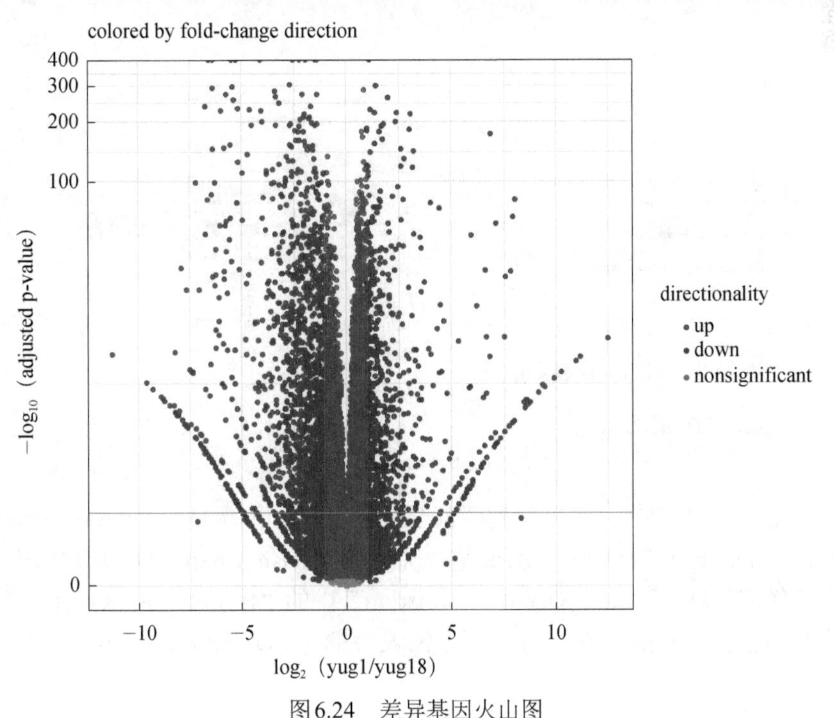

图6.24　差异基因火山图

7）Top40差异基因GO富集分析。

```
输出Top40差异基因
  > write.table(mat,"F:/1111111yug/RNA/raw_data/Counts/Diff_top40_gene.txt",
sep="\t",quote=FALSE,row.names=TRUE)
```

8）agriGO（http://bioinfo.cau.edu.cn/agriGO/）GO富集分析：点击页面上方“ANALYSIS TOOL”（图 6.25）；在“1. Select analysis tool”中选择“Singular Enrichment Analysis（SEA）”；在“2. Select the species”中找到“Setaria italic v2.1”，然后将Top40差异基因ID输入“Query list[Example]”框中；在“3. Select reference”中选择“Setaria italic v2.1”；在“4. Advanced options（optional）”的“Gene ontology type”中选择“Plant GO lim”；之后点击“submit”输出结果。

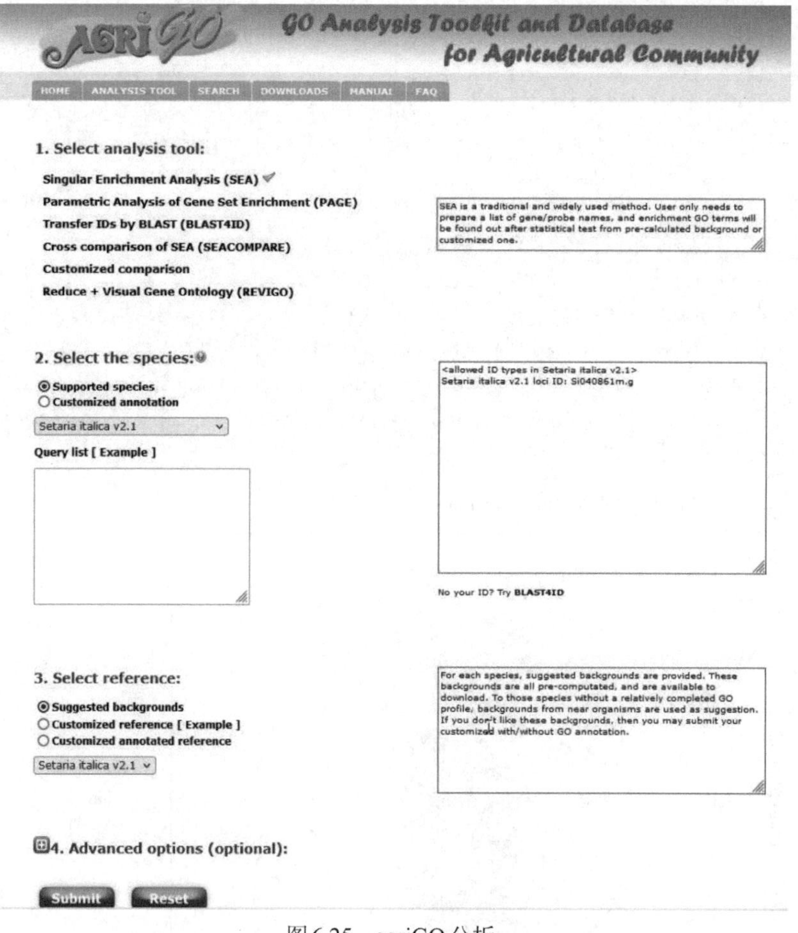

图6.25 agriGO分析

在结果页面中（图6.26），可以看到四部分，由上到下依次是“Analysis Brief Summary”（分析总结）、“Graphical Results”（图形结果）、“GO flash Chart”（GO富集表）及“Detail information”（详细信息）。点击“Detail information”中的“Browse all GO terms”（图6.27），即可查看涉及的生物学功能，然后勾选下方图表中的“GO term”，点击“DOWNLOADS”进行下载。

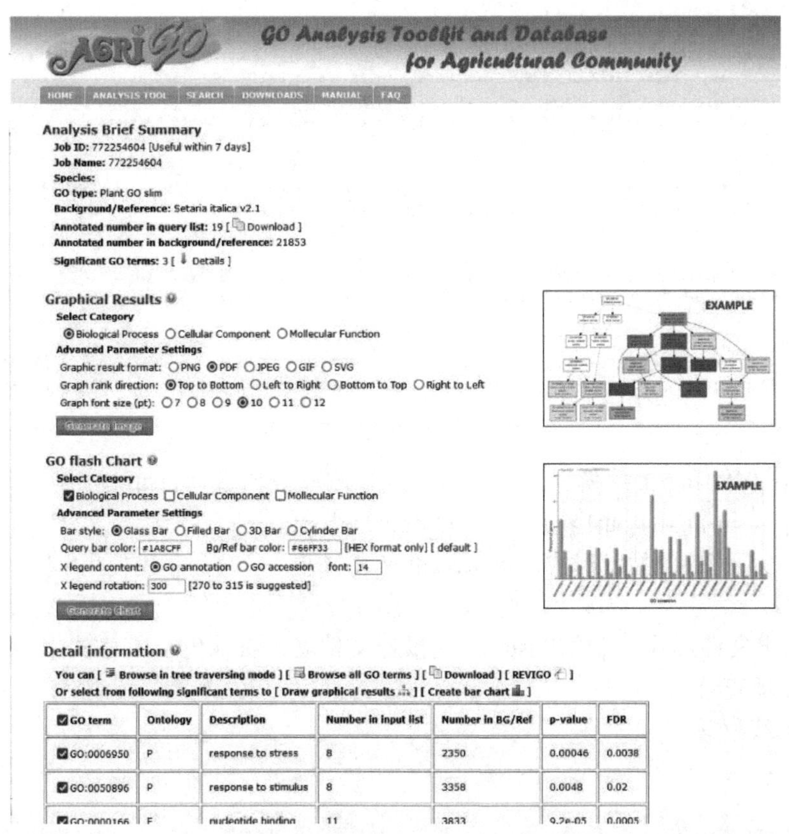

图6.26　agriGO输出结果

Select terms to [Draw graphical results] [Create bar chart] [Check significant terms ON / OFF]

GO term	Ontology	Description	Number in input list	Number in BG/Ref	p-value	FDR
☐GO:0006950	P	response to stress	8	2350	0.00046	0.0038
☐GO:0050896	P	response to stimulus	8	3358	0.0048	0.02
☐GO:0044238	P	primary metabolic process	5	8773	0.93	1
☐GO:0008152	P	metabolic process	5	11609	1	1
☐GO:0000166	F	nucleotide binding	11	3833	9.2e-05	0.0005
☐GO:0005488	F	binding	15	12915	0.06	0.16
☐GO:0003824	F	catalytic activity	6	9491	0.9	1

图6.27　基因关联的GO term

6.6.2 转录组和蛋白质组分析（ChIP-seq分析）

（1）ChIP数据的获取　本实践采用的ChIP数据为小麦‘yug1’和‘yug18’两个品种的control和drought处理，数据为双端测序。选取数据如图6.28所示。

```
CK_K4me3:
C18-1_L1_A008.R1.clean_val_1.fq.gz  C18-2_L1_A009.R1.clean_val_1.fq.gz  C8_L1_P708508.R1.fastq.gz
C18-1_L1_A008.R2.clean_val_2.fq.gz  C18-2_L1_A009.R2.clean_val_2.fq.gz  C8_L1_P708508.R2.fastq.gz
C18-1_L3_A008.R1.clean_val_1.fq.gz  C18-2_L3_A009.R1.clean_val_1.fq.gz  gu1-ck-k4_L3_P704505.R1.fastq.gz
C18-1_L3_A008.R2.clean_val_2.fq.gz  C18-2_L3_A009.R2.clean_val_2.fq.gz  gu1-ck-k4_L3_P704505.R2.fastq.gz

CK_K27me3:
C1_L4_Y0000032501.R1.fastq.gz C2_L4_P702502.R1.fastq.gz  C8_L1_P708508.R2.fastq.gz  gu1-ck-k27_L3_P702507.R1.fastq.gz
C1_L4_Y0000032501.R2.fastq.gz C2_L4_P702502.R1.fastq.gz  C8_L1_P708508.R1.fastq.gz  gu1-ck-k27_L3_P702507.R2.fastq.gz

Drought_K4me3:
C3_L4_Y0000029503.R1.fastq.gz  C4_L4_Y0000030504.R1.fastq.gz  C9_L2_P709508.R1.fastq.gz  gu18-ganhan-k4_L3_P703507.R1.fastq.gz
C3_L4_Y0000029503.R2.fastq.gz  C4_L4_Y0000030504.R2.fastq.gz  C9_L2_P709508.R2.fastq.gz  gu18-ganhan-k4_L3_P703507.R2.fastq.gz

Drought_K27me3:
C3_L4_Y0000029503.R1.fastq.gz  C5_L2_Y0000034505.R1.fastq.gz  C9_L2_P709508.R1.fastq.gz  Gu-18-huan-K27_L3_P712508_filter.R1.fq.gz
C3_L4_Y0000029503.R2.fastq.gz  C5_L2_Y0000034505.R2.fastq.gz  C9_L2_P709508.R2.fastq.gz  Gu-18-huan-K27_L3_P712508_filter.R2.fq.gz
```

图6.28 ChIP组实践数据

（2）fastp去除低质量数据　对每一组双端测序数据进行fastp过滤。fastp运行的命令格式为：fastp -i <in1> -o <out1> -I <in2> -O <out2> [options]。

-I -o/-I -O：测序的技术形式，单末端和双末端等。单端测序仅使用-i和-o，双端测序则全部使用。

-j/-h：输出文件形式。-j输出json格式报告文件名，-h输出html格式报告文件名，可以直接使用浏览器查看。

-w：设置线程数。

命令举例：

```
CK_yug1_input:
ls C8_L1_P708508.* |sed 's#.R1.fastq.gz##g' | sed 's#.R2.fastq.gz##g' |xargs -t -i sh -c 'fastp -i {}.R1.fastq.gz -o ../../lzg/new/K4me3/{}.R1.clean.fq.gz -I {}.R2.fastq.gz -O ../../lzg/new/K4me3/{}.R2.clean.fq.gz -j {}.json -h {}.html'
```

（3）Bowtie2序列比对

1）Bowtie2-build对基因组进行建库（图6.29）。

```
-rw-rw-r--. 1 lzg lzg 137918433 9月  10 09:36 Sitalica_312_v2.1.bt2
-rw-rw-r--. 1 lzg lzg 100227620 9月  10 09:36 Sitalica_312_v2.2.bt2
-rw-rw-r--. 1 lzg lzg     61127 9月  10 09:31 Sitalica_312_v2.3.bt2
-rw-rw-r--. 1 lzg lzg 100227614 9月  10 09:31 Sitalica_312_v2.4.bt2
-rw-rw-r--. 1 lzg lzg 410813853 9月  10 09:30 Sitalica_312_v2.fa
-rw-rw-r--. 1 lzg lzg 137918433 9月  10 09:42 Sitalica_312_v2.rev.1.bt2
-rw-rw-r--. 1 lzg lzg 100227620 9月  10 09:42 Sitalica_312_v2.rev.2.bt2
[lzg@localhost new]$
```

图6.29 Bowtie2建库文件

Bowtie2-build运行的命令格式为：bowtie2-build [options] <reference_in> <bt2_index_base>。

reference_in：输入的基因组文件。

bt2_index_base：输出的索引文件名。

命令举例：

```
bowtie2-build Sitalica_312_v2.fa Sitalica_312_v2
```

2）Bowtie2进行序列比对（图6.30）。

```
21417707 reads; of these:
  21417707 (100.00%) were paired; of these:
    1106901 (5.17%) aligned concordantly 0 times
    13330725 (62.24%) aligned concordantly exactly 1 time
    6980081 (32.59%) aligned concordantly >1 times
    ----
    1106901 pairs aligned concordantly 0 times; of these:
      220722 (19.94%) aligned discordantly 1 time
    ----
    886179 pairs aligned 0 times concordantly or discordantly; of these:
      1772358 mates make up the pairs; of these:
        1408621 (79.48%) aligned 0 times
        112335 (6.34%) aligned exactly 1 time
        251402 (14.18%) aligned >1 times
96.71% overall alignment rate
```

图6.30 序列比对结果

Bowtie2运行的命令格式为：bowtie2［options］-x <bt2-index> -1 <infile1> -2 <infile2> -S <outfile>。

-p：设置线程数。

-x：基因组索引文件。

-1/-2：双端测序序列比对输入文件。

-S：输出SAM文件。

K4me3命令举例：

```
vim convert.sh
list="C18-2_L1_A009 C18-2_L3_A009 gu1-ck-k4_L3_P704505"
for i in $list
do
bowtie2 -x /home/lzg/data/practice/谷子/index/Sitalica_312_v2 -p 6 -N 1 -1 ${i}.R1.fq.gz -2 ${i}.R2.fq.gz -S ${i}.sam
done
sh convert.sh
```

（4）samtools处理SAM文件 K4me3命令举例：

```
list="C18-2_L1_A009 C18-2_L3_A009 gu1-ck-k4_L3_P704505"
for i in $list
do
samtools view -bS ${i}.sam | samtools sort - -o ${i}.bam
done
```

提取uniq.bam命令举例：

```
ls *.bam | sed 's/.bam//g' | xargs -t -i sh -c 'samtools view -@ 20 -q 30 -h -o {}_uniq.bam {}.bam'
```

（5）bamCoverage将BAM文件转为BW文件 bamCoverage运行的命令格式为：bamCoverage-b <reads.bam> -o <coverage.bw>［options］。

-b：输入BAM文件。

-o：输出BW文件格式。

--centerReads：双端测序结果下，读取信息为片段两端长度的中心。

--binSize：依据read长度进行分箱处理。

--smoothLength：在设置binSize的基础上对分箱进行平滑化处理。

--effectiveGenomeSize：可比对基因组区域的大小（bp）。

命令举例：

```
ls *bam|sed 's/.bam//g'|xargs -t -i sh -c ' bamCoverage -b {}.bam -o {}.bw --centerReads --binSize 20 --smoothLength 60 --effectiveGenomeSize 405741625'
```

（6）合并、重命名及call peak

1）合并及重命名。

命令举例：

```
samtools merge -f yug18_k4me3_input_uniq.bam C18-1_L1_A008_uniq.bam C18-1_L3_A008_uniq.bam
samtools merge -f yug18_k4me3_uniq.bam C18-2_L1_A009_uniq.bam C18-2_L3_A009_uniq.bam
```

2）call peak：macs2进行call peak，macs2 callpeak运行的命令格式为：macs2 callpeak [options] -t <treat_file> -c <control file> -n <outName> -f <format> -g <genome_Size>。

-t：treat组。

-c：control组。

-n：输出文件命名。

-f：输入文件格式。

-g：有效基因组大小（bp）。

-q：设定*q* value阈值。

--nomodel：MACs不构建模型。

--broad：设置一个低的阈值以将peak附近富集区域归类到broad区域以输出到BED12格式文件中。

命令举例：

```
macs2 callpeak -t yug1_k4me3_uniq.bam  -c ../input/yug1_input_uniq.bam  -n yug1-k4me3 -f BAMPE -g 405741625  -q 0.01 --nomodel --broad
```

输出结果：

NAME_peak.xls 表示以表格形式存放peak信息。

NAME_peaks.broadPeak 表示内容与NAME_peak.xls基本一致，适合导入R进行分析。

NAME_peaks.gappedPeak 表示存放broad region和narrow peaks。

（7）bamCoverage将BAM文件转为BW文件　　命令举例：

```
list="yug1_k4me3 yug18_k4me3 yug1_k27me3 yug18_k27me3 yug1_drought_k4me3 yug18_drought_k4me3 yug1_drought_k27me3 yug18_drought_k27me3"
for i in $list
do
samtools index ${i}_uniq.bam
done
```

```
ls *_uniq.bam|sed 's/_uniq.bam//g'|xargs -t -i sh -c ' bamCoverage -b {}_uniq.bam -o {}_uniq.bw --centerReads --binSize 20 --smoothLength 60 --effectiveGenomeSize 405741625'
```

（8）peak注释　基因组区域peak注释如图6.31所示。

```
library(ChIPseeker)
library(GenomicFeatures)
options(ChIPseeker.ignore_1st_exon = T)
options(ChIPseeker.ignore_1st_intron = T)
spompe <- makeTxDbFromGFF('F:/1111111yug/index/Sitalica_312_v2.2.gene.gff3')
yug1_k4me3 <- readPeakFile('F:/1111111yug/CHIP/raw_data/K4me3/yug1-k4me3_peaks.broadPeak')
yug18_k4me3 <- readPeakFile('F:/1111111yug/CHIP/raw_data/K4me3/yug18-k4me3_peaks.broadPeak')
yug1_k27me3 <- readPeakFile('F:/1111111yug/CHIP/raw_data/K27me3/yug1-k27me3_peaks.broadPeak')
yug18_k27me3 <- readPeakFile('F:/1111111yug/CHIP/raw_data/K27me3/yug18-k27me3_peaks.broadPeak')
yug1_k4me3_Anno <- annotatePeak(yug1_k4me3,tssRegion = c(-1000,0),TxDb = spompe)
yug18_k4me3_Anno <- annotatePeak(yug18_k4me3,tssRegion = c(-1000,0),TxDb = spompe)
yug1_k27me3_Anno <- annotatePeak(yug1_k27me3,tssRegion = c(-1000,0),TxDb = spompe)
yug18_k27me3_Anno <- annotatePeak(yug18_k27me3,tssRegion = c(-1000,0),TxDb = spompe)
peak_list <- list(yug1_k4me3_Anno,yug18_k4me3_Anno,yug1_k27me3_Anno,yug18_k27me3_Anno)
plotAnnoBar(peak_list)
```

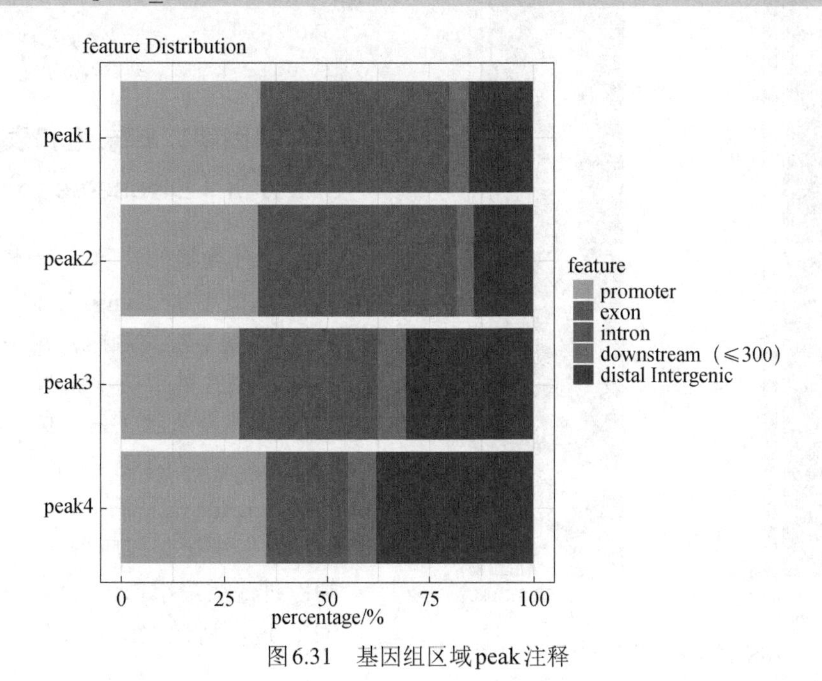

图6.31　基因组区域peak注释

（9）deeptools TSS-TES区域信号可视化　computeMatrix scale-regions运行的命令格式为：computeMatrix scale-regions［options］-S <bw> -R <bed> -o <outfile>。

-p：设置线程数。

-b：读取上游特定bp长度。

-a：读取下游特定bp长度。

-S：输入BW文件。

-R：输入BED文件。

--skipZeros：忽略没有富集peak的区域。

--missingDataAsZero：丢失的数据将被视为没有peak富集。

-o：输出文件。

--outFileSortedRegions：跳过0及最小或最大阈值后保存的区域文件。

命令举例：

```
nohup computeMatrix scale-regions -p 6 -b 1000 -a 1000 -R ../../../index/Sitalica_312_v2_gene.bed -S yug1_k4me3_uniq.bw --skipZeros --missingDataAsZero -o yug1_k4me3_TSS.gz --outFileSortedRegions yug1_k4me3.bed &
```

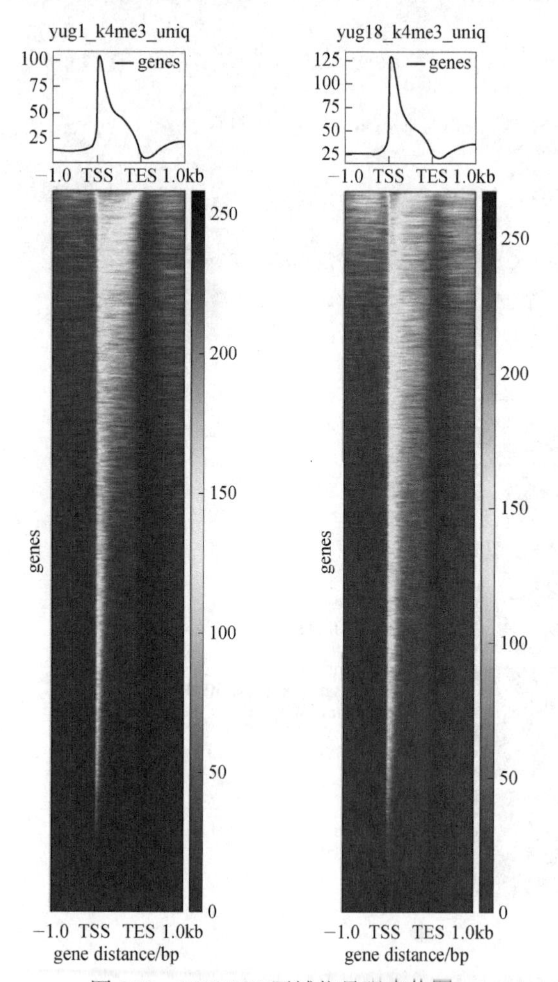

图6.32　TSS-TES区域信号强度热图

（10）绘制热图（图6.32）　plotHeatmap运行的命令格式为：plotHeatmap［options］-m <matrixFile> -out <outFile>。

-m：call peak输出文件。

-out：输出图片格式。

命令举例：

```
plotHeatmap -m yug1_k4me3_TSS.gz -out yug1_k4me3_TSS.png
plotHeatmap -m yug18_k4me3_TSS.gz -out yug18_k4me3_TSS.png
```

6.6.3　基因组、转录组和表观基因组分析（DNase-seq分析）

（1）DH数据的获取　本实践采用的DH数据来自小麦‘yug1’和‘yug18’两个品种，数据为双端测序，每个品种取两个重复进行分析。选取数据如图6.33所示。

（2）skewer质控（图6.34）

skewer运行的命令格式为：skewer［options］<reads.fastq>。

-q：3′端末尾碱基质量。

-l：过滤后最小read长度。

-L：过滤后最大read长度。

```
index3_fw.fq    Yug18
index4_fw.fq    Yug1
index6_fw.fq    Yug1
index7_fw.fq    Yug18
```

图6.33　DH实践数据

```
Parameters used:
-- 3' end adapter sequence (-x):        AGATCGGAAGAGCACACGTCTGAACTCCAGTCAC
-- maximum error ratio allowed (-r):    0.100
-- maximum indel error ratio allowed (-d):      0.030
-- end quality threshold (-q):          20
-- minimum read length allowed after trimming (-l):     18
-- maximum read length for output (-L): 22
-- file format (-f):            Sanger/Illumina 1.8+ FASTQ (auto detected)
-- minimum overlap length for adapter detection (-k):   3
Wed Jun 30 14:34:39 2021 >> started
|=================================================>| (100.00%)
Wed Jun 30 14:36:15 2021 >> done (96.353s)
22709373 reads processed; of these:
  302130 ( 1.33%) short reads filtered out after trimming by size control
       0 ( 0.00%) empty reads filtered out after trimming by size control
22407243 (98.67%) reads available; of these:
  572208 ( 2.55%) trimmed reads available after processing
21835035 (97.45%) untrimmed reads available after processing
log has been saved to "index3_fw-trimmed.log".
```

图6.34　skewer质控结果

命令举例：

```
skewer -q 20 -l 18 -L22 inded*_fw.fq
```

（3）Bowtie比对（图6.35）

```
sh -c bowtie /home/lzg/data/谷子/index/Sitalica_312_v2 -m 1 -n 1 -p 4 --best --strata -q index3_fw-trimmed.fastq -S index3_fw.sam
Setting the index via positional argument will be deprecated in a future release. Please use -x option instead.
# reads processed: 22407243
# reads with at least one alignment: 21880279 (97.65%)
# reads that failed to align: 526964 (2.35%)
# reads with alignments suppressed due to -m: 8149354 (36.37%)
Reported 13730925 alignments
sh -c bowtie /home/lzg/data/谷子/index/Sitalica_312_v2 -m 1 -n 1 -p 4 --best --strata -q index4_fw-trimmed.fastq -S index4_fw.sam
Setting the index via positional argument will be deprecated in a future release. Please use -x option instead.
# reads processed: 24196383
# reads with at least one alignment: 23614968 (97.60%)
# reads that failed to align: 581415 (2.40%)
# reads with alignments suppressed due to -m: 7910209 (32.69%)
Reported 15704759 alignments
sh -c bowtie /home/lzg/data/谷子/index/Sitalica_312_v2 -m 1 -n 1 -p 4 --best --strata -q index6_fw-trimmed.fastq -S index6_fw.sam
Setting the index via positional argument will be deprecated in a future release. Please use -x option instead.
# reads processed: 47044865
# reads with at least one alignment: 46662810 (99.19%)
# reads that failed to align: 382055 (0.81%)
# reads with alignments suppressed due to -m: 17172986 (36.50%)
Reported 29489824 alignments
sh -c bowtie /home/lzg/data/谷子/index/Sitalica_312_v2 -m 1 -n 1 -p 4 --best --strata -q index7_fw-trimmed.fastq -S index7_fw.sam
Setting the index via positional argument will be deprecated in a future release. Please use -x option instead.
# reads processed: 26884374
# reads with at least one alignment: 25392230 (94.45%)
# reads that failed to align: 1492144 (5.55%)
# reads with alignments suppressed due to -m: 9871313 (36.72%)
Reported 15520917 alignments
```

图6.35　Bowtie比对结果

Bowtie运行的命令格式为：bowtie [options] -q <inFile> -S <outFile>。

-m：指定比对到基因组的最大次数。

-n：允许最大错配数。

-p：设置线程数。

-best：输出的报告文件中，每个短序列的匹配结果将按匹配质量由高到低排序。

-strata：必须与-best一起使用，作用是只报告质量最高的部分。

-q：输入文件。

-S：输出文件格式。

命令举例：

```
ls *trimmed.fastq |sed 's#.trimmed.fastq##g' |xargs -t -i sh -c 'bowtie/
home/lzg/data/practice/谷子/index/Sitalica_312_v2 -m 1 -n 1 -p 4 --best --
strata -q {}-trimmed.fastq -S {}.sam'
```

（4）处理BAM文件

1）samtools转化BAM文件并进行sort排序。命令举例：

```
vim convert.sh
    list="3 4 6 7"
    for i in $list
do
samtools view -bS index${i}_fw.sam | samtools sort - -o index${i}.bam
done
sh convert.sh
```

2）samtools过滤BAM文件。命令举例：

```
ls *.bam |sed 's#.bam##g' |xargs -t -i sh -c 'samtools view -@ 4 -q 30 -h {}.bam -o {}_uniq.bam'
```

3）MarkDuplicates去重复。MarkDuplicates运行的命令格式为：MarkDuplicates ［options］ -I <inFile> -M <duplicationFile> -O <outFile>。

-I：输入文件。

-M：输出信息写入。

-O：输出文件。

-REMOVE_DUPLICATES：如果为true则去重复。

命令举例：

```
ls *_uniq.bam|while read id;do java -jar /home/lzg/bio_soft/picard/picard.jar MarkDuplicates -REMOVE_DUPLICATES true -I ${id}  -O mkdp/$(basename $id .bam).deldup.bam -M $(basename $id .bam).deldup_metrics.txt;done
```

4）将同一材料的BAM文件合并。命令举例：

```
nohup samtools merge -f yu1_uniq.deldup.bam index4_uniq.deldup.bam index6_0.5_uniq.deldup.bam &
nohup samtools merge -f yug18_uniq.deldup.bam index3_uniq.deldup.bam index7_uniq.deldup.bam &
```

5）samtools统计处理结果（图6.36）。命令举例：

```
ls *_uniq.deldup.bam|while read id;do samtools flagstat -@ 10 $id > $(basename $id '.bam').stat;done
```

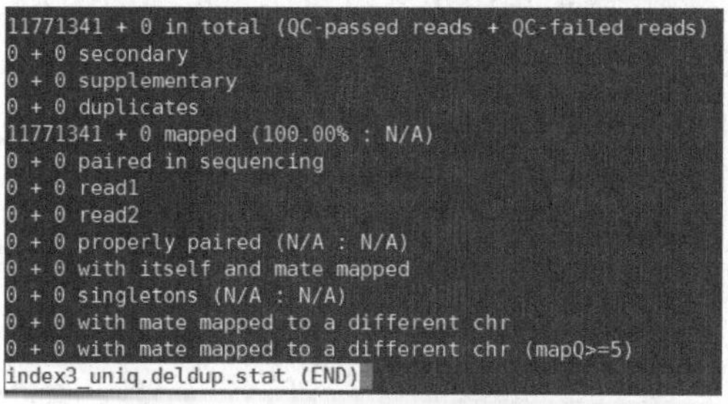

```
11771341 + 0 in total (QC-passed reads + QC-failed reads)
0 + 0 secondary
0 + 0 supplementary
0 + 0 duplicates
11771341 + 0 mapped (100.00% : N/A)
0 + 0 paired in sequencing
0 + 0 read1
0 + 0 read2
0 + 0 properly paired (N/A : N/A)
0 + 0 with itself and mate mapped
0 + 0 singletons (N/A : N/A)
0 + 0 with mate mapped to a different chr
0 + 0 with mate mapped to a different chr (mapQ>=5)
index3_uniq.deldup.stat (END)
```

图6.36　BAM处理文件结果统计

（5）DH位点鉴定

1）bedtools将BAM转BED文件运行的命令格式为：bedtools bamtobed［options］-i <inFile> <outFile>。

-i：输入BAM文件。

-outFile：输出BED文件。

命令举例：

```
ls *_uniq.deldup.bam |sed 's#_uniq.deldup.bam##g' |xargs -t -i sh -c
'bedtools bamtobed -i {}_uniq.deldup.bam > {}.bed'
```

2）F-seq进行call peak。fseq运行的命令格式为：fseq［options］<inFile> -o <outFile>。

-v：详细输出信息。

-f：fragment大小。

-of：输出文件格式（NPF/WIG/BED）。

-l：片段长度。

-t：设置线程数。

-o：输出文件。

命令举例：

```
nohup ls *.bed |sed 's#.bed##g' |xargs -t -i sh -c 'fseq -v -f 0 -of npf -l
300 -t 5 {}.bed -o ../../callpeak/{}' &
nohup ls *.bed |sed 's#.bed##g' |xargs -t -i sh -c 'fseq -v -f 0 -of wig -l
300 -t 5 {}.bed -o ../../callpeak/{}' &
nohup ls *.bed |sed 's#.bed##g' |xargs -t -i sh -c 'fseq -v -f 0 -of bed -l
300 -t 5 {}.bed -o ../../callpeak/{}' &
```

（6）deeptools可视化

1）BAM文件建索引。命令举例：

```
vim convert.sh
list="index3 index4 index6 index7 yug1 yug18"
for i in $list
do
samtools index ${i}_uniq.deldup.bam
done
sh convert.sh
```

2）bamCoverage将BAM文件转为BW文件。命令举例：

```
ls *_uniq.deldup.bam |sed 's#_uniq.deldup.bam##g' |xargs -t -i sh -c
'bamCoverage -b {}_uniq.deldup.bam -o ../../bw/{}_deeptools.bw --centerReads -
-binSize 20 --smoothLength 60 --normalizeUsing RPKM -p 10'
```

（7）computeMatrix计算信号强度　命令举例：

```
nohup computeMatrix reference-point --referencePoint TSS -p 6 -b 1000 -a
1000 -R /home/lzg/data/practice/谷子/index/Sitalica_312_v2_gene.bed -S yug1_
```

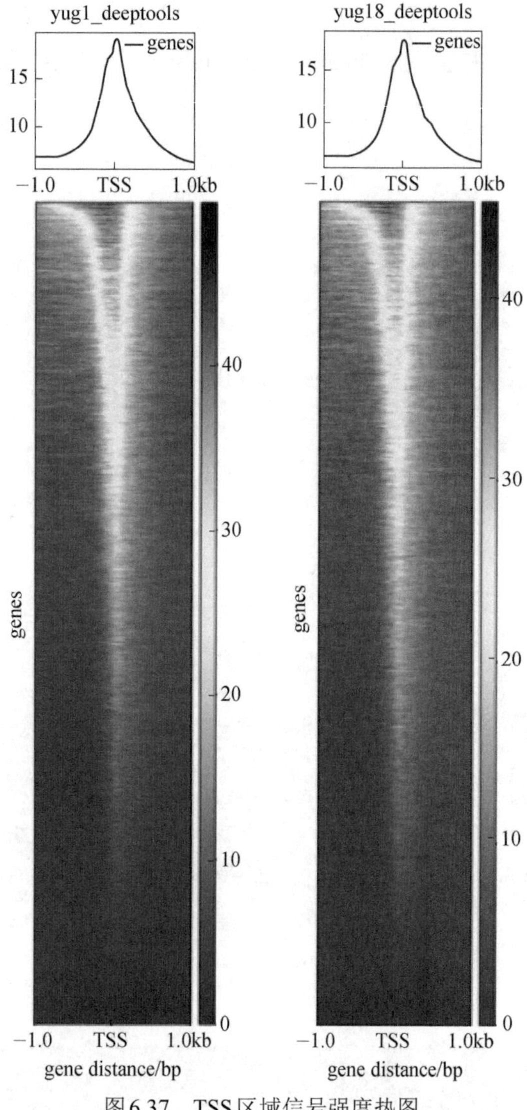

图6.37 TSS区域信号强度热图

```
deeptools.bw --skipZeros -missingDataAsZero -o yug1_DH_TSS.gz --outFileSortedRegions yug1_DH_genes.bed &
    nohup computeMatrix reference-point --referencePoint TSS -p 6 -b 1000 -a 1000 -R /home/lzg/data/practice/谷子/index/Sitalica_312_v2_gene.bed -S yug18_ deeptools.bw --skipZeros --missingDataAsZero -o yug18_DH_TSS.gz -outFile SortedRegions yug18_DH_genes.bed &
```

（8）绘制信号强度热图（图6.37） 命令举例：

```
    plotHeatmap -m yug1_DH_TSS.gz -out yug1.png
    plotProfile --dpi 720 -m yug1_DH_TSS.gz -out yug1_profile.pdf --plotFileFormat pdf
    plotHeatmap -m yug18_DH_TSS.gz -out yug18.png
    plotProfile --dpi 720 -m yug18_DH_TSS.gz -out yug18_profile.pdf --plotFileFormat pdf
```

（9）peak注释

1）对BEB文件中DH位点取位置中点，以防偏向性影响注释结果。

```
    awk '{print $1,'\t',int(($2+$3)/2),'\t',int(($2+$3)/2)}' yug1_hotspots. bed > yug1_hotspots_medium.bed
    awk '{print $1,'\t',int(($2+$3)/2),'\t',int(($2+$3)/2)}' yug18_hotspots.bed > yug18_hotspots_medium.bed
```

2）ChIPseeker注释。

```
    library(ChIPseeker)
    library(GenomicFeatures)
    options(ChIPseeker.ignore_1st_exon = T)
    options(ChIPseeker.ignore_1st_intron = T)
    spompe <- makeTxDbFromGFF('F:/ 1111111yug /index/Sitalica_312_v2.2.gene.gff3')
    yug1 <- readPeakFile('F:/1111111yug/DH/call peak/yug1_hotspots.bed')
    peakAnno_yug1 <- annotatePeak(yug1,tssRegion = c(-1000,0),TxDb = spompe)
```

```
write.table(peakAnno_yug1,file = 'F:/1111111yug/DH/call peak/yug1_peak.txt',sep = '\t',quote = FALSE,row.names = FALSE)
yug18 <- readPeakFile('F:/1111111yug/DH/call peak/yug18_hotspots.bed')
peakAnno_yug18 <- annotatePeak(yug18,tssRegion = c(-1000,0),TxDb = spompe)
write.table(peakAnno_yug18,file = 'F:/1111111yug/DH/call peak/yug18_peak.txt',sep = '\t',quote = FALSE,row.names = FALSE)
```

3）绘制Bar图（图6.38）。

```
peasklist <- list(peakAnno_yug1,peakAnno_yug18)
plotAnnoBar(peasklist)
```

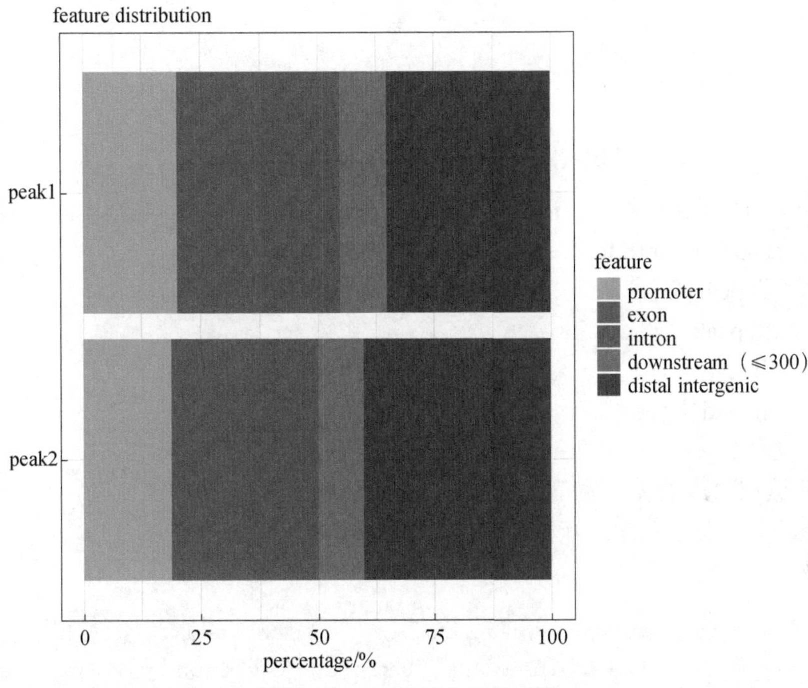

图6.38　DH区域分布条形图

4）绘制Pie图（图6.39）。

```
plotAnnoPie(peasklist)
```

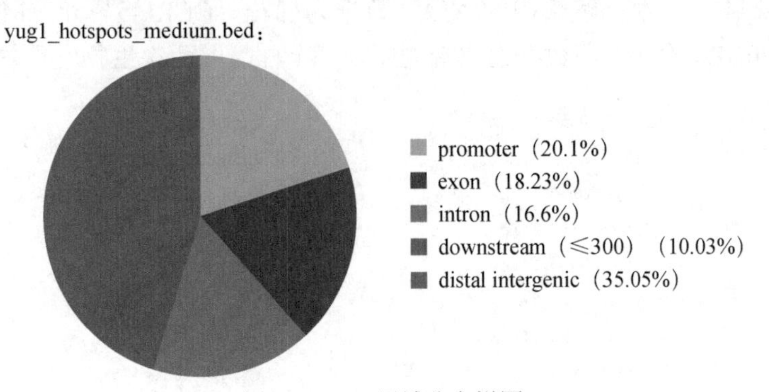

图6.39　DH区域分布饼图

（10）manorm差异分析　将总的‘yug1’和‘yug18’进行差异分析（图6.40）。

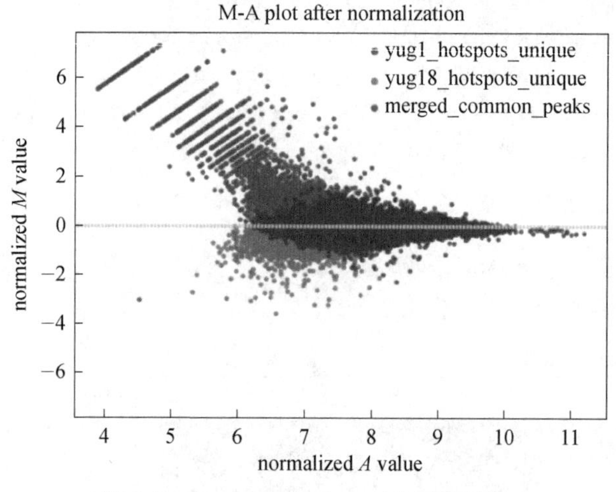

图6.40　‘yug1’和‘yug18’差异基因

manorm运行的命令格式为：manorm［options］--p1 <in1> --p2 <in2> --r1 <in1.bam / sam> --r2 <in2.bam / sam> -o <outFile>。

--p1：第一组peak文件。

--p2：第二组peak文件。

--r1：第一组read文件。

--r2：第二组read文件。

-o：输出文件。

-w：计算读取密度的窗口宽度。

-m：*M*-value用来区分有偏峰和无偏峰。

命令举例：

```
manorm --p1 callpeak/yug1_hotspots.bed --p2 callpeak/yug18_hotspots.bed --r1 bam/mkdp/yug1_uniq.deldup.bam --r2 bam/mkdp/yug18_uniq.deldup.bam --rf bam -w 400 --wa -m 0.5 -o diff_analysis/DH_manorm
```

6.6.4 基因组和表观组分析（ATAC-seq分析）

（1）数据获取　本实践采用的ATAC数据为棉花‘CCRI45’和‘MBI7747’两个品种的10DPA和20DPA的纤维，数据为双端测序，每个样品取两次生物学重复（图6.41）。

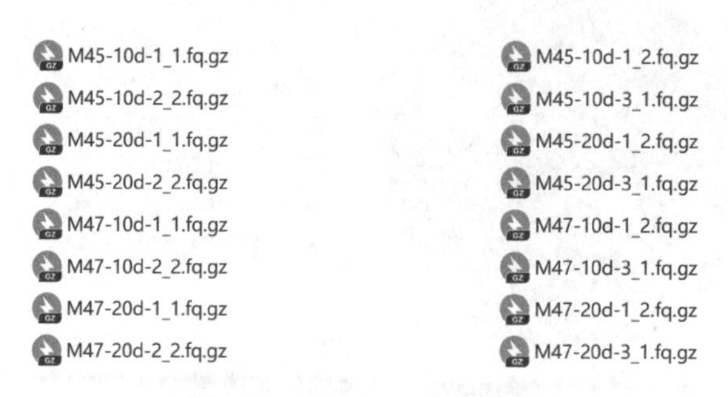

图6.41　ATAC-seq实践数据

（2）数据质量检测

1）创建fastqc文件夹：mkdir fastqc_result.raw。

2）对fastp过滤结果进行fastqc质控。fastqc运行的命令格式为：fastqc -o <outdir> [options] <infile>。

-o：fastqc输出的报告文件的存储路径。

-t：设置线程数。

-f：有效的格式文件有BAM、SAM和FASTQ。

infile：输入文件。

命令举例：

```
fastqc ./ATAC-seq/*.gz   -o  ./fastqc_result.raw
```

输出结果如图6.42所示。

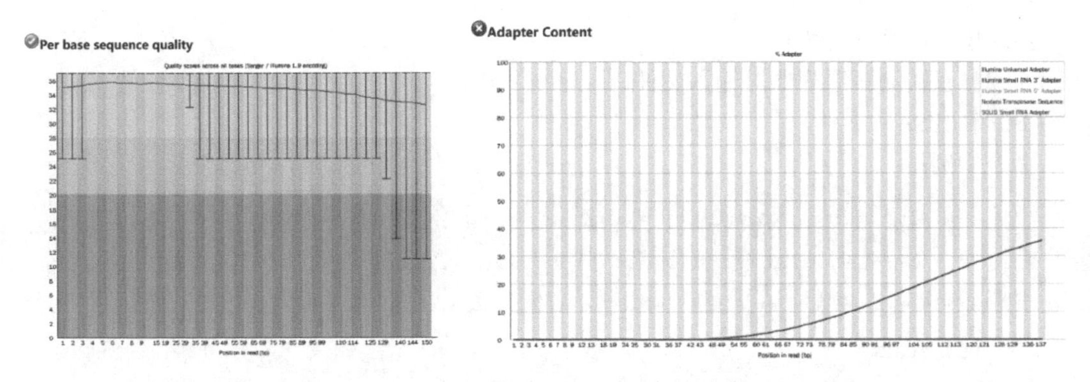

图6.42　fastqc输出结果

（3）测序数据过滤　使用trim_galore对数据进行质量过滤，去除低质量read和序列中的adapter。trim-galore的命令格式为：trim_galore [options] <filename(s)>。

-q/-quality：控制的质量分数阈值，默认为20。

--length：设定输出read的长度阈值，小于设定值会被抛弃。

-e：允许read中错误碱基占比默认是0.1，即错误率大于10%的read会被舍弃。

--stringency：限定最少与adapter序列重叠的碱基数，当read中的碱基与接头序列重叠个数达到设定值时，进行剪切。

--paired：对于双端结果，一对read中若一个read因为质量或其他原因被抛弃，则对应的另一个read也抛弃。

<filename>：如果是采用illumina双端测序的测序文件，应该同时输入两个文件。

命令举例：

```
trim_galore -q 20  --length 20 -e 0.1 --stringency 4 --paired -o /mnt/e/
ATAC-seq/ATAC/trim/M45-10d-1_1.fq.gz  M45-10d-1_2.fq.gz
```

（4）测序数据重检测　对过滤后的数据重新进行质量检测。fastqc质控的命令格式为：fastqc -t 4 /ATAC-seq/trim/*.gz -o ./fastqc_result.clean。

输出结果如图6.43所示。

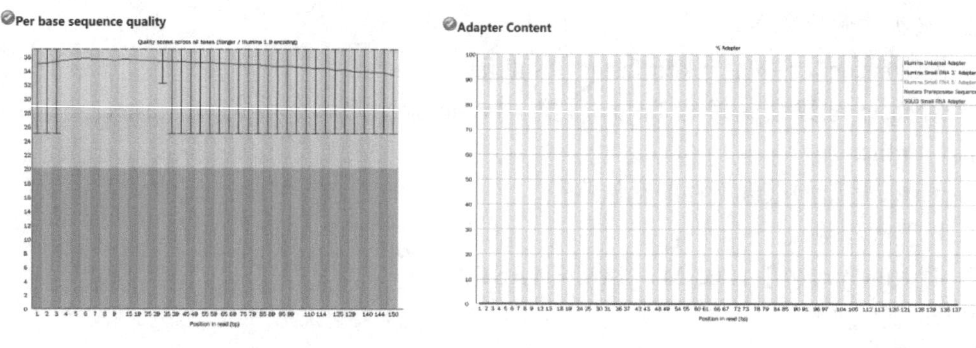

图6.43　fastqc 输出结果

（5）序列比对　Bowtie2 运行的命令格式为：bowtie2［options］–x <bt2-index> -1 <infile1> -2 <infile2> -S <outfile>。

-p：设置线程数。

-x：基因组索引文件。

-1/-2：双端测序序列比对输入文件。

-S：输出SAM文件。

命令举例：

```
bowtie2 -p 30 --very-sensitive -X 2000 -x /mnt/e/bowtie2_index/TM/TM_1 -1 /mnt/e/ATAC-seq/ATAC/trim/M45-10d-1_1_val_1.fq.gz -2 /mnt/e/ATAC-seq/ATAC/trim/M45-10d-1_2_val_2.fq.gz -S M45-10d-1.sam
```

（6）过滤read

1）使用samtools将SAM文件转化成BAM文件，并对该文件排序。命令举例：

```
samtool sort M45-10d-1.sam -O bam -@ 30 -o > M45-10d-1.raw.bam
```

2）去除PCR重复。命令举例：

```
sambamba markdup -t 30 --overflow-list-size 600000 --tmpdir='./' -r M45-10d-1.raw.bam M45-10d-1.rmdup.bam
```

-t：使用的线程数。

--tmpdir='./'：指定临时文件的目录。

-r：删除重复项，而不只是标记它们。

--overflow-list-size：溢出列表的大小，在这个列表中，从哈希表中抛出的读数得到第二次机会来满足它们的配对（默认值为200 000个读数）；增加溢出列表的大小可以减少创建的临时文件的数量。

3）提取唯一比对的read。命令举例：

```
samtools view -h -f 2 -q 30 M45-10d-1.rmdup.bam |samtools sort -O bam -@ 24 -o - > M45-10d-1.last.bam
```

4）当Tn5切割可接近的染色质位点时，它会插入相距9bp的接头，这意味着为了使读取起始位点反映Tn5结合位置的中心，所有与正链对齐的读数需偏移+4bp，所有与负链对齐的读数需偏移−5bp。命令举例：

```
alignmentSieve --ATACshift --bam M45-10d-1.last.bam -o M45-10d-1.last.align.bam -p 40
```

5）BAM文件转化成BED文件，用于后续分析使用。命令举例：

```
samtools sort -O bam -o M45-10d-1.last.shifted.bam M45-10d-1.last.align.bam -@ 40
bedtools bamtobed -i M45-10d-1.last.shifted.bam > M45-10d-1.last.shifted.bed
```

6）将BAM文件转化成BIGWIG格式，此为二进制格式，有助于快速可视化基因组区域（图6.44）。

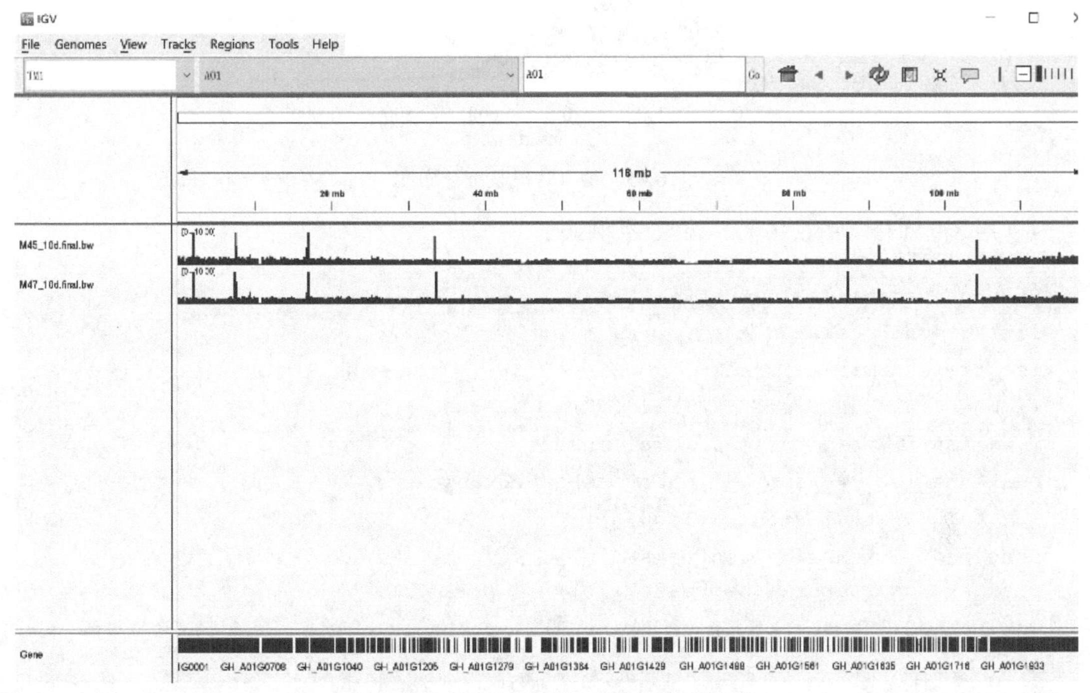

图6.44　IGV可视化BIGWIG文件

命令举例：

```
bamCoverage -p 24 --normalizeUsing RPKM -b M45-10d-1.last.shifted.bam --binSize 10 -o M45-10d-1.RPKM.bw
```

（7）插入片段长度分布（图6.45）　命令举例：

```
picard CollectInsertSizeMetrics I=M45-10d-1_1.last.shifted.bam O=M45-10d-1. intersize H=M45-10d-1.pdf
```

（8）call peak　命令举例：

```
macs2 callpeak -f BED -t M45-10d-1.last.shifted.bed -g 2267899098 --keep-dup all -B --SPMR --nomodel --shift -100 --extsize 200 -n M45-10d-1 --outdir ../callpeak
```

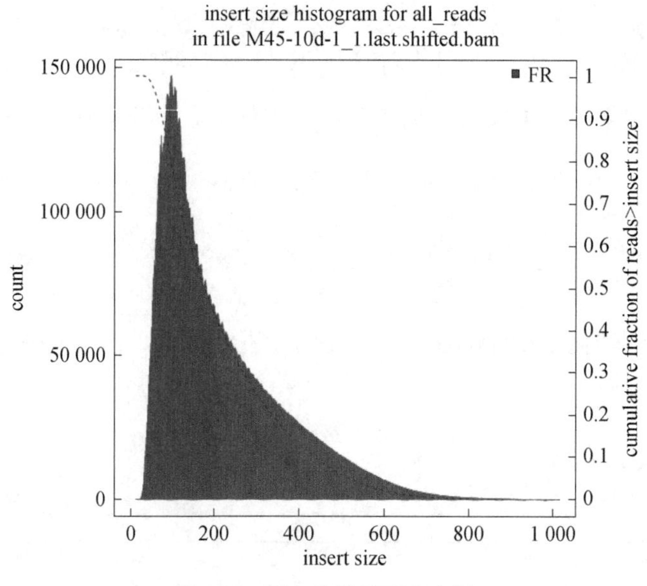

图6.45 插入片段长度分布图

（9）peak 注释（图6.46） 命令举例：

```
BiocManager::install("ChIPseeker")
library(ChIPseeker)
require(GenomicFeatures)
txdb =  makeTxDbFromGFF("TM1.gff")
f = list.files(path = './',full.names = T)
peakAnnoList <- lapply(f,annotatePeak,TxDb=txdb,
            tssRegion=c(-1500,0))
anno_bed <- function(bedPeaksFile){
peak <- readPeakFile(bedPeaksFile)#读取 peak 文件
cat(paste0('there are ',length(peak),' peaks for this data'))#查看此peak文件有多少行
peakAnno <- annotatePeak(peak,tssRegion = c(-1500,0),
              TxDb = txdb)#peak进行注释
peakAnno_df <- as.data.frame(peakAnno)#将peakAnno 文件转换为 dataframe 格式文件,方便操作
sampleName =basename(strsplit(bedPeaksFile,'_')[[1]][1])# 第七步提取此peak文件的样本信息
  return(peakAnno_df)
}
tmp = lapply(f,anno_bed)
num1 = length(grep('Promoter',test$annotation))
num2 = length(grep("5' UTR",test$annotation))
num3 = length(grep('Exon',test$annotation))
num4 = length(grep('Intron',test$annotation))
num5 = length(grep("3' UTR",test$annotation))
num6 = length(grep('Intergenic',test$annotation))
```

```
c(num1,num2,num3,num4,num5,num6)
df = do.call(rbind,lapply(tmp,function(x){
  num1 = length(grep('Promoter',x$annotation))
  num2 = length(grep("5' UTR",x$annotation))
  num3 = length(grep('Exon',x$annotation))
  num4 = length(grep('Intron',x$annotation))
  num5 = length(grep("3' UTR",x$annotation))
  num6 = length(grep('Intergenic',x$annotation))
  return(c(num1,num2,num3,num4,num5,num6))
}))
colnames(df)= c('Promoter',"5' UTR",'Exon','Intron',"3' UTR",'Intergenic')
rownames(df)= unlist(lapply(f,function(x){
  basename(strsplit(x,'_')[[1]][1])
}))
df1 <- apply(df,1,function(x)x/sum(x))
df1
library(reshape2)
df2 = melt(df1)
df3 = df2[!df2$dis=="3' UTR",]
df4 = df3[!df3$dis=="5' UTR",]
colnames(df2)= c('dis','sample','fraction')
install.packages("ggpubr")
library(ggpubr)
p1 <- ggbarplot(df2,"sample","fraction",
      fill = "dis",color = "dis",palette = "jco")
```

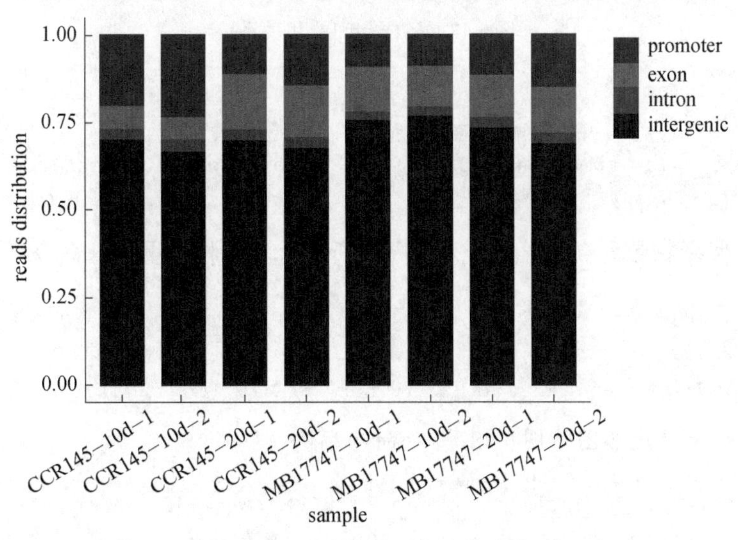

图6.46　peak在基因组上的分布

（10）计算read分布相关性　　命令举例：

```
multiBigwigSummary bins -b ./*.RPKM.bw -o RPKM.npz --outRawCounts
RPKM_scores_per_bin.tab -p 24 plotCorrelation -in RPKM.npz --corMethod
```

```
spearman --skipZeros --plotTitle "Spearman Correlation of Read Counts" --whatToPlot heatmap --colorMap RdYlBu --plotNumbers --plotFileFormat pdf -o RPKM_heatmap_SpearmanCorr_readCounts.pdf --outFileCorMatrix RPKM_ SpearmanCorr_readCounts.tab
```

结果使用 R 可视化，如图 6.47 所示。

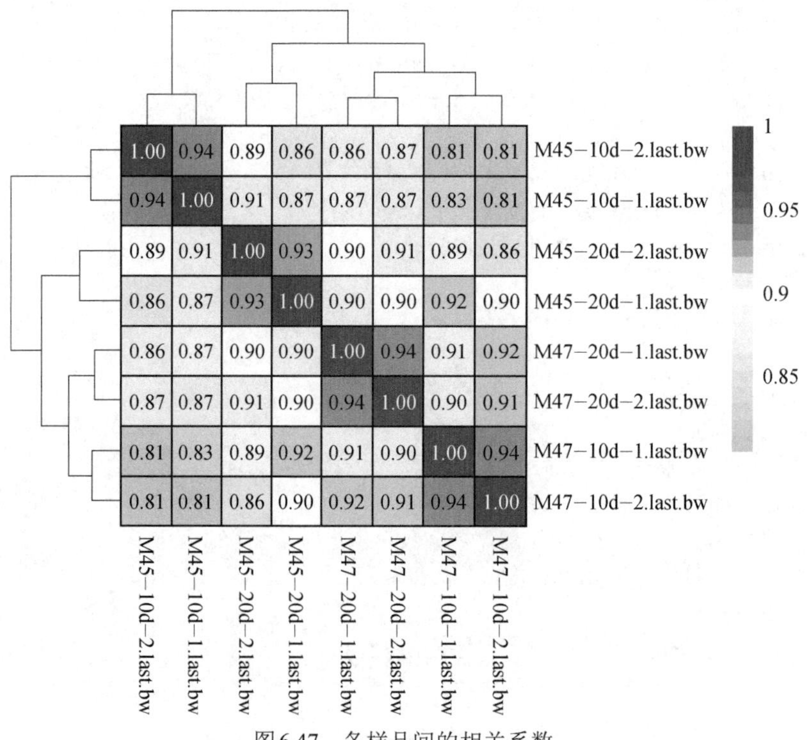

图6.47　各样品间的相关系数

```
library(pheatmap)
a=read.table('RPKM_SpearmanCorr_readCounts.tab')
pheatmap(a,display_numbers=TRUE,color = colorRampPalette(c("#ccebc5", "white", "#ff0000"))(20),show_colnames=T)
```

（11）合并生物学重复　样品相关性高，所以合并生物学重复。命令举例：

```
samtools merge -@ 12 M45_10d.final.bam  M45-10d-1_1.last.shifted.bam M45-10d-2_1.last.shifted.bam
bedtools bamtobed -i M45_10d.final.bam  > M45_10d.final.bed
```

（12）绘制信号强度热图（图 6.48）　命令举例：

```
computeMatrix reference-point -S  *RPKM.bw  -R  /mnt/e/bowtie2_index/TM/TM1.gff  -p  24 -a 3000 -b 3000 --skipZeros --missingDataAsZero -o RPKM.matrix1.gz

plotHeatmap -m RPKM.matrix1.gz  -o all.heatmap.png
```

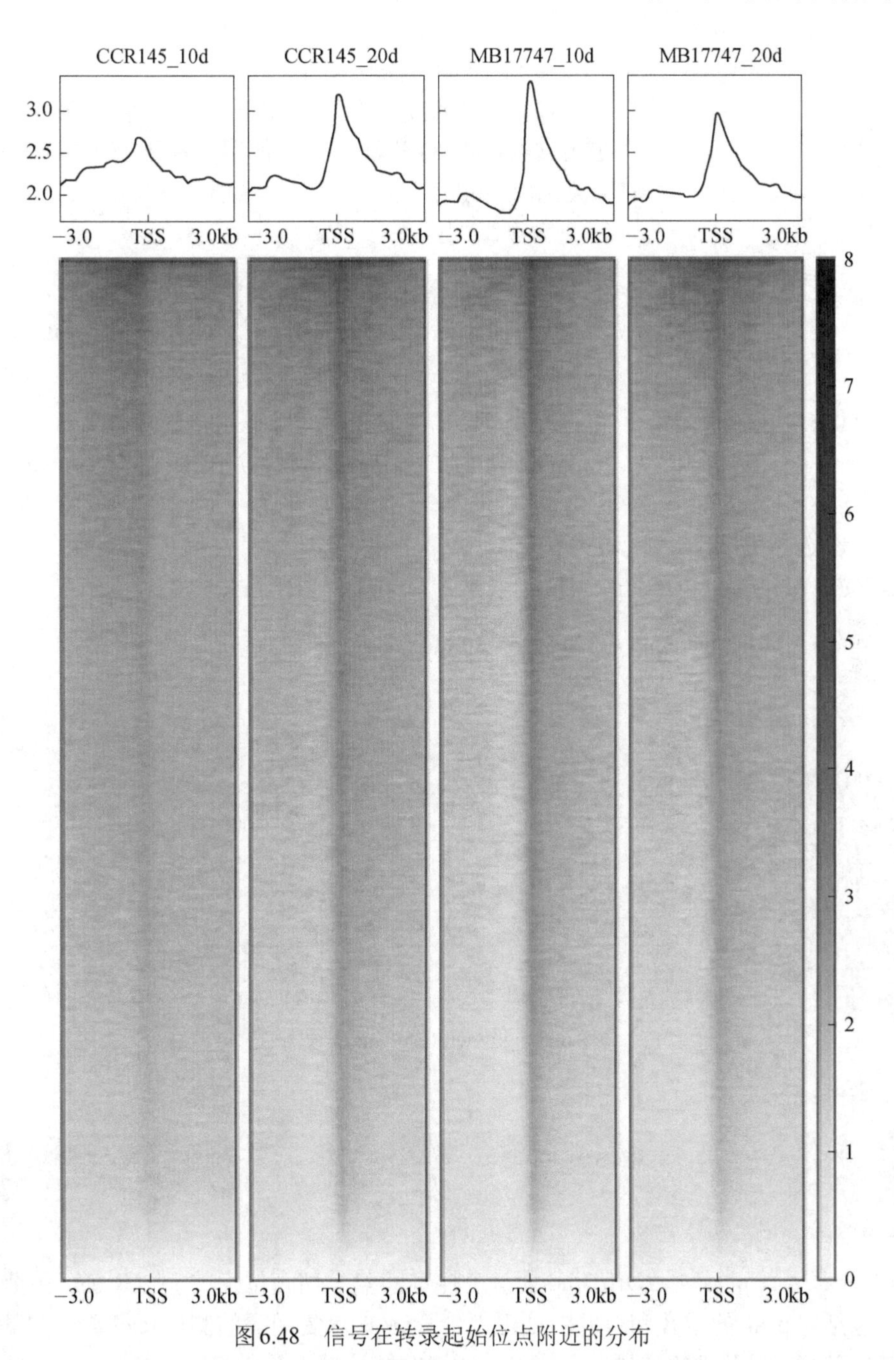

图6.48　信号在转录起始位点附近的分布

（13）motif寻找及注释　HOMER是一套基于 C++和 Perl 语言的用于 motif 查找和二代数据分析的工具，适用于在大规模数据中寻找 DNA 或 RNA 序列的 motif。HOMER 结果输出文件如图6.49 所示。

为了简化自定义基因组和注释的使用，可将它们加载到 HOMER 的配置中，以便能像预配置的 HOMER 包一样按名称使用它们。命令格式为：loadGenome.pl -name alf -org null -fasta ALFgenome.fasta -gtf ALFgenes.gtf。

-name：在运行 findMotifsGenome.pl、annotatePeaks.pl 等时引用基因组的名称。

-fasta：基因组文件。

› all › 45-10-all ›

名称

homerResults
knownResults
homerMotifs.all.motifs
homerMotifs.motifs8
homerMotifs.motifs10
homerMotifs.motifs12
homerResults.html
knownResults.html
motifFindingParameters.txt
seq.autonorm.tsv

图6.49 HOMER结果输出文件

-gtf：基因组注释文件。

-org：如果提供给HOMER物种名字，它将尝试利用所有ID转换和GO分析。如果使用的是不受支持的物种，请在此处输入null。

命令举例：

```
loadGenome.pl -name TM1 -org null -fasta /mnt/d/fengjia/genome/TM-1_V2.1. fa -gtf /mnt/d/fengjia/genome/TM-1_V2.1.gene.gtf -promoters TM1-PRO
```

在基因组区域中寻找富集的基序（图6.50）。命令格式为：findMotifsGenome.pl <peak/ BED file> <genome> <output directory> -size # [options]。

-size：设定寻找motif的区域大小。

peak/BED file：输入的peak文件。

Homer Known Motif Enrichment Results (./45-10-all)

Homer *de novo* Motif Results
Gene Ontology Enrichment Results
Known Motif Enrichment Results (txt file)
Total Target Sequences = 178539, Total Background Sequences = 162965

Rank	Motif	Name	P-value	log P-pvalue	q-value (Benjamini)	# Target Sequences with Motif	% of Targets Sequences with Motif	# Background Sequences with Motif	% of Background Sequences with Motif	Motif File	SVG
1		PIF4(bHLH)/Seedling-PIF4-ChIP-Seq(GSE35315)/Homer	1e-736	-1.696e+03	0.0000	37511.0	21.01%	25715.9	15.78%	motif file (matrix)	svg
2		PIF5ox(bHLH)/Arabidopsis-PIF5ox-ChIP-Seq(GSE35062)/Homer	1e-626	-1.443e+03	0.0000	30618.0	17.15%	20733.0	12.73%	motif file (matrix)	svg
3		IBL1(bHLH)/Seedling-IBL1-ChIP-Seq(GSE51120)/Homer	1e-540	-1.243e+03	0.0000	38226.0	21.41%	27454.1	16.85%	motif file (matrix)	svg
4		ABF1(bZIP)/Arabidopsis-ABF1-ChIP-Seq(GSE80564)/Homer	1e-525	-1.209e+03	0.0000	22922.0	12.84%	15134.6	9.29%	motif file (matrix)	svg
5		At5g08330(TCP)/col-At5g08330-DAP-Seq(GSE60143)/Homer	1e-446	-1.029e+03	0.0000	10896.0	6.10%	6302.2	3.87%	motif file (matrix)	svg
6		SPCH(bHLH)/Seedling-SPCH-ChIP-Seq(GSE57497)/Homer	1e-398	-9.165e+02	0.0000	28066.0	15.72%	20001.9	12.28%	motif file (matrix)	svg
7		At1g72010(TCP)/colamp-At1g72010-DAP-Seq(GSE60143)/Homer	1e-385	-8.871e+02	0.0000	8464.0	4.74%	4755.0	2.92%	motif file (matrix)	svg

图6.50 knownResults.html文件

命令举例：

```
nohup perl /home/orange/miniconda3/envs/homer/share/homer/bin/findMotifsGenome.pl /mnt/d/ATAC/peak/M45_10d.final_peaks.narrowPeak TM1./45-10-all -size 200 -mset plants -p 20 &
```

（14）寻找差异peak　DiffBind是鉴定样本间差异结合位点的一个R包，主要用于peak数据集，包括对peak的重叠和合并的处理，计算peak重复间隔的测序read数，并基于结合亲和力鉴定具有统计显著性的差异结合位点。适用的统计模型有DESeq、DESeq2、edgeR。

1）下载安装：BiocManager::install("DiffBind")。

2）准备输入文件：如图6.51所示。

SampleID	Tissue	Factor	Condition	Treatment	Replicate	bamReads	Peaks	PeakCaller
CCRI45_10d_1	CCRI45	ER	Responsive	Full-Media	1	reads/M45-10d-1_1.last.shifted.bam	peaks/M45-10d-1_1_peaks.narrowPeak.gz	narrow
CCRI45_10d_2	CCRI45	ER	Responsive	Full-Media	2	reads/M45-10d-2_1.last.shifted.bam	peaks/M45-10d-2_1_peaks.narrowPeak.gz	narrow
MBI7747_10d_1	MBI7747	ER	Resistant	Full-Media	1	reads/M47-10d-1_1.last.shifted.bam	peaks/M47-10d-1_1_peaks.narrowPeak.gz	narrow
MBI7747_10d_2	MBI7747	ER	Resistant	Full-Media	2	reads/M47-10d-2_1.last.shifted.bam	peaks/M47-10d-2_1_peaks.narrowPeak.gz	narrow

图6.51 输入文件

3）读入文件。读入后合并函数就找到所有重叠的peak，并导出一致性的peakset（图6.52）。

命令举例：

```
library(DiffBind)
atac_10_dba= dba(sampleSheet="m45v47_10d.csv",dir=system.file("extra/reads",
package="DiffBind"))
```

```
> atac_10_dba
4 Samples, 226022 sites in matrix (488940 total):
            ID  Tissue Factor  Condition  Treatment Replicate Intervals
1  CCRI45_10d_2  CCRI45     ER Responsive Full-Media         1     88562
2  CCRI45_10d_3  CCRI45     ER Responsive Full-Media         2     71154
3 MBI7747_10d_2 MBI7747     ER  Resistant Full-Media         1    362975
4 MBI7747_10d_3 MBI7747     ER  Resistant Full-Media         2    299018
```

图6.52 输出一致性peakset

4）计算每个peak对应的count，并同时计算FRIP（图6.53）。命令举例：

```
atac_10_dba_count = dba.count(atac_10_dba,bUseSummarizeOverlaps=T,summits = 0)
```

```
> atac_10_dba_count
4 Samples, 225722 sites in matrix:
            ID  Tissue Factor  Condition  Treatment Replicate
1  CCRI45_10d_2  CCRI45     ER Responsive Full-Media         1
2  CCRI45_10d_3  CCRI45     ER Responsive Full-Media         2
3 MBI7747_10d_2 MBI7747     ER  Resistant Full-Media         1
4 MBI7747_10d_3 MBI7747     ER  Resistant Full-Media         2
     Reads FRiP
1 31980687 0.15
2 22213377 0.20
3 42633907 0.21
4 35453403 0.23
```

图6.53 FRIP输出信息

5）差异分析（图6.54）。命令举例：

```
atac_10_dba_normalize = dba.normalize(atac_10_dba_count,method=DBA_ALL_METHODS,
                        normalize=DBA_NORM_NATIVE,background=TRUE)
atac_10_dba_contrast=dba.contrast(atac_10_dba_normalize,minMembers=2,contr
ast=c("Condition","Resistant","Responsive"))
atac_10_dba_analyze=dba.analyze(atac_10_dba_contrast,method=DBA_ALL_METHODS,
bBlacklist=F,bGreylist=F,bParallel=F)
```

```
> head(cotton10d.deseq)
       seqnames    start      end width strand     Conc Conc_Resistant
219921      D13 39978959 39979313   355      * 8.353268       4.192043
201034      D11   483696   484935  1240      * 7.245339       4.800421
222630      D13 64004854 64005785   932      * 6.419704       3.038104
187640      D08 67229693 67230805  1113      * 6.303022       3.456418
32297       A04 11566623 11567493   871      * 6.489925       7.424286
91411       A10  8360415  8361421  1007      * 6.238884       2.789781
       Conc_Responsive      Fold      p.value          FDR MBI7747_10d_2
219921        9.312377 -5.017534 4.141195e-29 9.340425e-24         19.98
201034        8.106376 -3.264598 1.728568e-26 1.949384e-21         24.42
222630        7.348777 -4.236702 1.016813e-23 7.644703e-19          8.14
187640        7.199082 -3.706894 3.439855e-20 1.939640e-15          8.14
32297         2.999145  4.226096 4.830592e-20 2.179070e-15        173.15
91411         7.171276 -4.324380 2.651942e-19 9.969049e-15          3.70
       MBI7747_10d_3 CCRI45_10d_2 CCRI45_10d_3 Called1 Called2
219921         16.58       365.76       905.79       2       2
201034         31.31       265.06       286.12       2       0
222630          8.29       157.70       168.31       2       2
187640         13.81       157.70       136.17       2       2
32297         170.38        11.40         4.59       2       0
91411          10.13       109.25       179.02       1       1
>
```

图6.54 差异分析结果

6）提取结果。命令举例：

```
cotton10d.deseq <- dba.report(atac_10_dba_analyze,method=DBA_DESEQ2)
cotton10d.deseq <- as.data.frame(cotton10d.deseq)
```

6.6.5 GWAS分析

全基因组关联分析（genome-wide association study，GWAS）是利用高通量基因分型技术，分析数以万计的单核苷酸多态性标记（SNP），以及这些SNP与表型和可测性状的相关性，从而全面揭示复杂性状的遗传机制和基础。GWAS是一项开创性的研究方法，因为它可以在以前很难达到的分辨率水平上对成千上万无关样本的全基因组进行研究，且不受先验性假设的限制。GWAS在全基因组范围内快速明确候选基因的研究方向迈出了重要的一步，而且随着高通量测序成本的降低，GWAS在动植物复杂性状的研究上都表现出巨大的优势。

GWAS除了可以一次性检测到数以万计的SNP信息，从而提高试验效率及检验功效外，还有其他两个显著的优势，主要表现在：①对未知信息的基因进行定位探索。局限性在于传统QTL定位往往是利用双亲分离群体进行定位，一方面变异来源单一，即在群体中检测到的变异仅源自双亲，另一方面是群体构建需要的时间周期较长。而GWAS是对全基因组范围内的所有位点进行关联分析，因此其拥有更广泛的关联信息，相比候选基因分析GWAS更有可能找到与性状真正关联的候选基因，因此不再受到预先假设的候选基因的限制。②GWAS在研究不同的复杂性状之前，不需要像以往的研究一样"盲目地"预设一些假定条件，而是通过在处理和对照中，有目的地比较全基因组范围内所有SNP的等位基因频率或者通过家系进行传递不平衡检验（transmission disequilibrium test，TDT），从而找出与复杂性状显著相关的序列变异。到目前为止，利用全基因组关联分析研究已经挖掘出众多与各种复杂性状相关联的染色体区域和候选基因，在这些被新鉴定出的位点和区域中，只有小部分结果位于以前对这次性状研究的区域之中或者附近，绝大多数位于以前从未被研究过的区域。

山东农业大学孔令让教授团队对768个小麦品种进行大规模全基因组关联研究，将这些品种测序后进行基因分型，获得327 609个单核苷酸多态性，并在7种环境下检测到12个性状的395个数量性状位点（QTL）。其中273个QTL被限定在小于1Mb的区间，其中7个是已克隆的已知基因（*Rht-D1*、*Vrn-B1* 和 *Vrn-D1*），或先前已定位的已知QTL（*TaGA2ox8*、*APO1*、*TaSus1-7B* 和 *Rht12*）（图6.55）。利用基因表达数据，为3个增强穗粒结实和粒径的QTL鉴定了8个假定候选基因，并在3个双亲群体中进行了验证。蛋白质序列分析鉴定了33个假定的小麦同源基因，它们与影响水稻相似性状的基因高度一致。这项研究的结果表明，显著增加GWAS群体大小和标记密度极大地改善了QTL基础上候选基因的检测和鉴定，为大规模QTL精细定位和候选基因验证奠定了基础，并可为小麦基因组学育种开发功能标记（图6.56）。

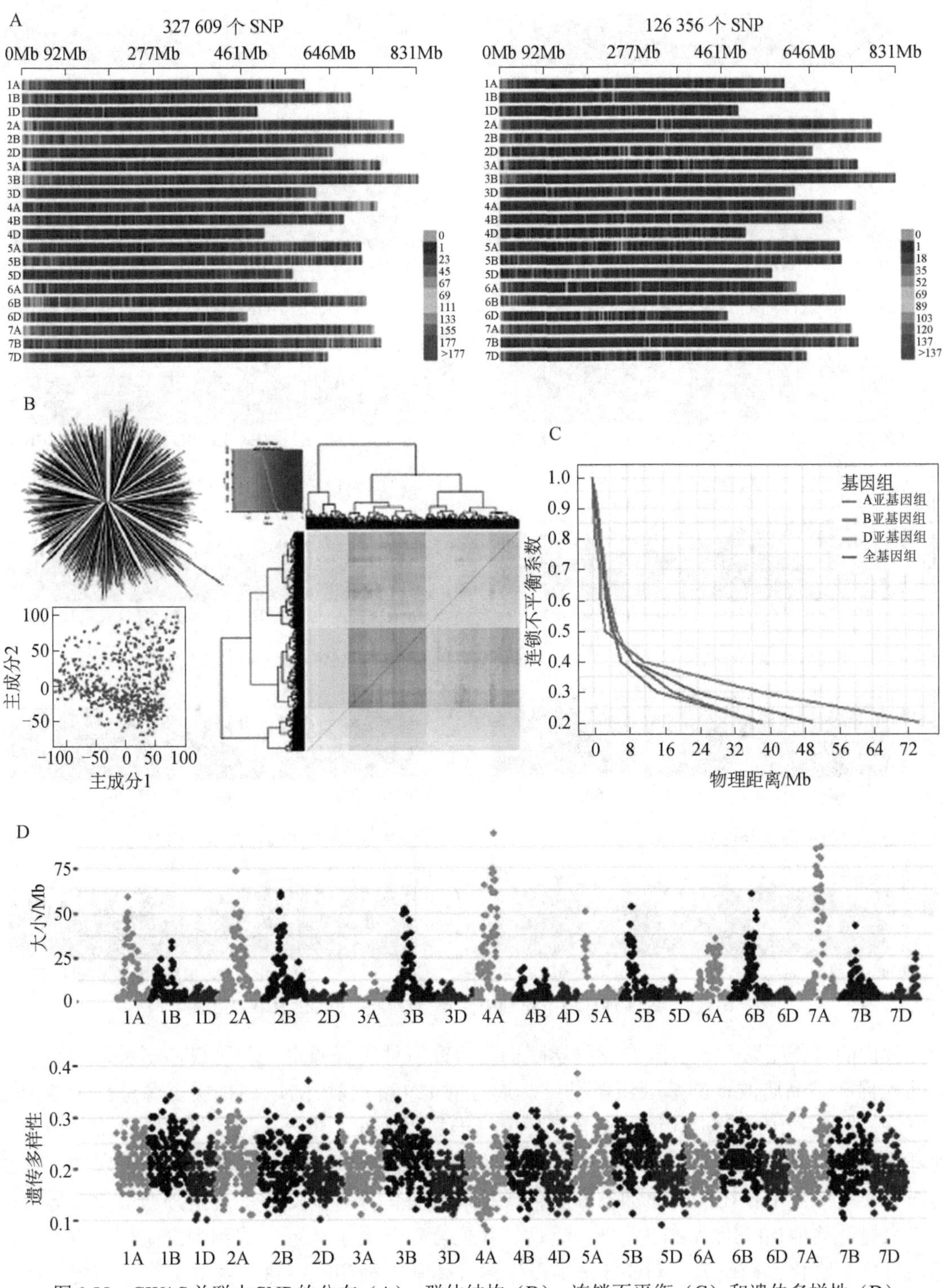

图6.55 GWAS关联中SNP的分布（A）、群体结构（B）、连锁不平衡（C）和遗传多样性（D）

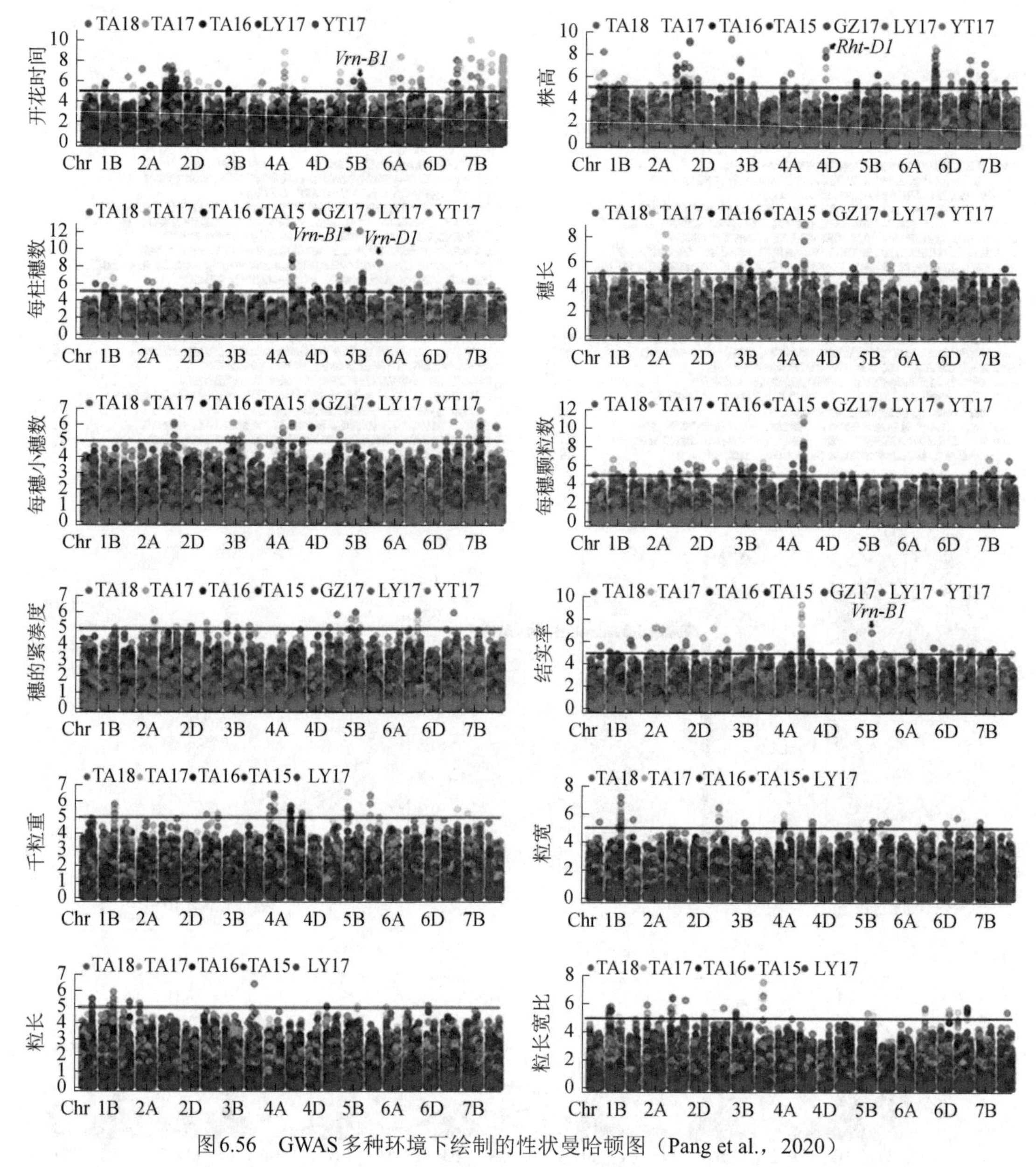

图6.56 GWAS多种环境下绘制的性状曼哈顿图（Pang et al.，2020）

我们的合作团队——中国农业科学院棉花研究所种质资源室，利用GWAS关联分析揭示了陆地棉纤维品质改良的基因组学基础。通过对1245份栽培陆地棉种质资源进行全基因组重测序，发掘高密度SNP标记，结合多环境纤维品质数据，充分发掘了当前陆地棉种质中控制纤维长度、纤维强度和纤维伸长率的主要位点（图6.57）。通过结合渐渗分析发现，优质远缘杂交渐渗系中存在源自亚洲棉和瑟伯氏棉的稀有优异等位变异，这些外源等位变异可能是未来提升陆地棉纤维品质的关键。近期，我们合作开展了从野生棉到半野生棉、再到栽培棉的进化和驯化路径研究，对393份半野生棉群体基因型和叶型进行关联分析，鉴定到控制半野生棉叶型的基因位于D01染色体上（图6.58）。该结果为进一步揭示陆地棉叶型形成的关键基因奠定了基础。

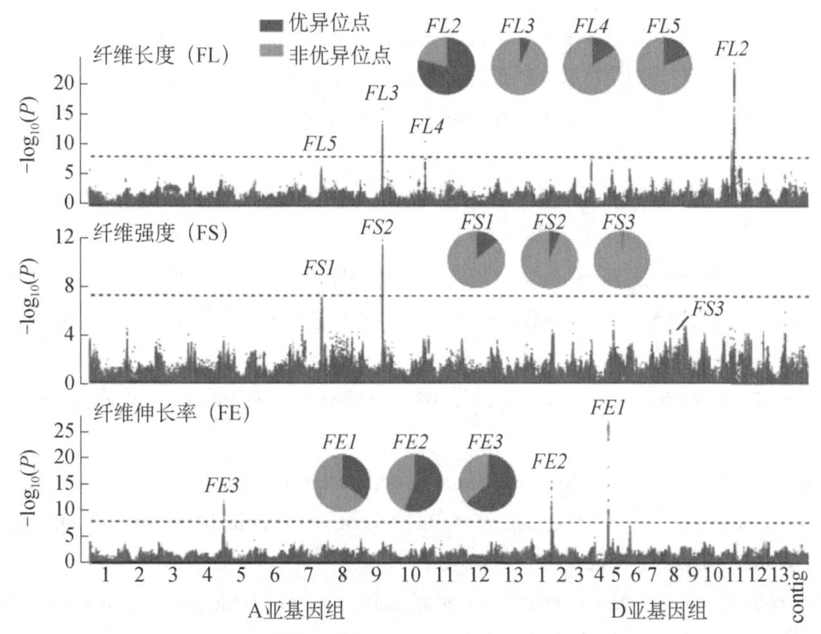

图 6.57 GWAS 揭示栽培陆地棉控制纤维品质性状的主要位点（He et al.，2021）

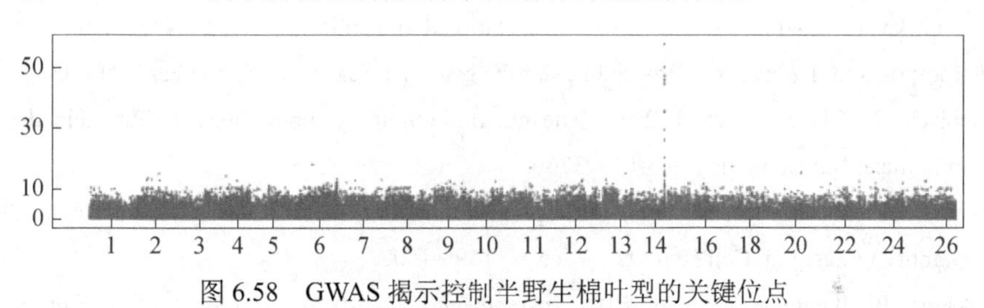

图 6.58 GWAS 揭示控制半野生棉叶型的关键位点

参考文献

安绍维. 2019. 多组学大数据整合分析推动人类未来的健康发展. 张江科技评论，6：12-14.

程超华，唐蜻，邓灿辉，等. 2020. 表型组学及多组学联合分析在植物种质资源精准鉴定中的应用. 分子植物育种，18（8）：2747-2753.

窦慧敏. 2020. 整合多组学分析的主要农作物干旱胁迫转录调控研究. 合肥：安徽农业大学硕士学位论文.

付琴. 2018. 空肠弯曲菌 *ermB* 基因携带菌株与对照菌株的组学比较研究. 北京：中国农业大学博士学位论文.

付玉华. 2017. 多组学分析揭示恩施黑猪经济性状相关的遗传信号和分子通路. 武汉：华中农业大学博士学位论文.

李虹，谢鹭. 2008. 预测和鉴定蛋白质翻译后修饰的生物信息方法. 现代生物医学进展，9：1729-1735.

李林. 2013. 全基因组水平研究斑马鱼早期发育小RNA的表达与功能. 北京：中国科学院硕士学位论文.

李新亚. 2017. 冠状动脉旁路移植术后新发房颤的血浆蛋白质组学与代谢组学研究. 北京：北京协和医学院博士学位论文.

刘青. 2019. 哈茨木霉菌拮抗辣椒疫霉的转录组学研究. 贵阳：贵州大学硕士学位论文.

刘双江，施文元，赵国屏. 2018. 中国微生物组计划：机遇与挑战. 中国农业文摘-农业工程，30（6）：11-17.

马鹏，余开焕，任俊，等. 2011. 蛋白质组学在胰腺炎研究中的应用. 职业与健康，27（16）：1895-1897.

孙丽翠，王琴，刘轶群，等. 2013. 蛋白质组学技术在营养学研究中的应用. 卫生研究，42（6）：1036-1040.
汤冰倩，刘峰，邹学校. 2019. 多组学联合分析在植物生长发育研究中的应用. 湖南农业科学，8：124-127，132.
熊强强，魏雪娇，施翔，等. 2018. 多层组学在植物逆境及育种中的研究进展. 江西农业大学学报，40（6）：1197-1206.
杨惠敏，何斐，胡志坚. 2020. 基因组、转录组及表观基因组在肺癌中的联合分析. 肿瘤防治研究，47（9）：702-707.
张根连，范术丽，宋美珍，等. 2011. 植物蛋白质组学技术研究进展. 生物技术通报，7：26-30.
周滔，李静宜，马毅，等. 2015. 基于组学数据库整合工具的代谢通路分析应用. 国际药学研究杂志，42（5）：587-592，600.
Collins F S，Green E D，Guttmacher A E，et al. 2003. A vision for the future of genomics research. Nature，422：835-847.
Hasin Y M，Seldin M，Lusis A，et al. 2017. Multi-omics approaches to disease. Genome Biol，18（1）：83.
He S P，Sun G F，Geng X L，et al. 2021. The genomic basis of geographic differentiation and fiber improvement in cultivated cotton. Nature Genetics，53：916-924.
Ingolia N T，Ghaemmaghami S，Newman J R S，et al. 2009. Genome-wide analysis in vivo of translation with nucleotide resolution using ribosome profiling. Science，324（5924）：218-223.
Juntawong P，Girke T，Bazin J，et al. 2014. Translational dynamics revealed by genome-wide profiling of ribosomefootprints in *Arabidopsis*. Proceedings of the National Academy of Sciences，111（1）：203-212.
Kindt A，Liebisch G，Clavel T，et al. 2018. The gut microbiota promotes hepatic fatty acid desaturation and elongation in mice. Nat Commun，9（1）：3760.
Kronja I，Yuan B，Eichhorn S，et al. 2014. Widespread changes in the posttranional landscape at the *Drosophila* oocyte-to-embryo transition. Cell Reports，7（5）：1495-1508.
Lukoszek R，Feist P，Ignatova Z，et al. 2016. Insights into the adaptive response of *Arabidopsis thaliana* to prolongedthermal stress by ribosomal profiling and RNA-Seq. Bmc Plant Biology，16（1）：221.
Nakato R，Sakata T. 2021. Methods for ChIP-seq analysis：a practical workflow and advanced applications. Methods，187：44-53.
Ottosson F，Brunkwall L，Ericson U，et al. 2018. Connection between BMI-related plasma metabolite profile and gut microbiota. J Clin Endocrinol Metab，103（4）：1491-1501.
Pang Y L，Liu C X，Wang D F，et al. 2020. High-resolution genome-wide association study identifies genomic regions and candidate genes for important agronomic traits in wheat. Molecular Plant，13（9）：1311-1327.
Schmauch B，Romagnoni A，Pronier E，et al. 2020. A deep learning model to predict RNA-Seq expression of tumours from whole slide images. Nat Commun，11（1）：3877.
Schwanhausser B，Busse D，Li N，et al. 2011. Global quantification of mammalian gene expression control. Nature，473（7347）：337-342.
Sendoel A，Dunn J G，Rodriguez E H，et al. 2017. Translation from unconventional 5′ start sites drives tumourinitiation. Nature，541（7638）：494-499.
Wang K C，Chang H Y. 2018. Epigenomics：technologies and applications. Circ Res，122（9）：1191-1199.
Wu Y，Xing Q，Li S，et al. 2017. Integrated proteomic and transcriptomic analysis revealslong noncoding RNA HOTAIR promotes hepatocellular carcinoma cell proliferation by regulating opioid growth factor receptor（OGFr）. Molecular & Cellular Proteomics，17（1）：146.

第7章

蛋白质结构与功能预测

本章彩图

蛋白质结构是研究蛋白质功能的基础，也是研究蛋白质相互作用并进行蛋白质分子设计和合理药物开发的前提。目前，获得蛋白质结构的方法有X射线衍射法、核磁共振（nuclear magnetic resonance，NMR）方法和显微镜成像法等，这些方法各有所长，综合应用可以揭示蛋白质结构特征，为人们了解和认识蛋白质结构和功能特性提供了极大的帮助。但是，上述实验方法也存在花费大、技术要求高、实现困难的缺点，导致了利用实验方法检测蛋白质结构研究进展较为缓慢。据统计，目前已知的所有蛋白质中，利用实验方法获得结构的不足1%，这极大限制了蛋白质结构及其后续相关的研究。伴随生物信息学的快速发展，利用计算方法对蛋白质结构和功能进行预测，为解决上述问题提供了有效的途径，并成为生物信息学研究的典型应用之一。

7.1 蛋白质结构概述

7.1.1 蛋白质结构与生物学功能

蛋白质结构与功能紧密相关，氨基酸序列必须折叠成合适的三维结构才具有蛋白质的活性。氨基酸折叠成具有生物学功能的蛋白质包含了多个级别。DNA按照三联体密码翻译成的氨基酸序列称为一级结构。局部的氨基酸序列有规则地折叠，形成二级结构，主要包括α螺旋、β折叠等。在二级结构的基础上进一步折叠形成蛋白质的三级结构，蛋白质三级结构是蛋白质活性的基础，蛋白质丧失了三级结构，也就失去了生物学功能。很多蛋白质都是多个亚基组合在一起发挥其生物学活性，这也就构成了蛋白质的四级结构，四级结构的空间构象是研究活性蛋白质功能的关键。

7.1.2 获得蛋白质结构的实验方法

蛋白质三维结构数据可以促进新药研究的进程，然而蛋白质晶体的获得非常消耗时间。解析蛋白质结构的方法主要是X射线衍射法、核磁共振及冷冻电镜。这些实验受成本与时间的限制，并且有一定的实验技术难度，例如，只有蛋白质可以结晶时，X射线衍射法才可以分析蛋白质结构。

1）X射线衍射法是最早用于蛋白质结构解析的实验方法之一。X射线是一种高能短波长的电磁波，被德国科学家伦琴首次发现，故又称为伦琴射线。X射线击打分子晶体颗粒时会发生衍射，通过收集这些衍射信号就可以了解晶体中电子密度的分布情况，再据此解析获得粒子的空间位置信息。X射线源是X射线衍射晶体学的重要研究内容，来自同步辐射的X射线源可以调节射线的波长和亮度，结合多波长反常散射技术，能够获得更高精度的晶体结构数据，这就是X射线晶体成像的原理。X射线衍射晶体成像的实验过程也受到很多的限制，例如，X射线对晶体样本有着很大的损伤，为解决这个问题，常用低温液氮环境来保护生物大分子晶体，但这种情况下的晶体结构与细胞中蛋白质的晶体结构可能会有差异。X射线衍射法的优点：①速度快，通常只要拿到晶体，当天就可能得到结构；②不受大小限制，无论是多大的蛋白质或复合体，无论是蛋白质还是RNA、DNA，只要能够结晶就能够得到其原子结构。

2）带有孤对电子的原子核在外界磁场影响下会导致原子核的能级发生塞曼分裂，吸收并释放电磁辐射，这种共振电磁辐射的频率与所处磁场强度成一定比例，通过分析特定原子释放的电磁辐射结合外加磁场分辨，就能够实现生物大分子的成像，这就是核磁共振（NMR）的原理。NMR解析的多是溶液状态下的蛋白质结构，这比起晶体结构更能够描述生物大分子在细胞内的真实状态。而且，NMR结构解析能够获得氢原子的结构位置。然而，NMR可能会因为蛋白质在溶液中结构不稳定而难获取稳定的信号，为解决这个问题，NMR往往借助计算机建模或者其他方法完善结构解析流程。

3）冷冻电镜是用于扫描电镜的超低温冷冻制样及传输技术（Cryo-SEM），可实现直接观察液体、半液体及对电子束敏感的样品，如生物、高分子材料等。样品经过超低温冷冻、断裂、镀膜制样（喷金/喷碳）等处理后，通过冷冻传输系统放入电镜内的冷台（温度可低至−185℃）即可进行观察。其中，快速冷冻技术可使水在低温状态下呈玻璃态，减少冰晶的产生，从而不影响样品本身结构，冷冻传输系统保证在低温状态下对样品进行电镜观察。

7.1.3 蛋白质结构比对

比较蛋白质之间的相似性是蛋白质分析的重要方法，对理解蛋白质功能和进化关系非常重要。比对结果可以指明蛋白质之间的相关性，如果两条蛋白质的比对结果显示有明显的相似性，那么它们就可能具有相似的生物学功能。由于蛋白质结构更加保守，因此，利用结构比对可以发现更远距的同源关系，从而可更有效地分析蛋白质功能。

目前，结构比对算法主要分为两类：一类是比较结构内部的距离矩阵，通过使对应的内部结构亚单元间的距离差异最小的方法来对齐两个结构；另一类方法则将两个蛋白质刚性重叠在一起，通过最小化对应残基距离的方法来获得最佳的比对结果。大部分的结构比对算法都基于第二类方法，而这些方法根据它们比对的最小元件又可以分为残基水平（通常是比较C_α原子）和二级结构水平两种。

在结构比对中引入二级结构元件信息可以极大地提高结构比对的速度，伴随蛋白质结构数据的不断增加，高运算效率对结构比对的大规模应用，如构建结构家族或者相似结构搜索变得尤为重要。这类方法将二级结构元件（α 螺旋和 β 折叠）作为基本单元，根据两个蛋白质上这些单元的类型、相对指向及顺序等，将两个蛋白质进行初步对齐。而后在氨基酸水平上进行优化。目前，有大量的此类工具，如SSAP、LOCK2及VAST等，这些比对工具都具有非常高的运算效率，并已经在相似结构搜索及蛋白质功能分析方面得到了广泛的应用。然而，相对于基于残基水平上的蛋白质结构比对方法，基于二级结构元件的方法往往在残基的对齐方面不甚理想。特别是对于较远距同源蛋白质之间的比对，一些功能上具重要作用的残基无法对齐，这对于将结构比对应用于蛋白质功能分析等非常不利。因此，蛋白质氨基酸序列的比较是蛋白质结构比对的基础（图 7.1）。

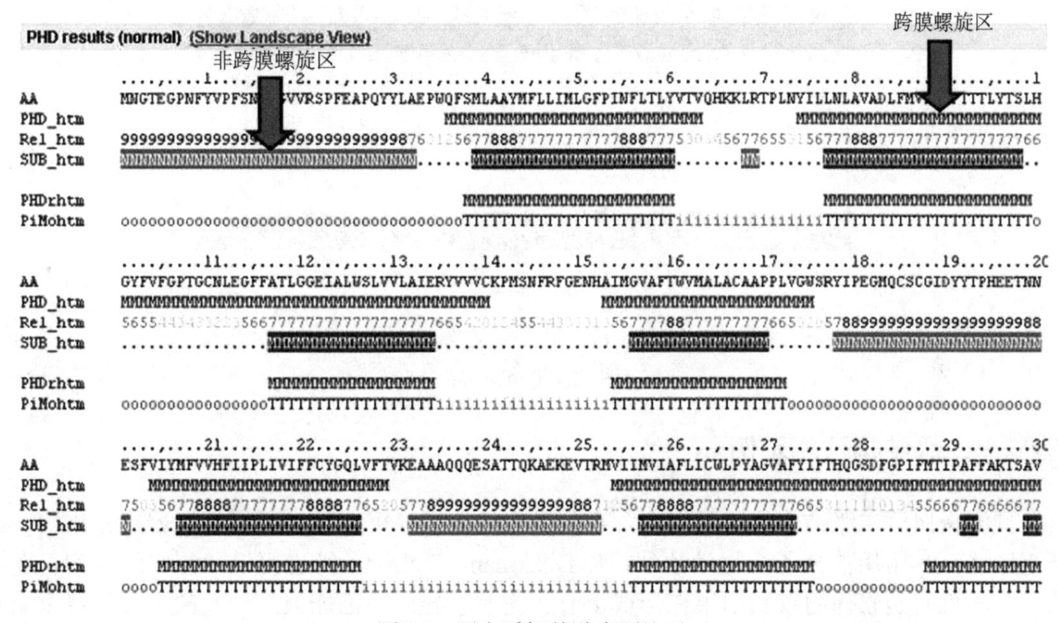

图 7.1　蛋白质氨基酸序列比对

7.2　蛋白质二级结构的预测

7.2.1　预测工具

蛋白质二级结构指多肽链中规则的重复构象，氢键是稳定二级结构的主要作用力，常见的二级结构有 α 螺旋、β 转角和 β 折叠。蛋白质二级结构预测方法多种多样，有的基于统计学原理，有的基于信息学原理，因此造成不同方法之间的差异。总的来说，二级结构预测仍是未能完全解决的问题。目前较为常用的二级结构预测方法有 PHD、Nnpredict、CNRS、SOPMA、MacStripe、Porter、GOR、PREDATOR、PSA 等。①PHD 结合了许多神经网络的成果，每个结果都是根据局部序列上下文关系和整体蛋白质性质预测氨基酸的二级结构，最终的结果是所有神经网络输出的算术平均值。②Nnpredict 算法使用了一个双层、前馈神经网络给每个氨基酸分配预测的类型。③CNRS 不是用一种，而是用 5 种相互独立的方法进行预测，并将结果汇集整理成一个"一致预测结果"，这 5 种方法包括 Garnier-Gibrat-Robson 方法、Levin 同源预测方法、双重预测方法、PHD 方法和 CNRS 自己的 SOPMA 方法。④MacStripe 是基于 Macintoshi 系统的应用程序，使用了 Lupas 的 COILS 预测方法，能输出较简单的预测结果。⑤Porter（http://distill.ucd.ie）是一个依据蛋白质结构数据库（PDB）预测蛋白质二级结构的工具。Porter 将预测的结果以纯文本的形式发送到提交的邮箱中，结果包含了提交序列的名称和序列的长度，接下来是所提交蛋白质的每一个氨基酸对应的二级结构状态，其中C表示无规卷曲（random coil）、H表示α螺旋（alpha helix）、E表示延伸链（extended strand）等。Porter的结果中还显示了在预测过程中所使用的提交序列与所使用模板的序列相似性，以及预测过程所消耗的时间（图7.2）。

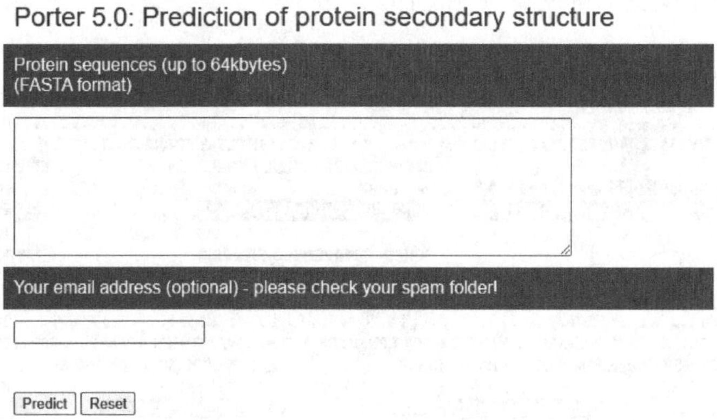

图7.2 Porter界面

7.2.2 二级结构预测示例

预测蛋白质二级结构的工具很多，有些是在线分析，可以直接通过浏览器进行预测，此外，一些工具常用的分子生物学软件，如DNAman、DNAstar等也可以预测二级结构。在线工具与本机安装软件的预测结果在形式上有一定的差异，但都能很好地反映蛋白质每个氨基酸对应的二级结构状态。GOR IV是一个常用的在线分析工具，我们以人类的P53蛋白（BAC16799.1）为例预测其二级结构。

通过浏览器打开GOR IV预测工具（https://npsa-prabi.ibcp.fr/cgi-bin/npsa_automat.pl?page=npsa_gor4.html），按照GOR IV的输入要求，输入P53蛋白的氨基酸序列，注意这里没有要求FASTA格式，因此，只能输入氨基酸序列，而不能包含序列名字等内容。同时，可以在“Sequence name”部分填写一个序列名字。GOR IV的界面还可以对输出结果的宽度进行设置，完成这些设置后提交、等待结果（图7.3）。

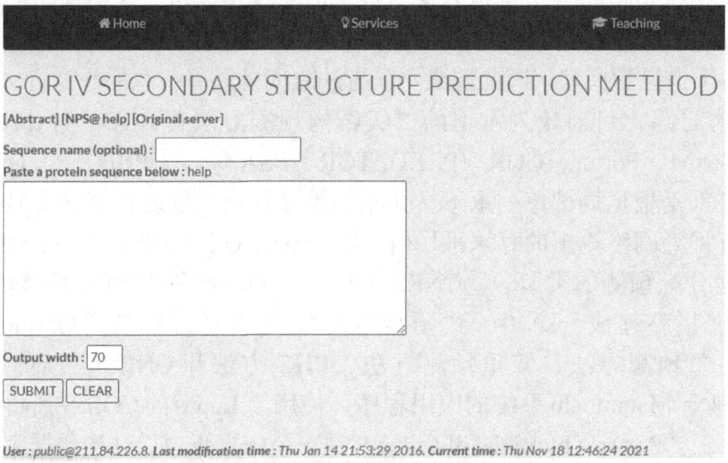

图7.3 GOR IV蛋白质二级结构预测界面

GOR IV的预测结果包括三个部分：每个氨基酸所处的二级结构状态、简单统计和预测概率分布图。每个氨基酸所处的二级结构状态是最主要的结果，第一行是氨基酸残基，第二行是其对应的二级结构状态，其中h表示α螺旋，e表示延伸链，c表示无规卷曲。每一个氨基酸都有一个对应的二级结构状态，在结果的顶部是显示氨基酸位点的坐标（图7.4）。

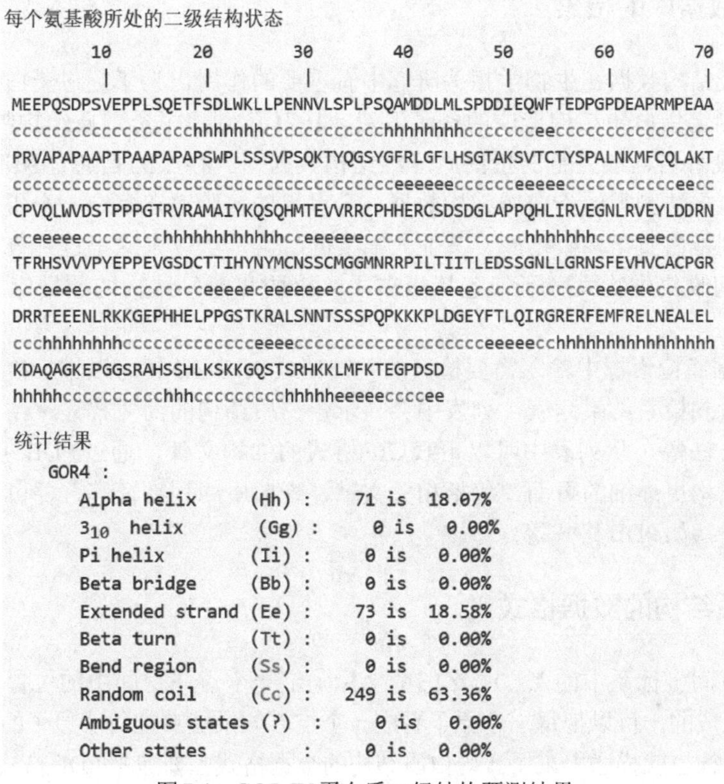

每个氨基酸所处的二级结构状态

```
         10        20        30        40        50        60        70
          |         |         |         |         |         |         |
MEEPQSDPSVEPPLSQETFSDLWKLLPENNVLSPLPSQAMDDLMLSPDDIEQWFTEDPGPDEAPRMPEAA
cccccccccccccccccchhhhhhhcccccccccccchhhhhhhhcccccccceecccccccccccccccc
PRVAPAPAAPTPAAPAPAPSWPLSSSVPSQKTYQGSYGFRLGFLHSGTAKSVTCTYSPALNKMFCQLAKT
cccccccccccccccccccccccccccccccccccccceeeeeecccccceeeeecccccccccccceecc
CPVQLWVDSTPPPGTRVRAMAIYKQSQHMTEVVRRCPHHERCSDSDGLAPPQHLIRVEGNLRVEYLDDRN
cceeeeecccccccchhhhhhhhhhhhcceeeeeecccccccccccccccchhhhhhhcccceeeccccc
TFRHSVVVPYEPPEVGSDCTTIHYNYMCNSSCMGGMNRRPILTIITLEDSSGNLLGRNSFEVHVCACPGR
ccceeeecccccccccccceeeeeceeeeeeeccccccceeeeeeccccccccccceeeeeecccccc
DRRTEEENLRKKGEPHHELPPGSTKRALSNNTSSSPQPKKKPLDGEYFTLQIRGRERFEMFRELNEALEL
ccchhhhhhhhcccccccccccccceeeecccccccccccccccccccceeeeecchhhhhhhhhhhhhhhh
KDAQAGKEPGGSRAHSSHLKSKKGQSTSRHKKLMFKTEGPDSD
hhhhhcccccccccchhhccccccccchhhheeeeeeccccee
```

统计结果

```
  GOR4 :
    Alpha helix      (Hh) :    71 is  18.07%
    3_10 helix        (Gg) :     0 is   0.00%
    Pi helix         (Ii) :     0 is   0.00%
    Beta bridge      (Bb) :     0 is   0.00%
    Extended strand  (Ee) :    73 is  18.58%
    Beta turn        (Tt) :     0 is   0.00%
    Bend region      (Ss) :     0 is   0.00%
    Random coil      (Cc) :   249 is  63.36%
    Ambiguous states (?)   :     0 is   0.00%
    Other states           :     0 is   0.00%
```

图7.4　GOR IV蛋白质二级结构预测结果

GOR IV结果的第三部分（图7.5）中，横坐标代表氨基酸长度。曲线的颜色表示不同的二级结构，图中曲线的峰高表示该位置的氨基酸对应二级结构的概率，峰越高表示概率越大，程序将氨基酸对应的最大概率的二级结构状态确定为该氨基酸的二级结构。

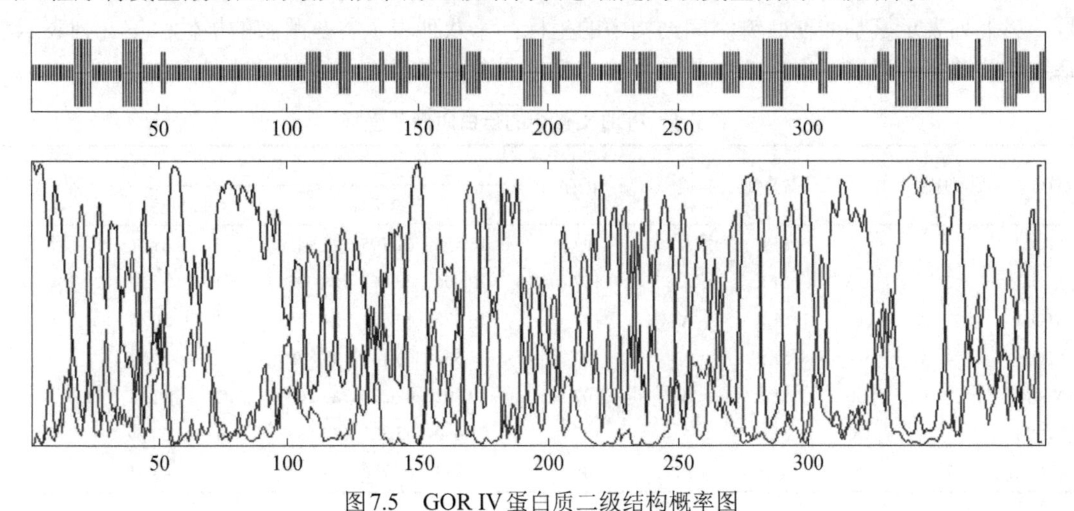

图7.5　GOR IV蛋白质二级结构概率图

7.3 蛋白质结构数据库

7.3.1 PDB数据库的检索

蛋白质三级结构数据在生物学相关研究中有重要的作用，为了促进蛋白质结构数据的共享，避免重复测定蛋白质结构造成的资源浪费，1971年创建了蛋白质结构数据库（PDB）。PDB是国际上最著名、最完整的蛋白质三维结构数据库，存放的是通过NMR核磁共振和X射线衍射等实验方法测得的蛋白质结构数据。全世界的实验室在确定一个蛋白质结构之后，一般都会提交到蛋白质结构数据库，其他人需要的时候，可以来这里进行查询。PDB数据库是目前最主要的收集生物大分子（包括蛋白质、核酸和糖）结构的数据库（数据库首页如图2.1所示）。

在PDB数据库检索框中输入需要检索的关键词或PDB ID就可以进行检索，在检索结果页面中，可以看到检索结果列表，列表中会显示蛋白质结构的简要描述、结构的分辨率、发布时间和获得方法等。从列表中可以下载CIF格式的结构文件，通过PDB ID超级链接，可以进入蛋白质结构更详细的页面，包括相关文献、蛋白质序列特征等，并可以下载更多格式的结构数据文件，如PDB格式等。

7.3.2 蛋白质结构的数据格式

可以通过空间坐标系中的*X*、*Y*、*Z*三个坐标确定一个点在空间中的位置。蛋白质分子是由很多的原子组成的，可以把每一个原子看成一个点，如果能够把每个原子的空间位置描述清楚，蛋白质的结构也就描述出来了。蛋白质结构的数据格式主要包括PDB格式和CIF格式。

PDB格式的文件中每行由80列组成。每条PDB记录的末尾标志应该是行终止符。每行的前六列存放记录名称，左对齐空格补足。每个记录类型包括一行或多行。如表7.1所示，第一列ATOM的意思是原子；第二列代表原子序号；第三列表示氨基酸中的原子；第四列表示氨基酸的名称；第五列表示氨基酸所在肽链是A链；第六列表示氨基酸所在肽链中的序号；第七列表示氨基酸在肽链空间结构中的坐标；第八列表示谷氨酰胺的极性；第九列表示氨基酸在肽链特定环境下所带的电荷量；第十列也是表示氨基酸中的原子类型。

表7.1 PDB文件中的蛋白质原子坐标

ATOM	原子序号	原子名*	氨基酸	链	氨基酸序号	坐标及带电数据			原子名*
						三维坐标	极性	电荷量	
ATOM	1	N	SER	A	107	18.452，61.795，25.943	1	51.56	N
ATOM	2	CA	SER	A	107	19.406，62.863，26.095	1	51.31	C
ATOM	3	C	SER	A	107	19.278，63.629，24.774	1	50.42	C
ATOM	4	O	SER	A	107	18.560，63.143，23.879	1	50.14	O
ATOM	5	CB	SER	A	107	20.802，62.278，26.260	1	51.72	C
ATOM	6	OG	SER	A	107	21.690，63.325，26.598	1	53.69	O
ATOM	7	N	GLY	A	108	19.953，64.786，24.661	1	48.41	N

续表

ATOM	原子序号	原子名*	氨基酸	链	氨基酸序号	坐标及带电数据			原子名*
						三维坐标	极性	电荷量	
ATOM	8	CA	GLY	A	108	19.959，65.632，23.470	1	45.75	C
ATOM	9	C	GLY	A	108	18.578，66.067，22.988	1	43.52	C
ATOM	10	O	GLY	A	108	18.156，67.191，23.233	1	43.39	O
ATOM	11	N	LYS	A	109	17.868，65.164，22.313	1	40.53	N
ATOM	12	CA	LYS	A	109	16.558，65.447，21.768	1	37.02	C
ATOM	13	C	LYS	A	109	15.470，64.529，22.324	1	33.83	C
ATOM	14	O	LYS	A	109	14.351，64.457，21.805	1	33.57	O
ATOM	15	CB	LYS	A	109	16.675，65.349，20.234	1	38.66	C
ATOM	16	CG	LYS	A	109	17.219，64.082，19.536	1	39.52	C
ATOM	17	CD	LYS	A	109	16.191，62.960，19.403	1	40.89	C
ATOM	18	CE	LYS	A	109	14.930，63.400，18.652	1	41.34	C
ATOM	19	NZ	LYS	A	109	13.765，62.755，19.237	1	41.96	N
ATOM	20	N	LYS	A	110	15.782，63.805，23.398	1	29.78	N
ATOM	21	CA	LYS	A	110	14.845，62.859，23.989	1	25.59	C
ATOM	22	C	LYS	A	110	14.955，62.850，25.499	1	22.75	C
ATOM	23	O	LYS	A	110	16.078，63.056，26.001	1	21.98	O
ATOM	24	CB	LYS	A	110	15.117，61.429，23.588	1	24.49	C
ATOM	25	CG	LYS	A	110	14.916，61.001，22.164	1	24.27	C

* PDB 是一种标准的数据格式，包含两列“原子名”

7.3.3　蛋白质结构可视化工具

将数据形式的蛋白质结构用图形的方式显示出来就是蛋白质结构的可视化。PDB格式的数据是计算机进行计算的数据基础，然而这种数据格式并不适合人眼观看，为了能够在蛋白质结构数据中获得直观的结果，就需要蛋白质结果可视化工具。蛋白质结构的可视化能为观察者提供全新的观察模式和视觉效果，并且能提供更多的细节信息。围绕不同的研究目的，有很多不同的可视化工具。选择合适的可视化工具是完美显示蛋白质结构的前提条件。蛋白质结构可视化的工具很多，每一种都具有不同的功能和显示特色（表7.2）。

表 7.2　常见的蛋白质结构可视化工具

软件名称	简介
RasMOL	观看蛋白质分子3D结构的软件，使用很方便
PyMOL	功能丰富的蛋白质结构可视化工具
Swiss-PdbViewer	可以选择蛋白质的部分氨基酸查看
VMD	用来显示分子的立体结构，可以利用分子模拟的结果做出动画效果
WPDB	基于Windows操作系统的PDB文件与处理分析软件
Re_View	分析XYZ格式三维分子文件的软件
Tinker	分子设计建模软件
Biodesigner	免费的分子建模与显示软件，支持多种三维分子格式
Protein Explorer	显示生物大分子结构的免费浏览器插件，是RASMOL衍生出的软件
Chimera	免费的交互式分子模型显示程序

续表

软件名称	简介
Jmol	开放源代码的免费三维分子显示程序
ProteinScope LE	PDB蛋白质三维显示软件
CHIME	浏览器插件，安装后，可以直接用浏览器观看PDB格式的文件
BALLView	分子三维建模、显示软件
bioeditor	三维分子结构编辑软件和三维分子结构显示软件
PDB Editor	PDB文件编辑器
Zodiac	用于药物设计的分子建模软件包
Avogadro	三维分子编辑器
Bioclipse	分子显示平台
LigandScout	构建药效团模型结构数据工具软件
Benchware 3D Explorer	三维分子显示分析软件
PyRx	三维分子药物辅助设计软件
VisProt3DS	观察蛋白质和DNA分子PDB结构的软件
OpenAstexViewer	三维显示Java插件

（1）PyMOL（https://pymol.org/） 可以在Windows、Mac OS、Linux操作系统运行。PyMOL可以拆分为“Py”和“MOL”两部分：“Py”代表python，提示它是主要由python编译的开源软件；“MOL”代表molecule，表示这是一个分子结构可视化软件。利用PyMOL能生成高质量可发表的分子结构图，也可以制作动画，动态展示分子的结构。PyMOL提供命令行和鼠标两种操作方式，提供多种分子展现形式，如线状模型、棍状模型、球棍模型、点云模型、带状模型、卡通模型等，可以根据不同的二级结构、不同链甚至不同的原子对分子不同区域设置颜色，这样可以方便突出关注的结构域、链或者是某个原子，并可以给关键的氨基酸加上标签，从而起到更清晰的指示作用（图7.6）。

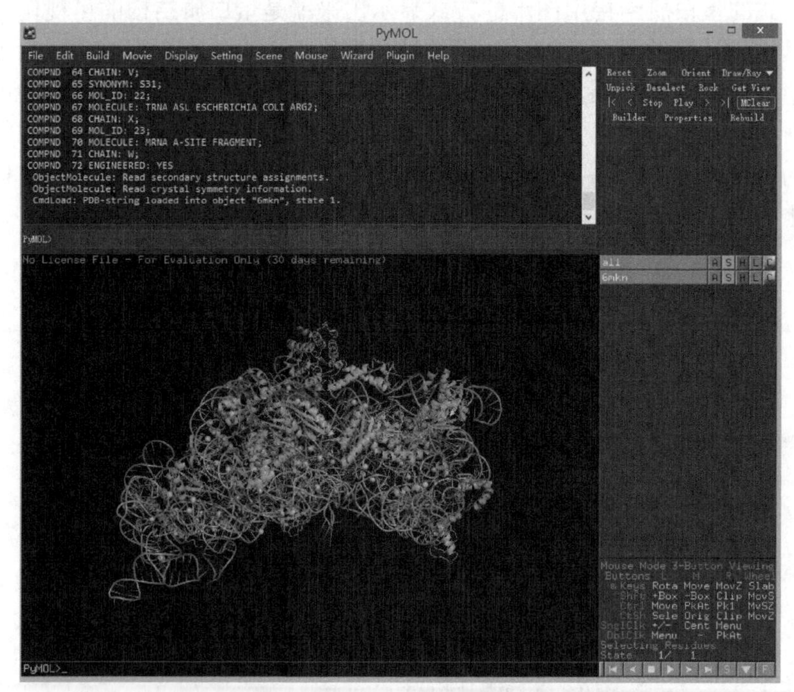

PyMOL可视化软件操作

图7.6 PyMOL的操作界面与蛋白质结构显示效果（PDB ID：6mkn）

（2）RasMOL（http://www.openrasmol.org/） 是可以在Windows系统下观看生物分子3D结构的软件，可以旋转、以多种模式观看，并可以存成普通图形文件，安装和使用都很简单。RasMOL的使用非常简单：打开RasMOL之后，只要将PDB格式的文件用鼠标拖到软件内即可显示（或者通过file-open打开），然后在RasMOL的“display”和“colours”中分别选择显示方式和颜色就可以得到想要的图形（图7.7）。

RasMOL可视化软件操作

图7.7 蛋白质结构在RasMOL的不同显示形式（PDB ID：6mkn）

（3）Swiss-PdbViewer（http://spdbv.vital-it.ch/） 是一个界面非常友好的应用程序，可同时分析几个蛋白质的PDB文件。也可以将几个蛋白质叠加起来，用来分析结构类似性，比较活性位点或其他有关位点。通过菜单操作与直观的图形，可以很容易获得氢键、角度、原子距离、氨基酸突变等数据（图7.8）。

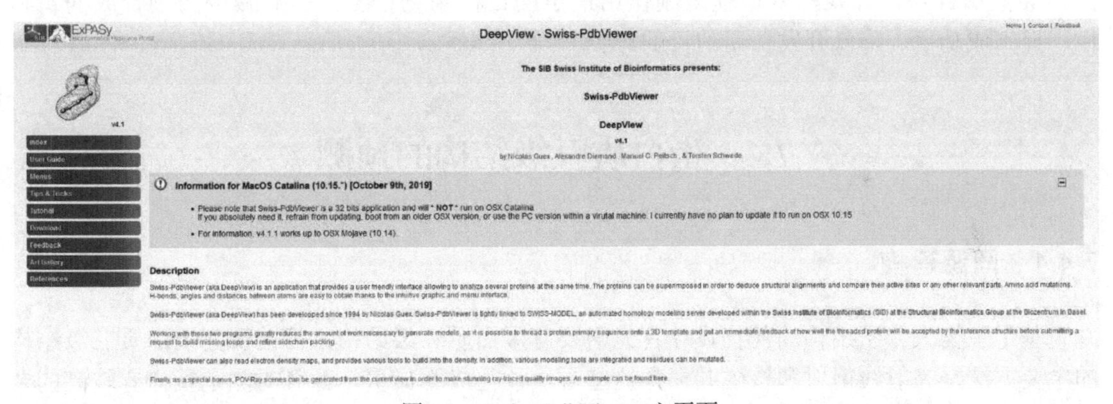

图7.8 Swiss-PdbViewer主页面

（4）Jmol（http://jmol.sourceforge.net/） 是一个免费、开源的分子三维结构可视化工具，Jmol基于JAVA语言，可在Windows、Mac OS X和Linux/Unix系统上运行，其操作界面支持中文，为我国用户提供了很多便利，可以显示PDB、CIF等结构格式。Jmol可以查看卡通、火箭、带状、丝带等形式的二级结构，可显示蛋白质溶解表面、范德瓦耳斯表面、溶剂表面等，并可以设定二级结构、化学键的颜色，支持手动三维旋转和自动三维旋转（图7.9）。

7.3.4 蛋白质结构预测的意义

不同的蛋白质拥有不同的氨基酸序列，所有蛋白质都必须在其氨基酸序列的基础上折叠形成特定的三维结构才能够进一步发挥生物学功能，了解蛋白质的三维结构是研究其生物功能、活性机制及基于结构的计算机辅助药物设计基础。计算机辅助药物设计可以有效提高药物设计与开发的速度，不但能节约研究开发经费，而且能为市场赢得宝贵的时间，这将产生

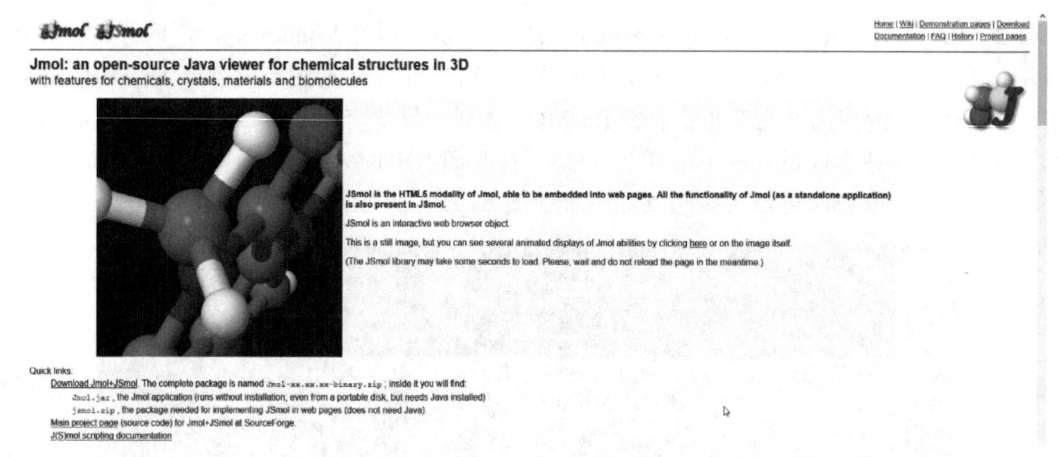

图7.9 Jmol主页面

巨大的经济效益和社会效益。随着生物技术的发展，越来越多的蛋白质大分子结构被阐明，根据这些数据，计算机可以展示生物大分子的三维结构，模拟药物与受体间相互作用的情况，并计算其结合能量的变化，研究药物分子的药效构象、诱导契合及其与受体的动态作用过程，从而设计出新的配体分子。设计的化合物在筛选模型中确认具有生物活性后，可以利用计算化学对此先导药物分子作进一步的结构优化和设计，以指导合成取代基种类和位置各异的类似化合物，寻找药效最佳、副作用最小的目标药物分子，达到减少药物合成的盲目性、提高成功率、降低开发费用的目的。

7.4 蛋白质三级结构的预测

7.4.1 同源建模

基于生物大分子结构的药物设计首先需要有蛋白质三级结构，目前研究蛋白质三级结构的主要方法是X射线衍射和核磁共振，这些方法往往成本昂贵，并且对测定蛋白有较高的要求。蛋白质结构测定的速度远远跟不上蛋白质序列测定的速度，而随着计算机科学与生物学的发展，逐渐形成了一系列以生物信息学为基础的预测蛋白质三级结构模型的新方法，这些方法中最流行的就是同源建模。

由于相似的蛋白质序列往往拥有相似的三维结构，一般认为蛋白质的三级结构是由其一级结构所决定的。实际上，在进化过程中，蛋白质的三级结构要比一级结构保守得多，也就是说如果两个蛋白质的氨基酸序列是类似的，那么它们的三级结构也应该类似，甚至即使两个蛋白质的氨基酸序列不太相似，它们的三级结构也可能是类似的。基于这个原理，可以通过在PDB数据库中搜索已知结构作为模板，进而预测未知蛋白质的结构，这种方法称为同源建模，是迄今为止精度最高的一类结构预测方法。

同源建模法就是利用结构已知的家族成员模板预测新序列的结构，首先要从蛋白质结构数据库中寻找一个或一组与待测蛋白质同源并由实验测定的蛋白质结构，建立未知蛋白质与已知结构蛋白质的比对，找出结构保守性的主链结构片段，并对结构变化的区域进行建模，之后再利用能量计算的方法进行优化。SWISS-MODE是一个基于同源建模的蛋白质结构预测服务器（主页面见图2.36），进行同源建模时，打开SWISS-MODEL界面，按照SWISS-MODEL的要求输入FASTA格式的序列，然后填写项目名称和邮箱，点击“Build Model”。运行结束之后，系统会通过网页返回预测的结果。在SWISS-MODEL的结果页，可以查看同源建模使用的模板，例如，本例中的模板是1fjg.1.C，模板与待预测序列的相似性为100%（图7.10）。此外，还可以通过点击左上侧的按钮下载PDB格式的结构文件及模板报告文件等。

SWISS-MODEL用法

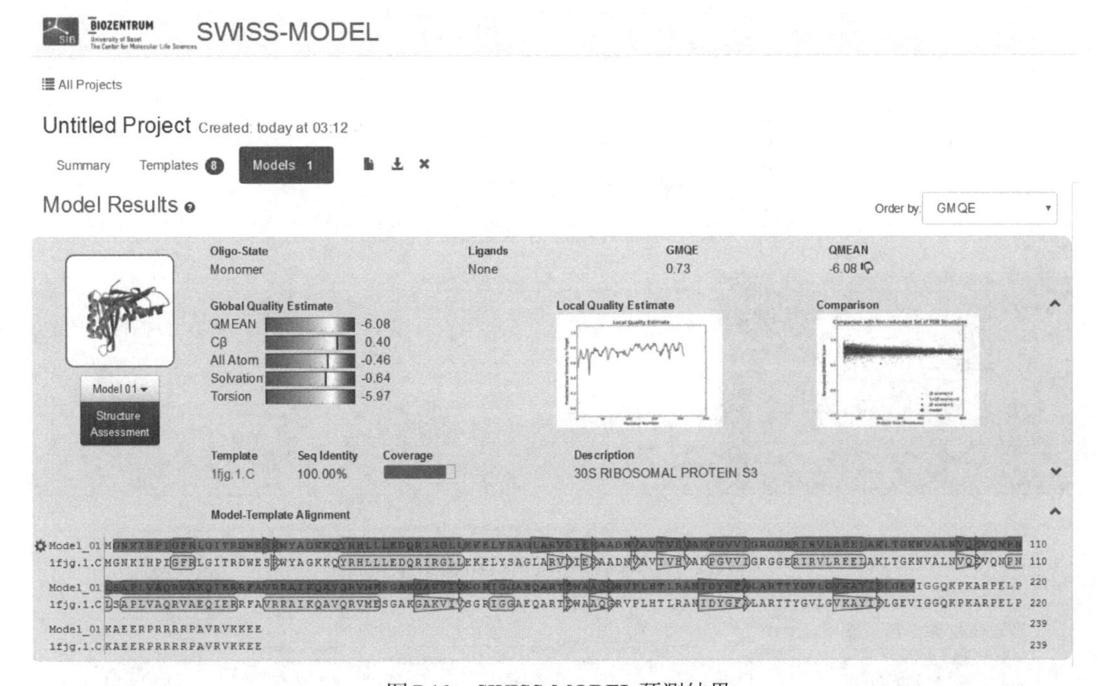

图7.10　SWISS-MODEL预测结果

同源建模法适用于在模板库中存在同源序列的目标蛋白质。尽管同源建模法具有速度快的优势，但是其预测精度依赖于目标蛋白质与结构模板之间的序列相似度，当序列相似度大于30%时，同源建模法一般能够以较高的精度预测出蛋白质三级结构。

Phyre2（http://www.sbg.bio.ic.ac.uk/phyre2）是另外一个依据同源建模方法预测蛋白质结构的在线工具。该工具的界面（图7.11）很简单，下文以人类的P53（BAC16799.1）蛋白为例进行说明。按要求提交一个蛋白质序列和Email地址，点击提交，Phyre2的预测过程需要较长的时间（一般要几个小时），在这个过程中需要耐心等待。

Phyre2的预测结果不仅包括了蛋白质的三级结构（PDB格式），也包括了蛋白质的二级结构、保守结构域数据和详细的模板信息，可以从结果页面下载所有的数据，这些数据以HTML格式保存，非常容易使用，也可以直接在结果界面查看和下载PDB格式的数据文件。Phyre2的预测结果中包含了同源建模使用的PDB数据结构模板，以及模型的置信度、待预测序列的覆盖率、3D模型、百分比序列标识和相关的描述等。

二级结构预测部分包含了序列、二级结构和可信度等方面的信息。氨基酸基于残基性质进行着色，其中疏水性的氨基酸为绿色，极性的氨基酸为黄色，荷电性的氨基酸为红色，芳香性的氨基酸为紫色。置信度线评估区域预测的可信度，红色表示高置信度，蓝色为低置信度（图7.12）。

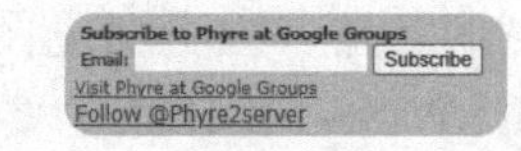

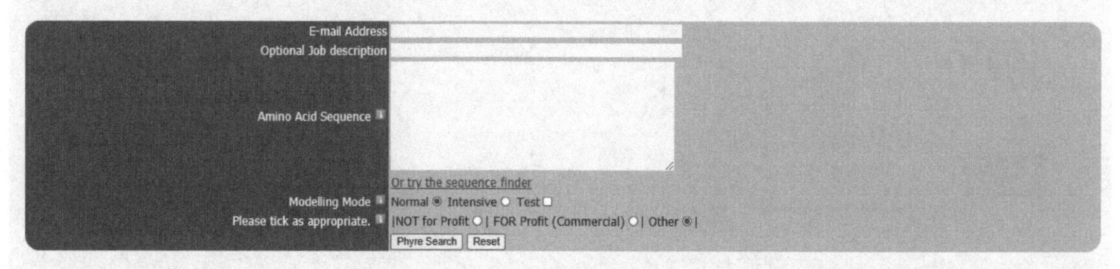

图7.11　Phyre2预测蛋白质结构操作界面

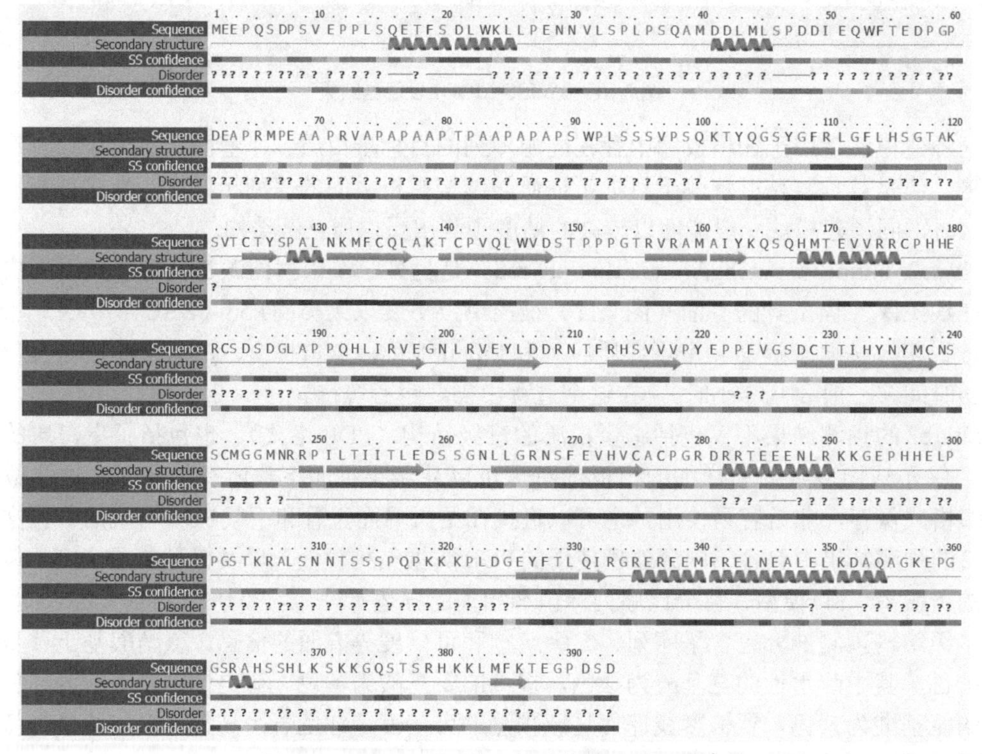

图7.12　Phyre2预测的二级结构结果显示形式

蛋白质的结构域是在进化过程中保守的序列区域，对蛋白质的结构和功能有着重要的作用。Phyre2 依据序列相似性搜索待分析序列的保守结构域，将检索到的结构域位置显示在序列上，并用颜色显示对同源性的置信度，红色为高置信度，蓝色为低置信度。将鼠标悬停在结构域上面，会弹出模型的图片和详细信息，单击此链接可转到详细结果表中对应的条目（图 7.13）。

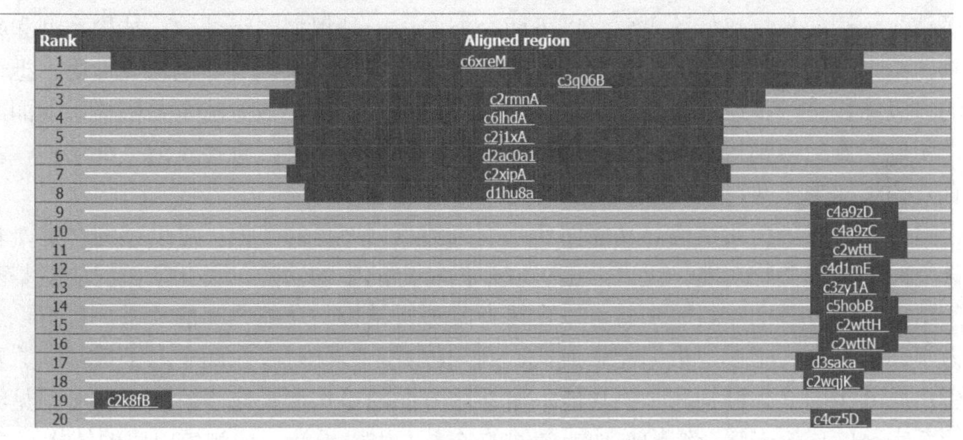

图 7.13　Phyre2 预测的结构域

Phyre2 将二级结构和结构域信息与蛋白质结构预测结合到一起，使用户可以非常方便地得到更加综合性的结果，为相关研究提供了充足的数据支撑，因此 Phyre2 已成为一个非常受欢迎的蛋白质三级结构预测工具。

Phyre2 用法

7.4.2　从头预测

从头预测法不依赖于已知结构数据库，因此即使在结构数据库中不存在与目标蛋白质相似的结构，从头预测法也能够对目标蛋白质进行预测。蛋白质结构从头预测的关键是正确定义能量函数、精确选用计算机搜索算法来寻找能量最低值。从头预测的直观思路是直接使用分子动力学技术模拟蛋白质的折叠过程，由于需要大量的计算资源，以及缺乏对蛋白质折叠过程的深刻认识，现有的分子动力学模拟技术无法进行快速、准确的结构预测，而基于统计学习和组合优化的预测算法则成为预测蛋白质结构的主要手段。从头预测法一般采用一种粗粒化的片段拼接策略，即利用多个蛋白质结构的片段拼接成目标蛋白质的结构，其优势在于直接采用真实结构的片段进行拼接，能够大大降低能量函数设计的难度。

蛋白质结构预测一般有：①二级结构预测。首先从一级结构预测出二级结构，然后再把二级结构堆积成三维结构。由于目前对二级结构中氨基酸的中远程相互作用不完全清楚，因此预测准确率一般在 65%以下。如果具有多种蛋白质同源序列的三维结构，在多重序列匹配比较的情况下，预测的准确性可以达到 88%以上。Barton 和 Sander 等发现，在一个蛋白质序列中总有约 40%序列的预测可以有很好的可信度，其预测的准确性都在 80%以上。这些区域都是一些二级结构序列比较保守的部分，这些结果给如何将现有二级结构预测结果应用到三维结构预测提供了有益的启示。②超二级结构预测。实际上是局域的空间结构预测，主要应用人工神经网络方法和向量投影方法，从蛋白质序列出发，直接预测蛋白质的超二级结构，观察此段氨基酸序列是否能形成某一种模式的超二级结构。其中人工神经网络方法预测的准确率在75%～82%，向量投影方法预测的准确率达到85%以上。③结构类型预测。预测未知结构蛋白质属于何种类型，如全α类蛋白质（主要由α螺旋组成）、全β类蛋白质（主要由β折叠组成）、α/β类蛋白质（由α螺旋和β折叠交替排列）或α+β类蛋白质（由分开的α螺旋和β折叠组成，其中β折叠一般为平行结构）。结构类型预测除能了解大概的蛋白质结构折叠情况外，对二级结构的预测也有帮助。方法主要有光谱数据预测、神经网络预测和Mahalanobis距离预测等，后者的准确率较前两者高，可达94.7%。④三维结构预测。三维蛋白质预测是蛋白质结构预测的最终目标，主要有以下两个方向：一是根据二级结构、结构类型和折叠类型预测的结果，结合结构间的立体化学性质、亲疏水性质、氢键及静电相互作用，把可信度较高的二级结构进一步组装，搭建出最后的蛋白质结构，由于该方法主要依赖于前面的预测结果，所以受到的限制很多；二是不依赖二级结构预测的结果，直接预测三维结构，主要方法是有效收集构象空间，以及区分天然结构和错误结构。

根据分析天然蛋白质结构与功能而建立起来的数据库里的数据，可以预测一定氨基酸序列肽链空间结构和生物功能。反之，也可以根据特定的生物功能，设计蛋白质的氨基酸序列和空间结构。通过基因重组等实验可以直接考察分析结构与功能之间的关系；也可以通过分子动力学、分子热力学等，根据能量最低、同一位置不能同时存在两个原子等基本原则分析计算蛋白质分子的立体结构和生物功能。虽然这方面的工作尚在起步阶段，但可预见将来会建立一套完整的理论来解释结构与功能之间的关系，用以设计、预测蛋白质的结构和功能。

7.4.3 氨基酸替换对蛋白质功能影响的预测

预测氨基酸替换（amino-acids substitution，AAS）是否会影响蛋白质的功能，其实质是判断发生改变的残基是否在蛋白质中发挥重要的作用。例如，一些酶活性位点、绑定位点及对蛋白质结构稳定起支撑作用的核心位点，这些位点的改变要么直接导致蛋白质酶活性、绑定功能的丢失，要么使得蛋白质结构不稳定，甚至不能折叠为正确的构型，从而丧失原有的功能。据此，人们发展了基于不同信息和特征的氨基酸突变影响功能的预测方法。

（1）*基于序列信息的方法*　序列信息最早被用于预测氨基酸替换对蛋白质功能的影响，序列信息主要包含两类：一类是序列进化信息，即各个位点的保守性，其基于的假设是进化压力导致功能重要的位点必须是保守的；另一类利用氨基酸的理化性质信息，考虑替换前后氨基酸物理化学性质的改变。利用进化信息的代表工具有SIFT，SIFT首先通过同源性搜索在数据库中找出目标序列的同源蛋白质，而后将目标蛋白质及其同源蛋白质利用多序列比对方法进行比对，并据此计算所考虑位点的残基-位置特异性矩阵（PSSM），根据该位点上的20种氨基酸出现频率来预测发生氨基酸替换后是否会影响蛋白质的功能。利用氨基酸理化性质的代表工具有MAPP，该方法以替换前后氨基酸的疏水性、极性及体积的变化为基础，判断替换是否会影响整个蛋白质的功能。

（2）*基于结构信息的方法*　结构是蛋白质行使功能的基础，结构上的变化可以直接影响到功能。当蛋白质内部核心或者功能位点附近的氨基酸发生替换及突变时，都有可能导致结构的不稳定或者变化，从而影响蛋白质的功能。基于此，人们开发了各种利用结构信息来预测氨基酸突变对蛋白质功能影响的方法。Costa 等通过分析发生突变位点的溶剂可及表面积，以及二级结构等结构特征，提出这些结构特征可有效用于区分能否引起功能变化的残基突变。Polyphen、SNPs3D 等工具利用结构信息进行预测都取得了较好的结果。

（3）*基于功能注释的方法*　　由于 Swiss-Prot 等数据库提供了蛋白质上功能位点的注释信息，因此有的方法也利用这类信息来指导氨基酸替换对功能影响的预测。例如，通过在数据库中进行查询，发现待预测的位点为配基绑定位点，那么该位点的突变极有可能影响蛋白质的功能。

目前开发出的工具越来越倾向于利用所有可能的特征通过机器学习方法训练学习，并从中选择一些较好的特征进行预测。这些方法在预测氨基酸替换对蛋白质功能影响的预测及疾病分析中已经有一些应用。但是，这些方法很少分析特征与蛋白质功能间的内在关联，因此无法避免所用特征的缺陷和不足，这导致预测精度仍不尽如人意。另外，一些特征对准确预测有非常重要的作用，如结构信息和功能注释等，但是这些已知结构数据和功能注释信息都极不完整，因此，需要进一步挖掘可以反映这些信息且适用范围广的特征。

7.4.4　蛋白质结构预测的平台

蛋白质结构预测关键技术分析大赛（CASP）由美国马里兰大学的 John Moult 于 1994 年倡导举办，每两年一届。CASP 提供了一个能客观评估蛋白质结构预测方法的平台，借此将世界范围内的预测方法进行对比，从而更好地认识不同预测方法的优势及不足。对于组织者乃至科学界来说，通过竞赛可遴选出当前最有效的预测方法，同时了解整个蛋白质结构预测领域的发展情况，包括所取得的成绩、存在的困难及未来的发展方向等。

CASP 组织者会选一些结构暂未经实验测定或结构已被测定但尚未对外公布的蛋白质作为目标蛋白质。目标蛋白质被划分成基于模板和无模板两类。这样做的目的主要是便于后续对相应的两类预测方法进行更合理的评估。与此同时，所有参赛方法也被归为人工组和自动组两类：人工组意味着综合了计算机预测和人工干预；自动组则纯粹依赖计算机预测。自动组提交的预测结构在期满后被上传到预测中心的网站上（http://predictioncenter.org），这些结构接着可被人工组的参赛方法进一步筛选利用。收集到某个目标蛋白质所有的预测结构后，组织者便可依据实验测定的结构对其进行综合评估。除了自动的评估结果，同时还会有评估专家对预测结构进行分析，而评估过程中他们并不知道每个预测结构来自哪一预测方法或哪个研究组。

中国科学院大学蒋太交团队开发的蛋白质结构预测平台 Jiang_Server1.0，以最新发展的结构模型质量评估方法 MEFTop 为亮点，以新发展的结构预测方法 FR-t5-M 为核心，同时整合了实验之前的结构预测相关算法，系统性地覆盖了结构预测主要功能。新的结构模型质量评估方法 MEFTop 以突破低同源蛋白质结构模建这一瓶颈问题为目标，利用直接抽提自结构模型的二级结构元件接触图谱和三维拓扑特征，结合传统的一维序列和二维残基接触图谱，通过 SVM 算法进行整合发展。经过测试分析，新引入的结构特征在低同源结构模型质量评估方面有很好的表现，同时通过交叉验证证明 MEFTop 方法效果稳定。进一步的严格测试表明，这一新方法表现出了与同领域内其他优秀方法相似的性能，而且可以明显提高低同源蛋白质结构模建质量。新的结构预测方法 FR-t5-M，整合了折叠识别方法 FR-t5 和结构模型质量评估方法MEFTop，从而形成了一个完整的基于模板的蛋白质结构预测流程。经严格测试，FR-t5-M在低同源蛋白质结构模建方面的性能远比单独使用FR-t5的方法更出众。在CASP10比赛中，经过严格盲测，FR-t5-M方法对于低序列同源性的蛋白质目标进行结构预测的能力，接近于领域内最为出色的方法。Jiang_Server1.0结构预测平台具有功能全面、方便实用、可扩展性强的特点。基于此平台，该团队开发了基于结构模型进行蛋白质相互作用界面识别的算法SPR，并通过测试证明此方法有着接近同领域其他知名方法的性能，因此具有实用价值，进而拓展了平台的功能。

参考文献

谌容，陈敏，杨春贤，等. 2006. 基于SWISS-MODEL的蛋白质三维结构建模. 生命的化学，1：54-56.

戴文韬. 2014. 蛋白质结构模型评估方法与结构预测平台. 合肥：中国科学院大学博士学位论文.

邓海游，贾亚，张阳. 2016. 蛋白质结构预测. 物理学报，65（17）：176-186.

段谟杰. 2009. 蛋白质结构预测与结构比对方法的研究. 武汉：华中科技大学博士学位论文.

靳利霞. 2002. 蛋白质结构预测方法研究. 大连：大连理工大学博士学位论文.

靳利霞，唐焕文. 2001. 蛋白质结构预测方法简述. 自然杂志，4：217-221.

景楠. 2004. 基于神经网络方法蛋白质二级结构预测的研究. 长春：吉林大学硕士学位论文.

李春艳，刘华，刘波涛. 2011. 分子动力学模拟基本原理及研究进展. 广州化工，39（4）：11-13.

李文钊. 2013. 蛋白质结构和动力学的分子动力学模拟. 长春：吉林大学博士学位论文.

李贞双，李超林. 2009. 计算机辅助药物设计在新药研究中的应用. 电脑知识与技术，5（31）：8812-8813.

林亚静，刘志杰，龚为民. 2007. 蛋白质结构研究. 生命科学，3：289-293.

刘轲，陈曦，蔡如意，等. 2018. 计算机辅助药物设计的研究进展. 转化医学电子杂志，5（9）：31-33.

刘子楠，黎河山，宋枭禹. 2020. 蛋白质结构预测综述. 中国医学物理学杂志，37（9）：1203-1207.

吕巍. 2007. 生物相关性的计算及其在候选化合物库设计中的应用. 淄博：山东理工大学硕士学位论文.

马来发. 2019. 基于二级结构和残基接触的蛋白质结构预测方法研究. 杭州：浙江工业大学硕士学位论文.

宁正元，林世强. 2006. 蛋白质结构的预测及其应用. 福建农业大学学报，3：308-313.

彭仁海，刘震，刘玉玲. 2017. 生物信息学实践. 北京：中国农业科学技术出版社.

孙卫涛. 2009. 蛋白质结构动力学研究进展. 力学进展，39（2）：129-153.

文玉华，朱如曾，周富信，等. 2003. 分子动力学模拟的主要技术. 力学进展，1：65-73.

薛峤. 2014. 分子动力学模拟在生物大分子体系中的应用. 长春：吉林大学博士学位论文.

杨萍，孙益民. 2009. 分子动力学模拟方法及其应用. 安徽师范大学学报（自然科学版），32（1）：51-54.

殷志祥. 2004. 蛋白质结构预测方法的研究进展. 计算机工程与应用，20：54-57.

张贵军，刘俊，赵凯龙. 2021. 基于片段组装的蛋白质结构预测方法综述. 数据采集与处理，36（4）：629-638.

赵晓宇. 2008. 药物分子对接的优化模型与算法. 大连：大连理工大学硕士学位论文.

郑彦，吕莉. 2008. 计算机辅助药物设计在药物合成中的应用. 齐鲁药事，10：614-616.

Adeniyi A A，Ajibade P A. 2013. Comparing the suitability of autodock，gold and glide for the docking and predicting the possible targets of Ru（Ⅱ）-based complexes as anticancer agents. Molecules，18（4）：3760-3778.

Aragones J L，Noya E G，Valeriani C，et al. 2013. Free energy calculations for molecular solids using GROMACS. J Chem Phys，139（3）：034104.

Arnold K，Bordoli L，Kopp J，et al. 2006. The SWISS-MODEL workspace：a web-based environment for protein structure homology modelling. Bioinformatics，22（2）：195-201.

Bau D，Martin A J，Mooney C，et al. 2006. Distill：a suite of web servers for the prediction of one-，two- and three-dimensional structural features of proteins. BMC Bioinformatics，7：402.

Bitencourt-Ferreira G，de Azevedo W F J. 2019. Homology modeling of protein targets with MODELLER. Methods Mol Biol，2053：231-249.

Bordoli L，Kiefer F，Arnold K，et al. 2009. Protein structure homology modeling using SWISS-MODEL workspace. Nat Protoc，4（1）：1-13.

Case D A，Cheatham T E，Darden T，et al. 2005. The Amber biomolecular simulation programs. J Comput Chem，26（16）：1668-1688.

Combelles C，Gracy J，Heitz A，et al. 2008. Structure and folding of disulfide-rich miniproteins：insights from molecular dynamics simulations and MM-PBSA free energy calculations. Proteins，73（1）：87-103.

Forli S，Huey R，Pique M E，et al. 2016. Computational protein-ligand docking and virtual drug screening with the AutoDock suite. Nat Protoc，11（5）：905-919.

Geourjon C，Deleage G. 1995. SOPMA：significant improvements in protein secondary structure prediction by consensus prediction from multiple alignments. Comput Appl Biosci，11（6）：681-684.

Goodsell D S. 2009. Computational docking of biomolecular complexes with AutoDock. Cold Spring Harb Protoc，（5）：5200.

Guex N，Peitsch M C. 1997. SWISS-MODEL and the Swiss-PdbViewer：an environment for comparative protein modeling. Electrophoresis，18（15）：2714-2723.

Hill A D，Reilly P J. 2015. Scoring functions for AutoDock. Methods Mol Biol，1273：467-474.

Hou T，Wang J，Li Y，et al. 2011. Assessing the performance of the MM/PBSA and MM/GBSA methods. 1. The accuracy of binding free energy calculations based on molecular dynamics simulations. J Chem Inf Model，51（1）：69-82.

Humphrey W，Dalke A，Schulten K. 1996. VMD：visual molecular dynamics. J Mol Graph，14（1）：33-38，27-38.

Kaplan W，Littlejohn T G. 2001. Swiss-Pdb Viewer（deep view）. Brief Bioinform，2（2）：195-197.

Kirchmair J，Markt P，Distinto S，et al. 2008. The Protein Data Bank（PDB），its related services and software tools as key components for in silico guided drug discovery. J Med Chem，51（22）：7021-7040.

Kirschner K N，Woods R J. 2001. Solvent interactions determine carbohydrate conformation. Proc Natl Acad Sci U S A，98（19）：10541-10545.

Kollman P A，Massova I，Reyes C，et al. 2000. Calculating structures and free energies of complex molecules：combining molecular mechanics and continuum models. Acc Chem Res，33（12）：889-897.

Kopp J，Schwede T. 2004. The SWISS-MODEL repository of annotated three-dimensional protein structure homology models. Nucleic Acids Res，32（Database issue）：230-234.

Krieger S，Kececioglu J. 2020. Boosting the accuracy of protein secondary structure prediction through nearest neighbor search and method hybridization. Bioinformatics，36（1）：317-325.

Larini L，Mannella R，Leporini D. 2007. Langevin stabilization of molecular-dynamics simulations of polymers by means of quasisymplectic algorithms. J Chem Phys，126（10）：104101.

Liu Z，Zhang Y. 2009. Molecular dynamics simulations and MM-PBSA calculations of the lectin from snowdrop（*Galanthus nivalis*）. J Mol Model，15（12）：1501-1507.

Lu H，Huang X，Abdulhameed M D，et al. 2014. Binding free energies for nicotine analogs inhibiting cytochrome P450 2A6 by a combined use of molecular dynamics simulations and QM/MM-PBSA calculations. Bioorg Med Chem，22（7）：2149-2156.

MacCarthy E，Perry D，Kc D B. 2019. Advances in protein super-secondary structure prediction and application to protein structure prediction. Methods Mol Biol，1958：15-45.

Muhammed M T，Aki-Yalcin E. 2019. Homology modeling in drug discovery：overview，current applications，and future perspectives. Chem Biol Drug Des，93（1）：12-20.

Negri M，Recanatini M，Hartmann R W. 2011. Computational investigation of the binding mode of bis（hydroxylphenyl）arenes in 17beta-HSD1：molecular dynamics simulations，MM-PBSA free energy calculations，and molecular electrostatic potential maps. J Comput Aided Mol Des，25（9）：795-811.

Pollastri G，Mclysaght A. 2005. Porter：a new，accurate server for protein secondary structure prediction. Bioinformatics，21（8）：1719-1720.

Pronk S，Pall S，Schulz R，et al. 2013. GROMACS 4.5：a high-throughput and highly parallel open source molecular simulation toolkit. Bioinformatics，29（7）：845-854.

Rademaker D，van Dijk J，Titulaer W，et al. 2020. The future of protein secondary structure prediction was invented by Oleg Ptitsyn. Biomolecules，10（6）：910.

Sayle R A，Milner-White E J. 1995. RASMOL：biomolecular graphics for all . Trends Biochem Sci，20（9）：374.

Schwede T，Kopp J，Guex N，et al. 2003. SWISS-MODEL：an automated protein homology-modeling server. Nucleic Acids Res，31（13）：3381-3385.

Touw W G，Baakman C，Black J，et al. 2015. A series of PDB-related databanks for everyday needs. Nucleic Acids Res，43（Database issue）：364-368.

Treesuwan W，Hannongbua S. 2009. Bridge water mediates nevirapine binding to wild type and Y181C HIV-1 reverse transcriptase-evidence from molecular dynamics simulations and MM-PBSA calculations. J Mol Graph Model，27（8）：921-929.

Tuncbag N，Gursoy A，Keskin O. 2011. Prediction of protein-protein interactions：unifying evolution and structure at protein interfaces. Phys Biol，8（3）：035006.

van Der Spoel D，Lindahl E，Hess B，et al. 2005. GROMACS：fast，flexible，and free. J Comput Chem，26（16）：1701-1718.

Wang Y，Sunderraman R. 2006. PDB data curation. Conf Proc IEEE Eng Med Biol Soc，1：4221-4224.

Westbrook J D，Fitzgerald P M. 2003. The PDB format，mmCIF，and other data formats. Methods Biochem Anal，44：161-179.

Wozniak T，Adamiak R W. 2013. Personalization of structural PDB files. Acta Biochim Pol，60（4）：591-593.

Yilmaz E M，Guntert P. 2015. NMR structure calculation for all small molecule ligands and non-standard residues from the PDB chemical component dictionary. J Biomol NMR，63（1）：21-37.

| 第 8 章 |

计算机辅助药物设计基础

本章彩图

随着生物信息学和计算机技术的飞速发展，计算机辅助药物设计（CADD）取得了巨大的进展。目前，CADD 可以对成千上万个分子进行快速筛选，不仅降低了药物研发的成本，而且大大缩短了药物上市的时间。CADD 的基础是分子对接和分子动力学模拟，通过计算机的模拟、计算和预测药物与受体生物大分子之间的关系，设计和优化先导化合物。随着蛋白质组学技术的迅猛发展，以及大量与人类疾病相关基因的发现，药物作用的靶标分子急剧增加，CADD 也取得了很大进展。

8.1 分子对接

8.1.1 分子对接工具

药物进入机体后，通过特定的代谢途径进入作用组织与其特定的受体相互作用，引起受体功能的降低、消失或者激活，从而表现生物活性。受体也称为药物靶标，是一个涵盖范围很广泛的概念，它不仅包含生物化学中的受体概念，还包含能够选择性地与配体分子相结合，并产生特定生物效应的所有生物大分子，包括蛋白质、核酸、多糖、离子通道、抗原等。受体具有识别并结合配体的能力，这种结合具有特异性、饱和性和可逆性等特征。根据配体所能引发的受体活性变化可以将配体分为激动剂和拮抗剂。

药物的生物效应是药物分子与受体分子相互作用的结果，目前关于药物与受体相互作用的方式和本质已经有很多理论假说，如占领学说、亲和力和内在铰链学说、诱导契合学说、活性学说、速率学说、大分子微扰学说等，它们是在生物化学、分子生物学和药理学等相关基础学科不断发展的基础上先后提出的，为研究药物受体的相互作用提供了理论基础。

分子对接从蛋白质和药物分子的三维构象出发，考察它们之间是否可以结合，并预测结合后的复合物的结合模式。分子对接首先要确定受体和配体的结合位点，在不知道配体分子作用在受体什么位置的情况下，就要进行全空间的搜索，然后通过引入简单的评价函数来初步排除一些不合理的结构，同时也要考虑实际情况，排除一些在实际情况下不可能存在的位点。如果知道分子对接的大体位点，就可以限定搜索的区域，这样可以减少搜索范围，加快运算速度。对获得的对接构象进行能量优化，可以允许氨基酸侧链和骨架的运动，从而得到体系能量最小的对接构象。经过前两个步骤会得到成百上千个对接构象，这就需要打分函数来挑选最合理的、接近实际状况的对接构象。目前对接打分函数主要分为三类：分别基于力场、经验和知识的打分函数。其中基于力场的打分函数多采用和力场的非键相互作用部分，将蛋白质受体—配体的结合自由能近似为范德瓦耳斯力与静电力相互作用的加和。经验打分函数认为结合自由能可以通过多项不同作用的加和来解释，权系数可以通过已知结合能的蛋白质—配体的训练集获得。虽然目前打分函数已经取得了较好的进展，但尚无一个打分函数适用于所有体系的分子对接研究。

分子对接大致可以分为三类：①柔性对接。在对接过程中整个研究体系的构象即受体和配体都可以自由变化，该方法计算量非常大，耗时也非常长，但准确度也是最高的。②半柔性对接。在对接过程中小分子的构象一般是可以变化的，但大分子是刚性的，计算量适中，精度也可以接受。③刚性对接。指在对接过程中配体和受体的构象都不发生变化，这种方法的运算快，但计算粗略，适用于比较大的体系。

AutoDock（http://autodock.scripps.edu/）是一个应用广泛的分子对接程序，使用半柔性对接方法，允许小分子的构象发生变化，以结合自由能作为评价对接结果的依据（图8.1）。AutoDock首先产生一个填充受体分子表面的口袋或凹槽的球集，然后生成一系列假定的结合位点，计算每一个位点的结合信息并打分，评判配体与受体的结合程度。AutoDock由AutoGrid和AutoDock两个程序组成，其中AutoGrid主要负责格点中相关能量的计算，而AutoDock则负责构象搜索及评价。AutoDock及AutoGrid程序都是在命令行操作软件，没有用户图形化界面，但是配套的AutoDockTools（ADT）程序为部分操作提供了图形界面。

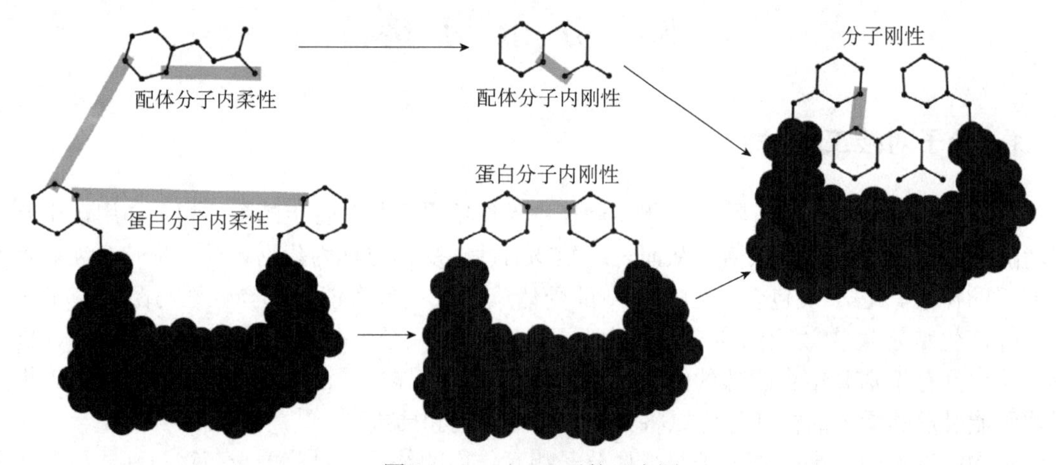

图8.1 AutoDock对接示意图

8.1.2 AutoDock程序的安装

目前，AutoDock4.2版软件支持Windows、Mac OS X和Linux 64bit操作系统，AutoDock中的AutoDock4和AutoGrid4两个程序均为命令行的形式，每个命令就是一个可执行文件。

（1）Linux系统下安装AutoDock　AutoDock4.2的Linux版本是以tar包的形式发布的，在Linux系统下，解开tar包，可以看到AutoDock4和AutoGrid4两个可执行文件，要让这两个文件可以运行，首先需要将这两个文件保存在path路径的范围内，这里是将它们保存在了/usr/local/bin/目录中，这样就不需要再设置path变量了。同时，需要修改它们的可执行权

Linux下AutoDock的安装

限，设置完成之后就可以运行了，操作如下：

```
[root@RQ940 bin]# chmod 777 autodock4
[root@RQ940 bin]# chmod 777 autogrid4
[root@RQ940 bin]# autodock4
usage:AutoDock        -p parameter_filename
                      -l log_filename
                      -k(Keep original residue numbers)
                      -i(Ignore header-checking)
                      -t(Parse the PDBQT file to check torsions,then stop.)
                      -d(Increment debug level)
                      -C(Print copyright notice)
                      --version(Print autodock version)
                      --help(Display this message)
 [root@RQ940 bin]# autogrid4
usage:AutoGrid        -p parameter_filename
                      -l log_filename
                      -d(increment debug level)
                      -h(display this message)
                      --version(print version information,copyright,and license)
```

（2）Windows 系统下安装 AutoDock　　AutoDock4.2 的 Linux 版本是以 exe 形式发布的，运行这个文件之后，会在“C:\Program Files（x86）\The Scripps Research Institute\Autodock\4.2.6”中保存两个文件（AutoDock4.exe 和 AutoGrid4.exe），并且这个目录并没有自动添加到 Windows 的 path 变量中，需要手动修改（图 8.2）。在设置完 path 变量之后，打开 Dos 窗口，输入 AutoDock4 和 AutoGrid4 就可以看到程序能够顺利运行（图 8.3）。

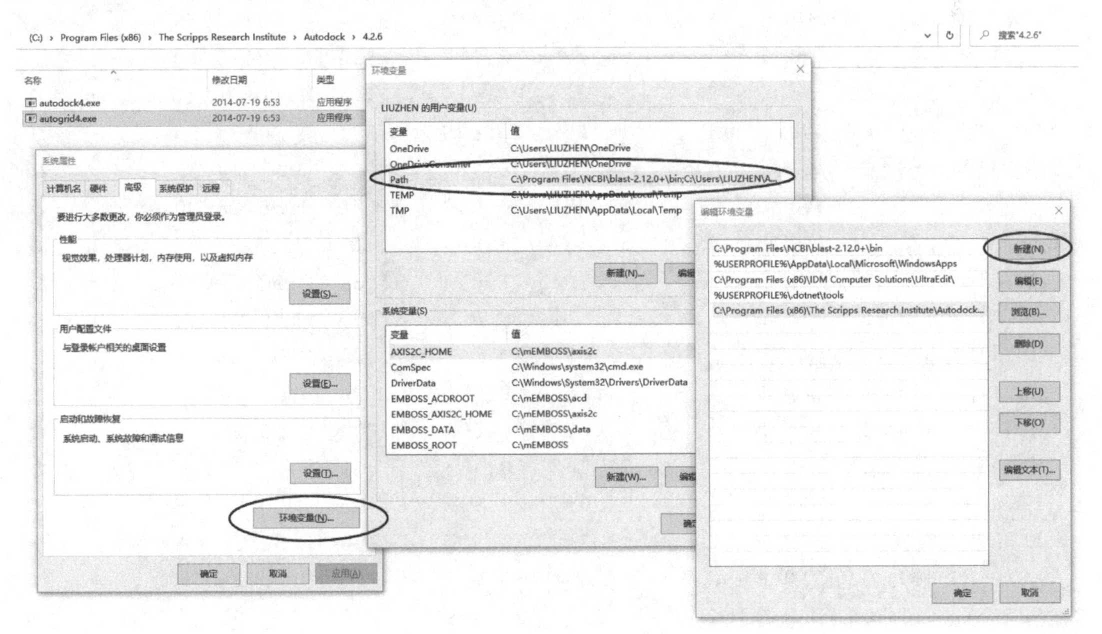

图 8.2　Windows 系统下安装 AutoDock

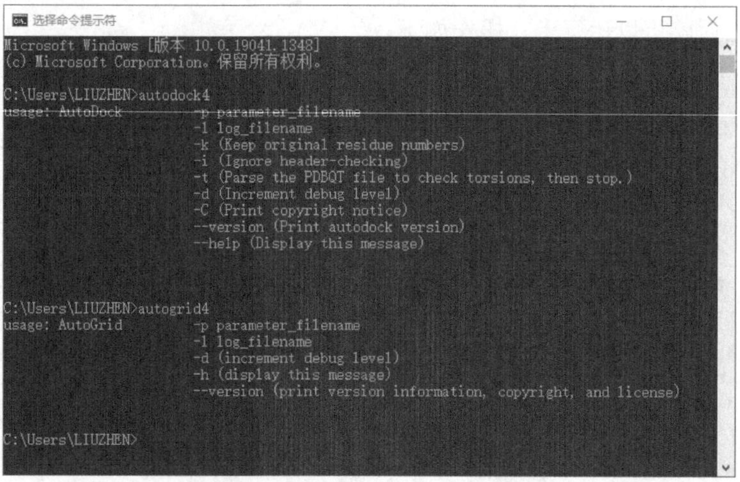

```
选择命令提示符
Microsoft Windows [版本 10.0.19041.1348]
(c) Microsoft Corporation。保留所有权利。

C:\Users\LIUZHEN>autodock4
usage: AutoDock         -p parameter_filename
                        -l log_filename
                        -k (Keep original residue numbers)
                        -i (Ignore header-checking)
                        -t (Parse the PDBQT file to check torsions, then stop.)
                        -d (Increment debug level)
                        -C (Print copyright notice)
                        --version (Print autodock version)
                        --help (Display this message)


C:\Users\LIUZHEN>autogrid4
usage: AutoGrid         -p parameter_filename
                        -l log_filename
                        -d (increment debug level)
                        -h (display this message)
                        --version (print version information, copyright, and license)


C:\Users\LIUZHEN>
```

图8.3 Windows系统下AutoDock成功运行

8.1.3 小分子的处理

AutoDock识别的配体小分子是PDBQT格式的，也就是比普通的PDB数据多了电荷等数据。这一计算可以通过AutoDock配套的AutoDockTools（https://ccsb.scripps.edu/mgltools/）完成，该工具是一个图形界面的工具，能够很好地辅助AutoDock的计算。首先准备PDB格式的配体小分子，这里以甘露糖为例：

```
HETATM  861  C1  MAN B   1      55.396  24.674  10.912  0.50 32.56           C
HETATM  862  C2  MAN B   1      55.527  25.897   9.997  0.50 31.76           C
HETATM  863  C3  MAN B   1      54.360  25.945   9.003  0.50 29.78           C
HETATM  864  C4  MAN B   1      54.250  24.626   8.257  0.50 30.43           C
HETATM  865  C5  MAN B   1      54.172  23.451   9.231  0.50 30.65           C
HETATM  866  C6  MAN B   1      54.229  22.126   8.488  0.50 29.19           C
HETATM  867  O1  MAN B   1      54.264  24.774  11.705  0.50 36.13           O
HETATM  868  O2  MAN B   1      56.758  25.835   9.291  0.50 33.05           O
HETATM  869  O3  MAN B   1      54.563  26.993   8.037  0.50 27.31           O
HETATM  870  O4  MAN B   1      53.097  24.647   7.424  0.50 28.20           O
HETATM  871  O5  MAN B   1      55.301  23.469  10.137  0.50 35.27           O
HETATM  872  O6  MAN B   1      54.156  21.043   9.431  0.50 27.10           O
HETATM  873  C1  MAN B   2      54.519  28.306   8.506  0.50 25.93           C
HETATM  874  C2  MAN B   2      53.921  29.195   7.420  0.50 28.18           C
HETATM  875  C3  MAN B   2      54.846  29.229   6.196  0.50 27.71           C
HETATM  876  C4  MAN B   2      56.274  29.607   6.604  0.50 25.32           C
HETATM  877  C5  MAN B   2      56.762  28.734   7.761  0.50 26.15           C
HETATM  878  C6  MAN B   2      58.097  29.182   8.322  0.50 25.16           C
HETATM  879  O2  MAN B   2      53.748  30.507   7.930  0.50 30.16           O
HETATM  880  O3  MAN B   2      54.364  30.178   5.255  0.50 26.76           O
HETATM  881  O4  MAN B   2      57.142  29.449   5.490  0.50 23.95           O
HETATM  882  O5  MAN B   2      55.813  28.774   8.849  0.50 26.41           O
HETATM  883  O6  MAN B   2      58.266  28.739   9.662  0.50 30.37           O
```

```
HETATM  884  C1  MAN B   3      54.340  19.789   8.836  0.50 26.29           C
HETATM  885  C2  MAN B   3      53.858  18.716   9.806  0.50 28.23           C
HETATM  886  C3  MAN B   3      54.766  18.706  11.038  0.50 27.36           C
HETATM  887  C4  MAN B   3      56.218  18.496  10.613  0.50 24.49           C
HETATM  888  C5  MAN B   3      56.632  19.546   9.580  0.50 24.06           C
HETATM  889  C6  MAN B   3      58.011  19.258   9.011  0.50 20.99           C
HETATM  890  O2  MAN B   3      53.880  17.447   9.169  0.50 32.06           O
HETATM  891  O3  MAN B   3      54.375  17.669  11.925  0.50 26.77           O
HETATM  892  O4  MAN B   3      57.066  18.576  11.750  0.50 23.83           O
HETATM  893  O5  MAN B   3      55.698  19.556   8.471  0.50 24.72           O
HETATM  894  O6  MAN B   3      58.272  20.048   7.862  0.50 20.58           O
```

打开 AutoDockTools，选择“Ligand”—“input”，将小分子导入 AutoDockTools 中。AutoDockTools 会自动检查该小分子的氢原子和电荷，如果原来的小分子上没有这些氢原子和电荷，AutoDockTools 会自动加上（图 8.4）。之后，继续使用 AutoDockTools 自动选择 root，并将处理之后的小分子导出为PDBQT 格式：

```
REMARK  7 active torsions:
REMARK  status:('A' for Active; 'I' for Inactive)
REMARK    1  A    between atoms: C3_863  and  O3_869
REMARK    2  A    between atoms: C5_865  and  C6_866
REMARK    3  A    between atoms: C6_866  and  O6_872
REMARK    4  A    between atoms: O3_869  and  C1_873
REMARK    5  A    between atoms: O6_872  and  C1_884
REMARK    6  A    between atoms: C5_877  and  C6_878
REMARK    7  A    between atoms: C5_888  and  C6_889
ROOT
HETATM    1  C1  MAN B   1      55.396  24.674  10.912  0.50 32.56     0.303 C
HETATM    2  C2  MAN B   1      55.527  25.897   9.997  0.50 31.76     0.241 C
HETATM    3  C3  MAN B   1      54.360  25.945   9.003  0.50 29.78     0.186 C
HETATM    4  C4  MAN B   1      54.250  24.626   8.257  0.50 30.43     0.211 C
HETATM    5  C5  MAN B   1      54.172  23.451   9.231  0.50 30.65     0.180 C
HETATM    6  O1  MAN B   1      54.264  24.774  11.705  0.50 36.13    -0.187 OA
HETATM    7  O2  MAN B   1      56.758  25.835   9.291  0.50 33.05    -0.215 OA
HETATM    8  O4  MAN B   1      53.097  24.647   7.424  0.50 28.20    -0.218 OA
HETATM    9  O5  MAN B   1      55.301  23.469  10.137  0.50 35.27    -0.324 OA
ENDROOT
BRANCH   5  10
HETATM   10  C6  MAN B   1      54.229  22.126   8.488  0.50 29.19     0.177 C
BRANCH  10  11
HETATM   11  O6  MAN B   1      54.156  21.043   9.431  0.50 27.10    -0.326 OA
BRANCH  11  12
HETATM   12  C1  MAN B   3      54.340  19.789   8.836  0.50 26.29     0.270 C
HETATM   13  C2  MAN B   3      53.858  18.716   9.806  0.50 28.23     0.241 C
HETATM   14  C3  MAN B   3      54.766  18.706  11.038  0.50 27.36     0.220 C
HETATM   15  O2  MAN B   3      53.880  17.447   9.169  0.50 32.06    -0.215 OA
```

```
HETATM   16  O3  MAN B   3      54.375  17.669  11.925  0.50 26.77     -0.218 OA
HETATM   17  C4  MAN B   3      56.218  18.496  10.613  0.50 24.49      0.215 C
HETATM   18  O4  MAN B   3      57.066  18.576  11.750  0.50 23.83     -0.218 OA
HETATM   19  C5  MAN B   3      56.632  19.546   9.580  0.50 24.06      0.184 C
HETATM   20  O5  MAN B   3      55.698  19.556   8.471  0.50 24.72     -0.326 OA
BRANCH  19  21
HETATM   21  C6  MAN B   3      58.011  19.258   9.011  0.50 20.99      0.214 C
HETATM   22  O6  MAN B   3      58.272  20.048   7.862  0.50 20.58     -0.218 OA
ENDBRANCH  19  21
ENDBRANCH  11  12
ENDBRANCH  10  11
ENDBRANCH   5  10
BRANCH   3  23
HETATM   23  O3  MAN B   1      54.563  26.993   8.037  0.50 27.31     -0.326 OA
BRANCH  23  24
HETATM   24  C1  MAN B   2      54.519  28.306   8.506  0.50 25.93      0.270 C
HETATM   25  C2  MAN B   2      53.921  29.195   7.420  0.50 28.18      0.241 C
HETATM   26  O2  MAN B   2      53.748  30.507   7.930  0.50 30.16     -0.215 OA
HETATM   27  C3  MAN B   2      54.846  29.229   6.196  0.50 27.71      0.220 C
HETATM   28  C4  MAN B   2      56.274  29.607   6.604  0.50 25.32      0.215 C
HETATM   29  O3  MAN B   2      54.364  30.178   5.255  0.50 26.76     -0.218 OA
HETATM   30  C5  MAN B   2      56.762  28.734   7.761  0.50 26.15      0.184 C
HETATM   31  O4  MAN B   2      57.142  29.449   5.490  0.50 23.95     -0.218 OA
HETATM   32  O5  MAN B   2      55.813  28.774   8.849  0.50 26.41     -0.326 OA
BRANCH   30  33
HETATM   33  C6  MAN B   2      58.097  29.182   8.322  0.50 25.16      0.214 C
HETATM   34  O6  MAN B   2      58.266  28.739   9.662  0.50 30.37     -0.218 OA
ENDBRANCH   30  33
ENDBRANCH  23  24
ENDBRANCH   3   23
TORSDOF 7
```

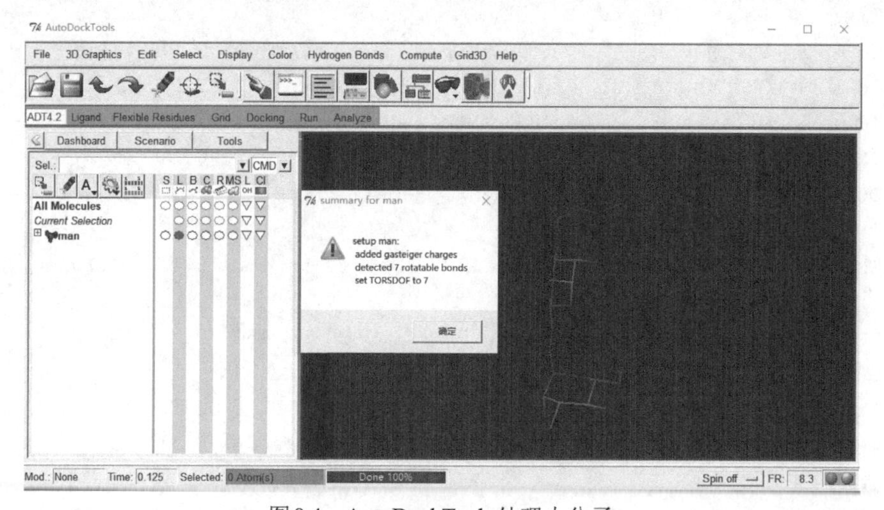

图8.4　AutoDockTools处理小分子

8.1.4　大分子的处理

从 PDB 数据库获得蛋白质的结构数据，下文以 1jpc 为例进行说明。PDB 数据库的蛋白质结构数据为 PDB 格式，AutoDock 识别的是 PDBQT 格式，也就是在原子坐标数据的基础上添加了电荷和溶剂数据，具体格式如下：

```
ATOM      1  N   ASP A  1    54.739  48.931   4.058  1.00 32.68     0.627 N
ATOM      2  CA  ASP A  1    55.159  47.778   3.232  1.00 32.84     0.391 C
ATOM      3  C   ASP A  1    55.258  46.552   4.145  1.00 27.01     0.290 C
ATOM      4  O   ASP A  1    55.421  46.694   5.355  1.00 25.40    -0.268 OA
ATOM      5  CB  ASP A  1    56.506  48.067   2.559  1.00 41.46     0.147 C
ATOM      6  CG  ASP A  1    56.807  47.105   1.411  1.00 53.61     0.188 C
ATOM      7  OD1 ASP A  1    55.860  46.474   0.888  1.00 59.72    -0.647 OA
ATOM      8  OD2 ASP A  1    57.983  46.961   1.026  1.00 57.74    -0.647 OA
ATOM      9  N   ASN A  2    55.125  45.358   3.570  1.00 21.74    -0.228 NA
ATOM     10  CA  ASN A  2    55.172  44.105   4.330  1.00 19.40     0.196 C
ATOM     11  C   ASN A  2    56.439  43.283   4.087  1.00 18.97     0.275 C
ATOM     12  O   ASN A  2    56.566  42.158   4.580  1.00 19.09    -0.268 OA
ATOM     13  CB  ASN A  2    53.929  43.251   4.030  1.00 18.58     0.126 C
ATOM     14  CG  ASN A  2    53.878  42.733   2.582  1.00 22.35     0.276 C
ATOM     15  OD1 ASN A  2    53.313  41.674   2.335  1.00 33.31    -0.269 OA
ATOM     16  ND2 ASN A  2    54.426  43.482   1.627  1.00 22.25    -0.107 N
ATOM     17  N   ILE A  3    57.387  43.859   3.353  1.00 20.90    -0.229 NA
ATOM     18  CA  ILE A  3    58.632  43.182   3.030  1.00 18.70     0.186 C
ATOM     19  C   ILE A  3    59.840  44.062   3.337  1.00 24.30     0.274 C
```

大分子的这些处理也可以通过 AutoDockTools 完成，通过“File”—“read moleculer”将 1jpc 导入 AutoDockTools，“Edit”—“bonds”—“build by distance”，在原子之间建立范德瓦耳斯键，选择“Grid”—“macromolecule”—“choose macromolecule”，在弹出的对话框中选择相应的分子，将结果保存成一个 PDBQS 格式的文件。这样就分别准备好了 AutoDock 需要的大分子和小分子数据。

8.1.5　两个参数文件（GPF 和 DPF）的设置

AutoDock 在计算蛋白质与配体之间的结合时，需要人工选择一个计算的范围，这样可以减少对接的时间，这也就要求在对接之后，了解蛋白质分子的功能区域，这些功能区域一般是保守结构域，可以通过文献或其他方法了解蛋白质的相关背景。AutoDock 的计算需要很多参数，这些参数很难在命令行中完全设置，因此 AutoDock 将所有参数都写到一个配置文件中，这就要求在计算之前完成将所有的输入数据（包括蛋白质分子和配体小分子）都按要求写到这个配置文件中，而这个配置文件也可以通过 AutoDockTools 工具完成（图 8.5）。在完成设置之后，通过“Grid”—“output”—“save gpf”，获得 GPF 格式的配置文件，该配置文件是 AutoGrid 运行所需要的，主要包括输入文件、对接区域等信息：

```
npts 40 40 40                              # 对接盒子的大小，数字分别表示 x, y, z 空间坐标
```

```
gridfld 1jpc.maps.fld                    # 数据文件
spacing 0.375                            # 小格子的大小，这里的数字表示边长
receptor_types A C N NA OA SA            # 受体原子类型
ligand_types C OA                        # 配体原子类型
receptor 1jpc.pdbqt                      # 受体分子文件（PDBQT 格式）
gridcenter auto                          # 格子中心自动
smooth 0.5                               # 最小能量
map 1jpc.C.map                           # 原子特异亲和映射
map 1jpc.OA.map                          # 原子特异亲和映射
elecmap 1jpc.e.map                       # 电荷映射
dsolvmap 1jpc.d.map                      # 溶剂映射
dielectric -0.1465                       # 电介质常数
```

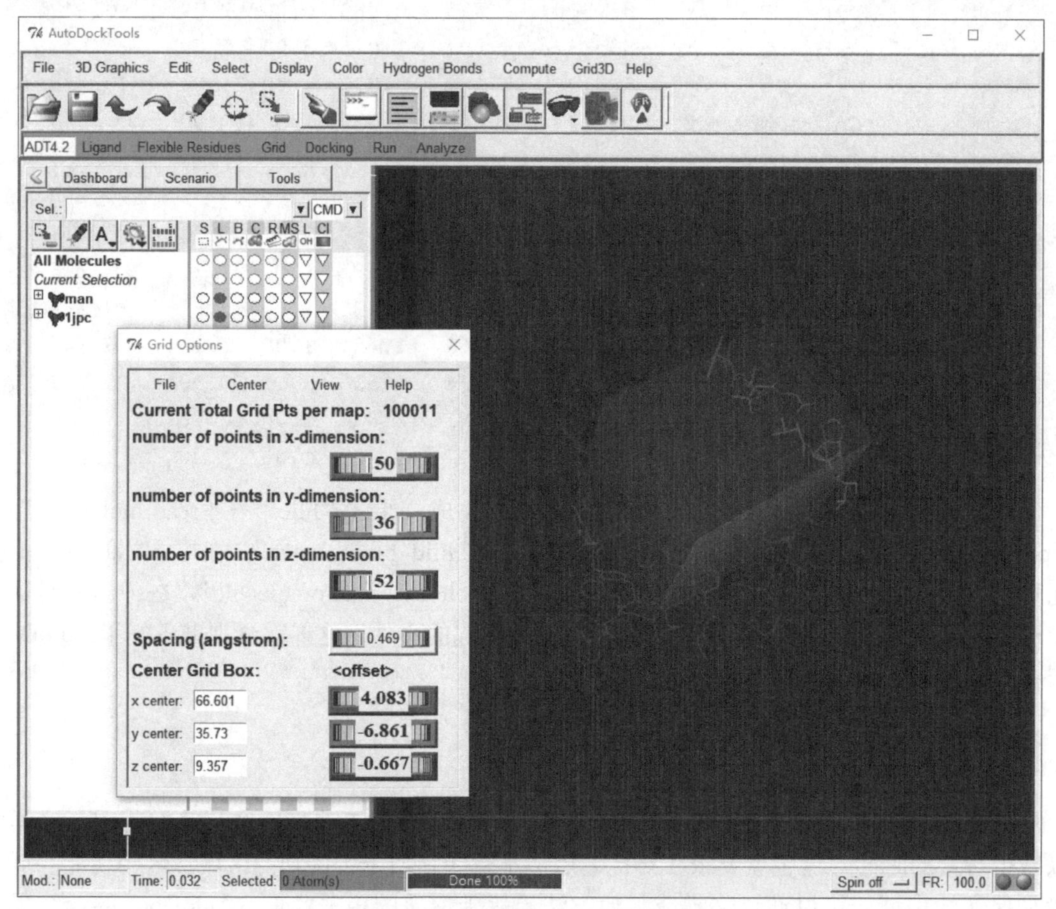

图8.5　AutoDockTools设置对接区域

进一步在AutoDockTools工具分别选中大分子蛋白质和小分子配体，在“Docking”菜单中选择“Lamarckian GA（4.2）”，就可以保存DPF格式的配置文件，该配置文件是AutoDock4需要的配置文件，具体参数如下：

```
autodock_parameter_version 4.2           # 版本
outlev 1                                 # 信息输出级别
```

```
intelec                              # 计算内部静电
seed pid time                        # 随机数字产生
ligand_types C OA                    # 配体原子类型
fld 1jpc.maps.fld                    # 网格数据文件
map 1jpc.C.map                       # 原子特异亲和映射
map 1jpc.OA.map                      # 原子特异亲和映射
elecmap 1jpc.e.map                   # 电荷映射
desolvmap 1jpc.d.map                 # 溶剂映射
move man.pdbqt                       # 小分子文件
about 55.381 24.211 8.881            # 小分子中心位点
tran0 random                         # 起始位点随机
quaternion0 random                   # 起始方向随机
dihe0 random                         # 内部角度随机
torsdof 7                            # 扭转自由度
rmstol 2.0                           # 聚类限度
extnrg 1000.0                        # 扩展网格能量
e0max 0.0 10000                      # 最大初始能量；最大重试次数
ga_pop_size 150                      # 独立数量
ga_num_evals 2500000                 # 最大能量评估
ga_num_generations 27000             # 最大子代数
ga_elitism 1                         # 存活到子代的数量
ga_mutation_rate 0.02                # 变异率
ga_crossover_rate 0.8                # 交叉率
ga_window_size 10                    # 窗口大小
ga_cauchy_alpha 0.0                  # 分布参数
ga_cauchy_beta 1.0                   # 分布参数
set_ga                               # 设置 GA 或 LGA
sw_max_its 300                       # 迭代
sw_max_succ 4                        # rho 改变之前连续成功次数
sw_max_fail 4                        # rho 改变之前连续失败次数
sw_rho 1.0                           # 空间搜索大小
sw_lb_rho 0.01                       # rho 低约束
ls_search_freq 0.06                  # 搜索概率
set_psw1                             # 伪 Solis & Wets 参数设置
unbound_model bound                  # 柔性状态设置
ga_run 10                            # GA-LS 运行
analysis                             # 执行聚类分析
```

在完成GPF和DPF两个配置文件之后，就可以开始分子对接的计算了，这一步骤的操作需要输入以下两个命令。

运行AutoGrid：autogrid4 -p docking.gpf。

运行AutoDock：autodock4 -p docking.dpf。

Windows 下 AutoDock 的运行

8.1.6 结果的保存与处理

AutoDock的运行结果得到一个DLG格式的纯文本文件，该文件保存了分子对接相关的输入、输出、参数设置及AutoDock构象搜索的所有结果。AutoDock会计算多种构象的数据，用户可以在结果中根据能量最低的原则选择最后的对接构象，并可以通过AutoDockTools绘制对接示意图。在AutoDockTools中，选择“Analyze”菜单，然后分别通过“Docking”—“open”，打开DLG文件，这时，会在AutoDockTools中显示小分子的构象，依据能量选择最小的构象。然后再通过“Analyze”菜单下的“Macromolecule”打开蛋白质分子，这样就可以显示出配体小分子和受体蛋白之间的对接关系了（图8.6），可以将该结果保存为图片格式，也可以在DLG格式中筛选出对PDB格式的对接结果，然后使用PyMOL进行参数调整及输出。

PyMOL
使用方法

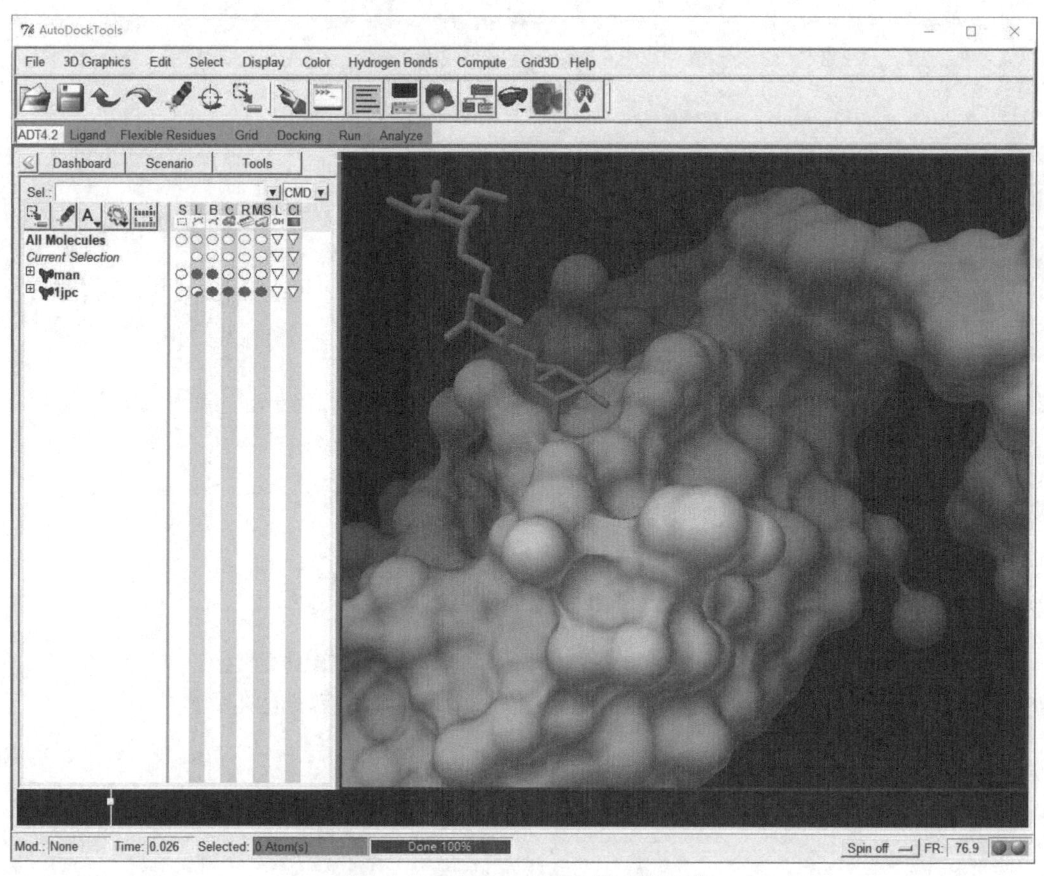

图8.6 AutoDockTools设置对接区域

8.2 分子动力学模拟

8.2.1 分子动力学模拟概述

分子模拟就是模拟分子的动态特征。分子模拟假设粒子的运动符合牛顿经典力学规律，通过对粒子运动学方程组的求解，得出粒子在相空间的运动规律和轨迹，然后按照统计学原理得出该系统相应的宏观物理特性。分子模拟在生物学、药物设计和化学等领域有着广泛的应用。

分子模拟分为量子力学模拟和牛顿经典力学模拟：量子力学模拟主要依据从头计算的方法和半经验等方法；牛顿经典力学模拟的方法主要依据分子力学、分子动力学、布朗动力学进行模拟。其中量子力学模拟消耗的时间多，计算更为精确；依据牛顿经典力学模拟计算消耗的时间少，结果也可以接受。就目前计算机的硬件情况而言，绝大多数软件都采用牛顿经典力学模拟的方法。随着量子力学理论的逐步完善、经验力场的不断开发和更快更准确的算法的出现，以及计算机计算速度、计算量的不断提升，分子模拟所担当的角色也由纯粹的解释逐渐过渡到解释、指导及预测并重。利用分子力学的方法可计算体系庞大分子的稳定构象、热力学特性及振动光谱等信息。分子力学的力场函数中含有许多参数，这些参数可由量子力学计算或通过科学实验获得。

Amber（http://ambermd.org/）是一套用于分子动力学模拟的软件，包括多个相关的程序，可进行完整的分子动力学模拟分析。Amber的单线程计算对学术研究是免费的，这就给分子动力学模拟的学习提供了很好的工具，学术机构的用户只要在Amber官网经过简单的注册就可以下载（图8.7）。AmberTools当前的版本是2021，该软件是一个很大的软件，解压前有500M，需要较高的计算机硬件配置才能够正常安装和运行。Amber可以在多种平台上运行，如Mac OS、Windows、Centos、Debian、OpenSuse、Fedora、Ubuntu、Linux等，这为Amber的广泛应用奠定了基础。

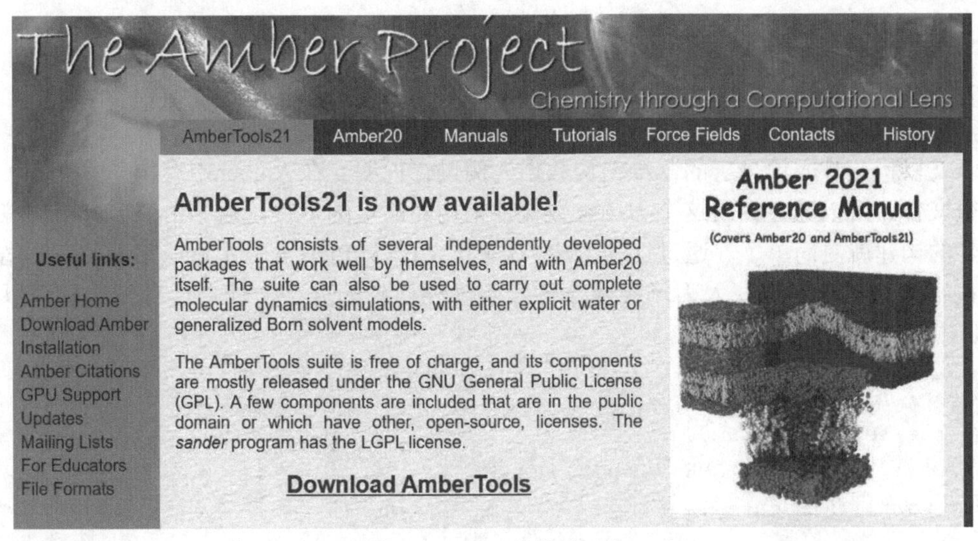

图8.7 Amber软件的下载

GROMACS（http://www.gromacs.org/）的模拟程序包包含GROMACS力场，可以用分子动力学、随机动力学或者路径积分方法模拟溶液或晶体中的任意分子，进行分子能量的最小化、分析构象等，是生物学家从事理论研究和具体实验方案设计的助手。GROMACS也是一个免费的软件，可以从其官网直接下载使用（图 8.8），其需要在 Linux 系统下安装。GROMACS在生物分子模拟与动力学计算、酶工程、药物设计、生物分子间的相互作用等方面有着广泛的应用。GROMACS首先生成模拟对象的拓扑结构文件、坐标文件和外力作用参数等文件；模拟过程首先要对系统进行能量最小化，避免结构的不合理导致模拟过程错误，然后系统开始升温过程，最后进行分子动力学模拟。

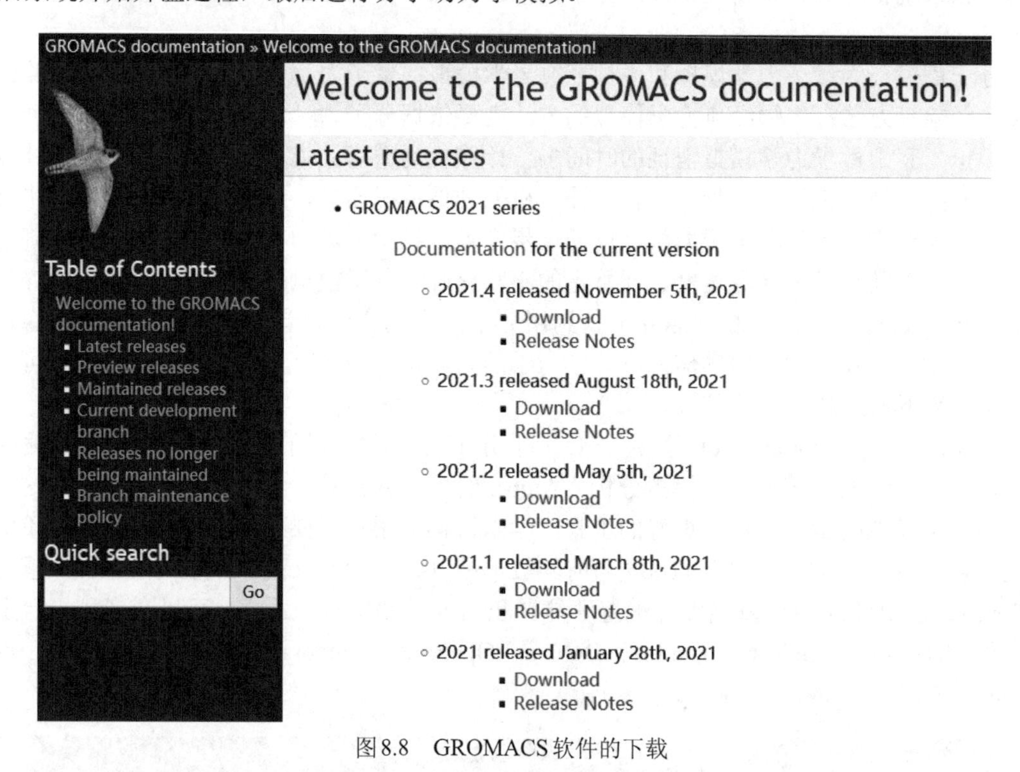

图8.8 GROMACS软件的下载

8.2.2 利用Amber工具生成小分子模板

下文以构建甘露糖分子的三维结构数据为例进行说明。在Amber中有构建多糖分子的力场参数文件，可以通过使用这个力场参数文件来构建简单的多糖，对于单个糖分子的三维坐标文件的构建就更简单了。通过这种方法构建的结构比从PDB文件中截取下来的三维结构数据精确很多。首先需要载入力场参数文件，明确要构建的分子，然后保存结果就可以得到TOP、CRD和PDB格式的文件。

```
tleap
source leaprc.glycam04
part1 = sequence { OME VMB VMA 2MA 1MA }
set part1 tail part1.2.9
part2 = sequence { part1 VMA 2MA 1MA }
set part2 tail part2.6.19
man9 = sequence { part2 2MA 1MA }
impose man9 { 2 3 4 } { { C5 C6 O6 C1 180.0 } }
impose man9 { 2 3 } {{ O6 C6 C5 O5 60.0 } }
impose man9 { 4 5 6 7 8 9 10 } { { H1 C1 O2 C2 -60.0 } }
impose man9 { 6 2 } { { H1 C1 O3 C3 -60.0 } }
impose man9 { 9 3 } { { H1 C1 O3 C3 -60.0 } }
impose man9 { 4 5 6 7 8 9 10 } { { C1 O2 C2 H2 0.0 } }
```

```
impose man9 { 6 2 } { { C1 O3 C3 H3 0.0 } }
impose man9 { 9 3 } { { C1 O3 C3 H3 0.0 } }
saveamberparm man9 man9.top man9.crd
savepdb man9 man9.pdb
quit
```

8.2.3　Amber处理蛋白质文件

Amber在分子动力学模拟计算之前，需要根据需求对蛋白质结构数据进行处理，主要包括添加水溶液环境和保持模拟环境的电中性，其中电中性是通过添加离子的方式实现的，具体步骤如下。

1）启动leap，载入力场参数文件。

```
xleap -s -f $AMBERHOME/dat/leap/cmd/leaprc.ff99
```

-s 表示不使用默认的力场参数文件。

-f后面选择的leaprc.ff99是一个力场参数文件。

2）导入PDB格式的蛋白结构文件。

```
strcture = loadpdb strcture.pdb
```

3）设置模拟的溶液环境，给系统加一个环境box，使得溶质在溶剂中而不是在真空中。如果确实要模拟真空环境下的情况，就不需要添加溶液环境。

```
solvateBox strcture TIP3PBOX 10
```

TIP3PBOX是溶剂模型，也可以使用其他溶剂模型，如WATERBOX216等。

10是用来控制box的大小，box大小要适当：过大会消耗更多的计算时间；过小不能将分子包围。在xleap的环境下，运行如下命令查看盒子大小是否合适：

```
edit strcture
```

4）加离子，使得系统处于电中性。通过charge strcture查看体系处于正电还是负电的环境，如果是正电需要加Cl^-，如果是负电需要加Na^+。

```
addIons2 strcture Cl- 0
addIons2 strcture Na+ 0
```

5）保存结果，退出。

```
saveAmberParm strcture strcture.top strcture.crd
savepdb strcture strcture.pdb
quit
```

这里共保存了TOP、CRD和PDB三种格式的结果文件，其中TOP是参数文件，CRD是坐标文件，这两个结果文件是后面能量优化需要的数据。参数文件可以包含力场参数的内容，也可以是一些其他的内容，坐标文件就是结构的信息，PDB也是一种坐标文件，这里得到的结果是添加了水溶液环境和电中性的蛋白质分子（图8.9）。

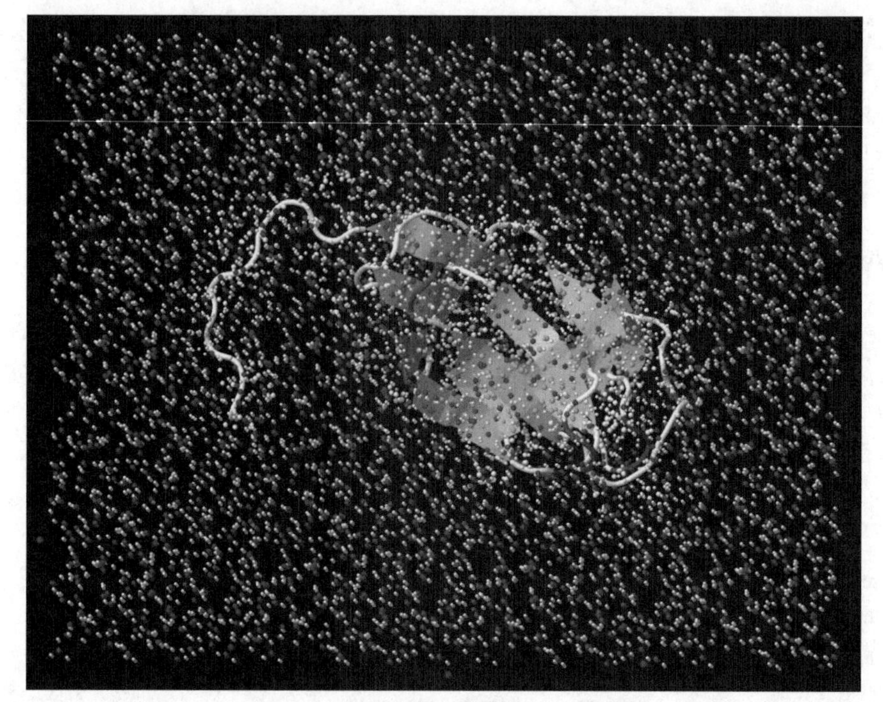

图8.9　添加了水溶液环境的蛋白质分子

8.2.4　能量优化

分子晶体结构内部可能存在着一定的张力，能量优化的作用就是释放这些张力，否则在动力学模拟过程中整个分子会因此散架。能量优化由sander模块完成，运行sander至少需要三个输入文件，其中分子的拓扑文件（后缀是top）、坐标文件（后缀是crd）由上一步骤产生，还有一个是sander的参数配置文件。

能量优化需要逐步进行，首先是限制蛋白质和糖链而仅对溶剂进行能量优化；其次是限制蛋白质和糖链的主链上的原子，对蛋白质的侧链原子和溶剂进行优化；最后是不加限制，对整体进行优化。这三种情况需要分别进行三次能量优化，分别需要三个控制文件。

（1）第一次能量优化

```
Initial minimisation of our structures
 &cntrl
  imin=1, maxcyc=4000, ncyc=2000,
  cut=10, ntb=1, ntr=1,
  restraint_wt=0.5
  restraintmask=': 1-206'
/
```

文件首行说明这项任务的基本情况，&cntrl与/之间的部分是模拟的参数。

imin=1表示任务是能量优化，如果是动力学模拟，这个值应该是0。

maxcyc=4000表示能量优化共进行4000步。

ncyc=2000表示在整个能量优化的4000步中，前2000步采用最陡下降法，在2000步之后转换为共轭梯度法。

cut=10 表示非键相互作用的截断值，单位是埃。

ntb=1 表示使用周期边界条件，这个选项要和前面生成的拓扑文件坐标文件相匹配，如果前面加溶剂时用的是盒子水，就设置 ntb=1，如果加的是层水，那就应该选择 ntb=0。

ntr=1 表示在能量优化的过程中要约束一些原子，具体约束的原子通过 restraintmask 进行设置。

restraint_wt=0.5 限定了约束的力常数，在这里约束原子就是把原子用一根弹簧拉在固定的位置上，一旦原子偏离固定的位置，系统就会给它施加一个回复力，偏离越远，回复力越大，回复力就是由这个力常数决定的，单位是 Kcal/（mol・A）。

restraintmask='：1-206'表示约束的是 1～206 号残基，在这个分子中，1～206 号残基是蛋白质上的氨基酸和糖分子残基，从 207 号开始，就都是 leap 加上去的离子和水分子，所以这个命令的意思就是约束整个蛋白质和糖链分子，仅仅优化溶剂分子。

将上面的参数保存为文件名为“first.in”的文件，然后通过下面的命令开始第一次优化：

```
sander -O -i first.in -p strcture.top -c strcture.crd -ref strcture.crd -r
strcture1.rst -o strcture1.out
```

-O 表示覆盖所有同名文件。

-i first.in 表示输入 sander 的参数配置文件 first.in。

-p strcture.top 表示输入分子的拓扑文件。

-c strcture.crd 表示输入坐标文件。

-ref strcture.crd 表示输入参考坐标文件，只有在控制文件中出现关键词 ntr=1 的时候才需要给 sander 指定-ref 文件，这是约束原子的参考坐标，-ref strcture.crd 是以 strcture.crd 中的坐标为准进行约束原子的优化，这个文件和-c 后面的文件是相同的。

以上这 4 个是输入文件，其中-ref 和-c 后面的文件是相同的，因此可以说是 3 个输入文件。

-r strcture1.rst 表示经过优化模拟之后新的原子坐标会输出到 strcture1.rst 文件中。

-o strcture1.out 表示优化过程中的相关信息都会写入 strcture1.out 文件中。

运行上面的命令后，可以得到 strcture1.rst 和 strcture1.out 两个结果文件。其中 strcture1.rst 要在下一步骤的优化中用到。

（2）第二次能量优化

```
Initial minimisation of our structures
 &cntrl
  imin=1,maxcyc=5000,ncyc=2500,
  cut=10,ntb=1,ntr=1,
  restraint_wt=0.5
  restraintmask=':1-206@CA,N,C'
 /
```

在这里发生变化的是约束原子的范围，'：1-206@CA，N，C'表示 1～206 号残基中名叫 CA、N 和 C 的原子，这些原子实际上是蛋白质主链上的原子，这一次的优化是约束了蛋白质主链上的原子之后，对溶剂和侧链原子进行自由优化。其他地方和第一次能量优化没有什么变化。将上面的参数保存为文件名为“second.in”的文件，然后通过下面的命令开始第二次优化（注意：-ref 后的内容调整为第一次优化的结果文件）：

```
sander -O -i second.in -p strcture.top -c strcture.crd -ref strcture1.rst -r strcture2.rst -o strcture2.out
```

（3）第三次能量优化

```
Initial minimisation of our structures
 &cntrl
  imin=1, maxcyc=10000, ncyc=5000,
  cut=10, ntb=1,
/
```

在这里去掉了原子的限制信息，对体系整体进行优化。将上面的参数保存为文件名为“third.in”的文件，然后通过下面的命令开始第三次优化：

```
sander -O -i third.in -p strcture.top -c strcture.crd -r strcture3.rst -o strcture3.out
```

（4）三次命令中参数的比较

1）输入。

-i：控制文件，三次的都不相同。

-p：后面的参数文件，三次使用的top文件是相同的，都是由leap产生文件。

-c：第一次是由leap产生的，第二次是由第一次的能量优化产生的，第三次是由第二次能量优化产生的，在这里体现了三次能量最小化的连续性。另外需要注意的是：第三次能量优化中不再有-ref这一项了。

2）输出。

-r：后面又产生一个坐标文件，-o是一个记录输出的文件。三次能量优化中，输出文件是各不相同的。

由于PDB是蛋白质结构研究中通用的格式，因此需要将最后的结果转换成PDB格式的文件。

```
ambpdb -p strcture.top < strcture3.rst > strcture_energyReady.pdb
```

8.2.5 分子模拟

在完成上面的准备工作后，就可以开始动力学模拟了，这个步骤是最关键的步骤，也是非常消耗时间的步骤。在进行正式的动力学模拟之前，需要先进行一次小的动力学模拟以使体系的温度等参数稳定。所以这一步骤最少需要两次模拟，和能量优化一样，动力学模拟也需要三个输入文件，分别是分子的拓扑文件、坐标文件及sander的控制文件。运行命令如下：

```
sander -O -i a1.in -o result1.out -p structure.top -c strcture3.rst -r str1.rst -x str1.mdcrd -ref strcture3.rst -inf result.info -v resultvel -e resultmeden
```

与能量优化不同的是多一个-x输出项和一个-inf项。-x后面是一个轨迹文件，-inf后面的文件记录一些能量等信息。接下来是进行动力学模拟，运行命令如下：

```
sander -O -i a2.in -o result2.out -p structure.top -c gna_md1.rst -r str2.rst -x str1.mdcrd -ref str2.rst -inf result2.info
```

8.2.6　结果数据分析

分子模拟的结果是得到一个MDCRD轨迹文件，分子动力学模拟的数据分析都将依据这一个轨迹文件，为了加速后续分析，需要将MDCRD格式文件转换为BINPOS格式，BINPOS是一种二进制轨迹文件，可以加速之后的工作。从分子模拟的轨迹文件可以得到分子结构在模拟时间范围内的能量变化、三级结构变化（RMSD）、二级结构变化、氢键的动态变化情况等，并可以通过VMD等软件查看分子结构的动态变化过程。

分子模拟视频

参 考 文 献

陈芳进. 2008. 细胞信号通路中酪氨酸磷酸化修饰和SHC1、SHC3与相关信号蛋白分子作用差异的计算生物学研究. 北京：中国人民解放军军事医学科学院博士学位论文.

陈凯先，蒋华良，嵇汝运. 2000. 计算机辅助药物设计—原理、方法及应用. 上海：上海科学技术出版社.

陈维敬，仲维清. 2012. 蛋白质结晶的新进展与药物设计. 药学实践杂志，30（2）：81-85，136.

都宵晓，孟凡翠，刘巍，等. 2021. 胰高血糖素样肽-1受体的分子动力学模拟研究. 中国新药杂志，30（8）：732-739.

黄建湘. 2020. 基于分子动力学模拟的药物/基因和载体相互作用的研究. 杭州：浙江大学博士学位论文.

黄晓艳. 2011. 计算机辅助抗癌药物设计和蛋白同源建模研究. 兰州：兰州大学硕士学位论文.

靳利霞. 2002. 蛋白质结构预测方法研究. 大连：大连理工大学博士学位论文.

靳利霞，唐焕文. 2001. 蛋白质结构预测方法简述. 自然杂志，4：217-221.

李春艳，刘华，刘波涛. 2011. 分子动力学模拟基本原理及研究进展. 广州化工，4：11-13.

李文钊. 2013. 蛋白质结构和动力学的分子动力学模拟. 长春：吉林大学博士学位论文.

李贞双，李超林. 2009. 计算机辅助药物设计在新药研究中的应用. 电脑知识与技术，31：8812-8813.

梁赤周. 2009. 抗三唑磷基因工程抗体的研制及同源建模. 杭州：浙江大学博士学位论文.

林亚静，刘志杰，龚为民. 2007. 蛋白质结构研究. 生命科学，3：289-293.

刘景陶，柳耀花. 2018. 计算机分子模拟技术及人工智能在药物研发中的应用. 科技创新与应用，2：46-47.

刘轲，陈曦，蔡如意，等. 2018. 计算机辅助药物设计的研究进展. 转化医学电子杂志，5（9）：31-33.

刘野. 2019. 基于分子动力学模拟研究蛋白质二级结构变化对其活性的影响. 长春：吉林大学博士学位论文.

吕巍. 2007. 生物相关性的计算及其在候选化合物库设计中的应用. 淄博：山东理工大学硕士学位论文.

宁正元，林世强. 2006. 蛋白质结构的预测及其应用. 福建农业大学学报，3：308-313.

单志杰. 2012. 高活性药物先导化合物的分子模拟与设计. 兰州：兰州大学硕士学位论文.

尚佳锌. 2019. 计算机辅助设计在药物研发中的应用现状探究. 现代养生，24：296-297.

孙卫涛. 2009. 蛋白质结构动力学研究进展. 力学进展，2：129-153.

田冉冉. 2019. 生物分子界面作用的模拟研究. 杭州：浙江大学博士学位论文.

文玉华，朱如曾，周富信，等. 2003. 分子动力学模拟的主要技术. 力学进展，1：65-73.

吴学强. 2009. 类黄酮物质对精氨酸激酶和α-葡萄糖苷酶抑制机理及分子对接研究. 泰安：山东农业大学硕士学位论文.

徐筱杰，侯廷军，乔学斌，等. 2004. 计算机辅助药物分子设计. 北京：化学工业出版社.

薛峤. 2014. 分子动力学模拟在生物大分子体系中的应用. 长春：吉林大学博士学位论文.

杨萍，孙益民. 2009. 分子动力学模拟方法及其应用. 安徽师范大学学报（自然科学版），1：51-54.

殷志祥. 2004. 蛋白质结构预测方法的研究进展. 计算机工程与应用，20：54-57.

张亮仁，刘振明，张双，等. 2017. 常用计算机辅助药物设计软件教程. 北京：中国医药科技出版社.

赵晓宇. 2008. 药物分子对接的优化模型与算法. 大连：大连理工大学硕士学位论文.

郑彦，吕莉. 2008. 计算机辅助药物设计在药物合成中的应用. 齐鲁药事，10：614-616.

朱效民，尚远，王利. 2013. Gromacs在神威蓝光超级计算机上的部署及应用. 科研信息化技术与应用，4（1）：74-80.

Adeniyi A A，Ajibade P A. 2013. Comparing the suitability of autodock，gold and glide for the docking and predicting the possible targets of Ru（Ⅱ）-based complexes as anticancer agents. Molecules，18（4）：3760-3778.

Aragones J L，Noya E G，Valeriani C，et al. 2013. Free energy calculations for molecular solids using GROMACS. J Chem Phys，139（3）：034104.

Arnold K，Bordoli L，Kopp J，et al. 2006. The SWISS-MODEL workspace：a web-based environment for protein structure homology modelling. Bioinformatics，22（2）：195-201.

Baig M H，Ahmad K，Roy S，et al. 2016. Computer aided drug design：success and limitations. Curr Pharm Des，22（5）：572-581.

Bau D，Martin A J，Mooney C，et al. 2006. Distill：a suite of web servers for the prediction of one-，two- and three-dimensional structural features of proteins. BMC Bioinformatics，7：402-410.

Bordoli L，Kiefer F，Arnold K，et al. 2009. Protein structure homology modeling using SWISS-MODEL workspace. Nat Protoc，4（1）：1-13.

Case D A，Cheatham T E，Darden T，et al. 2005. The Amber biomolecular simulation programs. J Comput Chem，26（16）：1668-1688.

Collier T A，Piggot T J，Allison J R. 2020. Molecular dynamics simulation of proteins. Methods Mol Biol，2073：311-327.

Combelles C，Gracy J，Heitz A，et al. 2008. Structure and folding of disulfide-rich miniproteins：insights from molecular dynamics simulations and MM-PBSA free energy calculations. Proteins，73（1）：87-103.

Do P C，Lee E H，Le L. 2008. Steered molecular dynamics simulation in rational drug design. J Chem Inf Model，58（8）：1473-1482.

Forli S，Huey R，Pique M E，et al. 2016. Computational protein-ligand docking and virtual drug screening with the AutoDock suite. Nat Protoc，11（5）：905-919.

Geourjon C，Deleage G. 1995. SOPMA：significant improvements in protein secondary structure prediction by consensus prediction from multiple alignments. Comput Appl Biosci，11（6）：681-684.

Goodsell D S. 2009. Computational docking of biomolecular complexes with AutoDock. Cold Spring Harb Protoc，2009（5）：5200.

Guex N，Peitsch M C. 1997. SWISS-MODEL and the Swiss-PdbViewer：an environment for comparative protein modeling. Electrophoresis，18（15）：2714-2723.

Hildebrand P W，Rose A S，Tiemann J K S. 2019. Bringing molecular dynamics simulation data into view. Trends Biochem Sci，44（11）：902-913.

Hill A D，Reilly P J. 2015. Scoring functions for AutoDock. Methods Mol Biol，1273：467-474.

Hou T，Wang J，Li Y，et al. 2011. Assessing the performance of the MM/PBSA and MM/GBSA methods. 1. The accuracy of binding free energy calculations based on molecular dynamics simulations. J Chem Inf Model，

51（1）：69-82.

Humphrey W，Dalke A，Schulten K. 1996. VMD：visual molecular dynamics. J Mol Graph，14（1）：33-38，27-38.

Kaplan W，Littlejohn T G. 2001. Swiss-PdbViewer（deep view）. Brief Bioinform，2（2）：195-197.

Kirchmair J，Markt P，Distinto S，et al. 2008. The Protein Data Bank（PDB），its related services and software tools as key components for in silico guided drug discovery. J Med Chem，51（22）：7021-7040.

Kirschner K N，Woods R J. 2001. Solvent interactions determine carbohydrate conformation. Proc Natl Acad Sci USA，98（19）：10541-10545.

Kollman P A，Massova I，Reyes C，et al. 2000. Calculating structures and free energies of complex molecules：combining molecular mechanics and continuum models. Acc Chem Res，33（12）：889-897.

Kopp J，Schwede T. 2004. The SWISS-MODEL repository of annotated three-dimensional protein structure homology models. Nucleic Acids Res，32（Database issue）：230-234.

Larini L，Mannella R，Leporini D. 2007. Langevin stabilization of molecular-dynamics simulations of polymers by means of quasisymplectic algorithms. J Chem Phys，126（10）：104101.

Liu Z，Zhang Y. 2009. Molecular dynamics simulations and MM-PBSA calculations of the lectin from snowdrop（*Galanthus nivalis*）. J Mol Model，15（12）：1501-1507.

Lu H，Huang X，Abdulhameed M D，et al. 2014. Binding free energies for nicotine analogs inhibiting cytochrome P450 2A6 by a combined use of molecular dynamics simulations and QM/MM-PBSA calculations. Bioorg Med Chem，22（7）：2149-2156.

Mazanetz M P，Goode C H F，Chudyk E I. 2020. Ligand- and structure-based drug design and optimization using KNIME. Curr Med Chem，27（38）：6458-6479.

Negri M，Recanatini M，Hartmann R W. 2011. Computational investigation of the binding mode of bis（hydroxylphenyl）arenes in 17beta-HSD1：molecular dynamics simulations，MM-PBSA free energy calculations，and molecular electrostatic potential maps. J Comput Aided Mol Des，25（9）：795-811.

Pollastri G，Mclysaght A. 2005. Porter：a new，accurate server for protein secondary structure prediction. Bioinformatics，21（8）：1719-1720.

Pronk S，Pall S，Schulz R，et al. 2013. GROMACS 4.5：a high-throughput and highly parallel open source molecular simulation toolki. Bioinformatics，29（7）：845-854.

Sayle R A，Milner-White E J. 1995. RASMOL：biomolecular graphics for all. Trends Biochem Sci，20（9）：374.

Schwede T，Kopp J，Guex N，et al. 2003. SWISS-MODEL：an automated protein homology-modeling server. Nucleic Acids Res，31（13）：3381-3385.

Scotti L，Scotti M T. 2020. Recent advancement in computer-aided drug design. Curr Pharm Des，26（15）：1635-1636.

Taft C A，Da Silva V B，Da Silva C H. 2008. Current topics in computer-aided drug design. J Pharm Sci，97（3）：1089-1098.

Talevi A. 2018. Computer-aided drug design：an overview. Methods Mol Biol，1762：1-19.

Touw W G，Baakman C，Black J，et al. 2015. A series of PDB-related databanks for everyday needs. Nucleic Acids Res，43（Database issue）：364-368.

Treesuwan W，Hannongbua S. 2009. Bridge water mediates nevirapine binding to wild type and Y181C HIV-1 reverse transcriptase-evidence from molecular dynamics simulations and MM-PBSA calculations. J Mol Graph

Model，27（8）：921-929.

van Der Spoel D，Lindahl E，Hess B，et al. 2005. GROMACS：fast，flexible，and free. J Comput Chem，26（16）：1701-1718.

Wang Y，Sunderraman R. 2006. PDB data curation. Conf Proc IEEE Eng Med Biol Soc，1：4221-4224.

Westbrook J D，Fitzgerald P M. 2003. The PDB format，mmCIF，and other data formats. Methods Biochem Anal，44：161-179.

Wozniak T，Adamiak R W. 2013. Personalization of structural PDB files. Acta Biochim Pol，60（4）：591-593.

Yilmaz E M，Guntert P. 2015. NMR structure calculation for all small molecule ligands and non-standard residues from the PDB chemical component dictionary. J Biomol NMR，63（1）：21-37.

Zhou J，Li Q，Wu M，et al. 2016. Progress in the rational design for polypharmacology drug. Curr Pharm Des，22（21）：3182-3189.

| 附录 1 |

生物信息学词汇

测序：确定DNA或RNA分子中的核苷酸序列，或者是确定蛋白质中氨基酸序列的过程。

contig N50：read拼接后会获得一些不同长度的contig，将所有的contig长度相加，获得一个contig总长度。然后将所有的contig按照从长到短进行排序，将contig按照这个顺序依次相加，当相加的长度达到contig总长度的一半时，最后一个加上的contig长度即为contig N50。

scaffold N50：scaffold N50与contig N50的定义类似。contig拼接组装获得一些不同长度的scaffold。将所有的scaffold长度相加，获得一个scaffold总长度，将scaffold按照这个顺序依次相加，当相加的长度达到scaffold总长度的一半时，最后一个加上的scaffold长度即为scaffold N50。scaffold N50可以作为基因组拼接结果好坏的一个判断标准。

DNA芯片：利用光导化学合成、照相平版印刷及固相表面化学合成等技术，在固相表面合成成千上万个寡核苷酸探针，或将液相合成的探针由微阵列器或机器人点样于尼龙膜或硅片上，再与放射性同位素或荧光物标记的DNA或cDNA杂交，用于分析DNA突变及多态性、DNA测序、监测同一组织细胞在不同状态下或同一状态下多种组织细胞基因表达水平的差异、发现新的致病基因或疾病相关基因等多个研究领域。

保守序列：生物演化过程中基本上保持不变的DNA碱基序列区域或蛋白质中的氨基酸序列区域。

功能域：蛋白质中具有某种特定功能的部分序列区域，它在序列上未必是连续的。

单核苷酸多态性（SNP）：由于同一位点的不同等位基因之间常常只有一个或几个核苷酸的差异，因此在分子水平上对单个核苷酸的差异进行检测是很有意义的。目前SNP作为一种新的分子标记，已有2000多个标记定位于人类染色体上，在植物上也在进行开发研究。无论是否在胶上都能检测出SNP，但检测SNP的最佳方法是新近发展起来的DNA芯片技术。

比较基因组学：比较基因组学是在基因组图谱和测序基础上，对已知的基因和基因组结构进行比较，来了解基因的功能、表达机制和物种进化的学科。

序列比对：为确定两个或多个序列之间的相似性以至同源性，将它们按照一定的规律排列。

BLAST（basic local alignment search tool）：一种快速查找与给定序列具有连续相同片段的序列的技术，虽然BLAST是一个缩写，但由于使用频繁，因此很多场合已经将其看成一个固定的词汇。

基因家族：来源于同一个祖先，由一个基因通过重复而产生两个或更多的拷贝而构成的一组基因，它们在结构和功能上具有明显的相似性，编码相似的蛋白质产物，同一家族基因可以紧密排列在一起，形成一个基因簇，但多数时候，它们是分散在同一染色体的不同位置，或者存在于不同染色体上的，各自具有不同的表达调控模式。

基因组：指细胞内所有的遗传信息，这种遗传信息以核苷酸序列形式存储。细胞或生物体中，一套完整单体的遗传物质的总和即为基因组。

人类基因组计划：由美国科学家于1985年率先提出，于1990年正式启动。美国、英国、法国、德国、日本和中国科学家共同参与了这一预算达30亿美元的人类基因组计划。按照这个计划的设想，在2005年，要把人体内约2.5万个基因的密码全部解开，同时绘制出人类基因的图谱。其宗旨在于测定人类染色体（指单倍体）中所包含的30亿个碱基对组成的核苷酸序列，从而绘制人类基因组图谱，并且辨识其载有的基因及其序列，达到破译人类遗传信息的最终目的。基因组计划是人类为了探索自身的奥秘所迈出的重要一步，是继曼哈顿计划和阿波罗登月计划之后，人类科学史上的又一个伟大工程。截至2003年4月14日，人类基因组计划的测序工作已经完成。

UniGene：美国国家生物技术信息中心提供的公用数据库，该数据库将GenBank中属于同一条基因的所有片段拼接成完整的基因进行收录。

分子动力学模拟：在经典牛顿力学的基础理论上，给定分子动力学势函数、力场，通过求解牛顿方程动态研究分子的运动与构象空间。1977年哈佛大学的Karplus首次将该方法应用于蛋白质研究。

分子对接：分子对接方法基于配体与受体空间互补、静电匹配的信息，可分为刚性对接和柔性对接，通过直观探讨作用于结合部位的作用能量（包括分子间氢键、色散力、静电作用等）、确定相互作用构象最佳取向，进而研究分子间的相互作用。在探讨蛋白质分子间相互作用（如酶与底物、受体与配基、膜通道开关等）、药物与受体间的相互作用时，分子对接方法是理论预测相互作用的必不可少的模型。

计算机辅助药物设计：以计算机为辅助工具，模拟生物大分子在一段时间范围内的分子运动特征，并进一步通过统计的方法获得能量、化学键、结构等宏观性质，为药物设计提供数据支撑。计算机辅助药物设计可以大大加快新药发现的速度，提高新药的开发效率，节省大量的人力、物力、财力。

系统发育学：确定生物体间进化关系的科学分支。

系统生物学：是研究一个生物系统中所有组分成分（基因、mRNA、蛋白质等）的构成，以及在特定条件下这些组分间的相互关系，并分析生物系统在一定时间内的动力学过程。

同源建模：是目前最为成功且实用的蛋白质结构预测方法，它的前提是已知一个或多个同源蛋白质的结构。当两个蛋白质的序列同源性高于35%时，一般情况下认为它们的三维结构基本相同。SWLSS-MODEL是目前最著名的同源建模工具。

附录 2
ASCII 码表

Bin（二进制）	Oct（八进制）	Dec（十进制）	Hex（十六进制）	缩写/字符	解释
0000 0000	0	0	0	NUL（null）	空字符
0000 0001	1	1	1	SOH（start of headline）	标题开始
0000 0010	2	2	2	STX（start of text）	正文开始
0000 0011	3	3	3	ETX（end of text）	正文结束
0000 0100	4	4	4	EOT（end of transmission）	传输结束
0000 0101	5	5	5	ENQ（enquiry）	请求
0000 0110	6	6	6	ACK（acknowledge）	收到通知
0000 0111	7	7	7	BEL（bell）	响铃
0000 1000	10	8	8	BS（backspace）	退格
0000 1001	11	9	9	HT（horizontal tab）	水平制表符
0000 1010	12	10	0A	LF（NL line feed，new line）	换行键
0000 1011	13	11	0B	VT（vertical tab）	垂直制表符
0000 1100	14	12	0C	FF（NP form feed，new page）	换页键
0000 1101	15	13	0D	CR（carriage return）	回车键
0000 1110	16	14	0E	SO（shift out）	不用切换
0000 1111	17	15	0F	SI（shift in）	启用切换
0001 0000	20	16	10	DLE（data link escape）	数据链路转义
0001 0001	21	17	11	DC1（device control 1）	设备控制 1
0001 0010	22	18	12	DC2（device control 2）	设备控制 2
0001 0011	23	19	13	DC3（device control 3）	设备控制 3
0001 0100	24	20	14	DC4（device control 4）	设备控制 4
0001 0101	25	21	15	NAK（negative acknowledge）	拒绝接收
0001 0110	26	22	16	SYN（synchronous idle）	同步空闲
0001 0111	27	23	17	ETB（end of trans. block）	结束传输块
0001 1000	30	24	18	CAN（cancel）	取消
0001 1001	31	25	19	EM（end of medium）	媒介结束
0001 1010	32	26	1A	SUB（substitute）	代替
0001 1011	33	27	1B	ESC（escape）	换码（溢出）
0001 1100	34	28	1C	FS（file separator）	文件分隔符
0001 1101	35	29	1D	GS（group separator）	分组符
0001 1110	36	30	1E	RS（record separator）	记录分隔符

续表

Bin（二进制）	Oct（八进制）	Dec（十进制）	Hex（十六进制）	缩写/字符	解释
0001 1111	37	31	1F	US（unit separator）	单元分隔符
0010 0000	40	32	20	（space）	空格
0010 0001	41	33	21	!	叹号
0010 0010	42	34	22	"	双引号
0010 0011	43	35	23	#	井号
0010 0100	44	36	24	$	美元符
0010 0101	45	37	25	%	百分号
0010 0110	46	38	26	&	和号
0010 0111	47	39	27	'	闭单引号
0010 1000	50	40	28	(	开括号
0010 1001	51	41	29	)	闭括号
0010 1010	52	42	2A	*	星号
0010 1011	53	43	2B	+	加号
0010 1100	54	44	2C	,	逗号
0010 1101	55	45	2D	-	减号/破折号
0010 1110	56	46	2E	.	句号
101111	57	47	2F	/	斜杠
110000	60	48	30	0	数字0
110001	61	49	31	1	数字1
110010	62	50	32	2	数字2
110011	63	51	33	3	数字3
110100	64	52	34	4	数字4
110101	65	53	35	5	数字5
110110	66	54	36	6	数字6
110111	67	55	37	7	数字7
111000	70	56	38	8	数字8
111001	71	57	39	9	数字9
111010	72	58	3A	:	冒号
111011	73	59	3B	;	分号
111100	74	60	3C	<	小于
111101	75	61	3D	=	等号
111110	76	62	3E	>	大于
111111	77	63	3F	?	问号
1000000	100	64	40	@	电子邮件符号
1000001	101	65	41	A	大写字母A
1000010	102	66	42	B	大写字母B
1000011	103	67	43	C	大写字母C
1000100	104	68	44	D	大写字母D
1000101	105	69	45	E	大写字母E
1000110	106	70	46	F	大写字母F
1000111	107	71	47	G	大写字母G

续表

Bin（二进制）	Oct（八进制）	Dec（十进制）	Hex（十六进制）	缩写/字符	解释
1001000	110	72	48	H	大写字母H
1001001	111	73	49	I	大写字母I
1001010	112	74	4A	J	大写字母J
1001011	113	75	4B	K	大写字母K
1001100	114	76	4C	L	大写字母L
1001101	115	77	4D	M	大写字母M
1001110	116	78	4E	N	大写字母N
1001111	117	79	4F	O	大写字母O
1010000	120	80	50	P	大写字母P
1010001	121	81	51	Q	大写字母Q
1010010	122	82	52	R	大写字母R
1010011	123	83	53	S	大写字母S
1010100	124	84	54	T	大写字母T
1010101	125	85	55	U	大写字母U
1010110	126	86	56	V	大写字母V
1010111	127	87	57	W	大写字母W
1011000	130	88	58	X	大写字母X
1011001	131	89	59	Y	大写字母Y
1011010	132	90	5A	Z	大写字母Z
1011011	133	91	5B	[	开方括号
1011100	134	92	5C	\	反斜杠
1011101	135	93	5D	]	闭方括号
1011110	136	94	5E	^	脱字符
1011111	137	95	5F	_	下画线
1100000	140	96	60	`	开单引号
1100001	141	97	61	a	小写字母a
1100010	142	98	62	b	小写字母b
1100011	143	99	63	c	小写字母c
1100100	144	100	64	d	小写字母d
1100101	145	101	65	e	小写字母e
1100110	146	102	66	f	小写字母f
1100111	147	103	67	g	小写字母g
1101000	150	104	68	h	小写字母h
1101001	151	105	69	i	小写字母i
1101010	152	106	6A	j	小写字母j
1101011	153	107	6B	k	小写字母k
1101100	154	108	6C	l	小写字母l
1101101	155	109	6D	m	小写字母m
1101110	156	110	6E	n	小写字母n
1101111	157	111	6F	o	小写字母o
1110000	160	112	70	p	小写字母p

续表

Bin（二进制）	Oct（八进制）	Dec（十进制）	Hex（十六进制）	缩写/字符	解释
1110001	161	113	71	q	小写字母q
1110010	162	114	72	r	小写字母r
1110011	163	115	73	s	小写字母s
1110100	164	116	74	t	小写字母t
1110101	165	117	75	u	小写字母u
1110110	166	118	76	v	小写字母v
1110111	167	119	77	w	小写字母w
1111000	170	120	78	x	小写字母x
1111001	171	121	79	y	小写字母y
1111010	172	122	7A	z	小写字母z
1111011	173	123	7B	{	开花括号
1111100	174	124	7C	|	垂线
1111101	175	125	7D	}	闭花括号
1111110	176	126	7E	~	波浪号
1111111	177	127	7F	DEL（delete）	删除